高职高专计算机任务驱动模式教材

Linux系统管理与服务配置(CentOS 8)

(微课版)

张恒杰 张 彦 石慧升 张玉松 / 编著

清华大学出版社

北京

内 容 简 介

本书以目前最新的 CentOS 8 为蓝本,从实用的角度介绍了被广泛应用的 Linux 操作系统的管理及利用 Linux 操作系统架设常见网络服务器的方法。本书内容包括 Linux 基础、Linux 的安装、Linux 常用命令、Shell 与 vi 编辑器、用户和组管理、文件系统和磁盘管理、Linux 网络基础配置、DHCP 服务器配置、DNS 服务器配置、Samba 服务器配置、Apache 服务器配置、电子邮件服务器配置、FTP 服务器配置、Linux 安全等内容。

本书内容深入浅出,知识全面且实例丰富,语言通俗易懂。本书采用教、学、做相结合的模式,以培养技能型人才为目标,注重知识的实用性和可操作性,强调职业技能训练,是学习 Linux 技术的理想教材。

本书既适应了 Linux 初学者,又兼顾了技能提高者,适合作为应用型本科院校和高职高专院校相关专业的教材,同时也是信息类职业技能竞赛选手不可多得的一本参考资料,也可作为中小型网络管理员、技术支持人员以及从事网络管理的工作人员必备的参考书。

图书在版编目(CIP)数据

Linux 系统管理与服务配置:CentOS 8:微课版/张恒杰等编著. —北京:清华大学出版社,2020.7(2021.8重印)

高职高专计算机任务驱动模式教材

ISBN 978-7-302-55773-9

Ⅰ.①L… Ⅱ.①张… Ⅲ.①Linux 操作系统－高等学校－教材 Ⅳ.①TP316.85

中国版本图书馆 CIP 数据核字(2020)第 105552 号

责任编辑:张龙卿
封面设计:范春燕
责任校对:赵琳爽
责任印制:宋 林

出版发行:清华大学出版社
    网   址:http://www.tup.com.cn,http://www.wqbook.com
    地   址:北京清华大学学研大厦 A 座   邮   编:100084
    社 总 机:010-62770175   邮   购:010-62786544
    投稿与读者服务:010-62776969,c-service@tup.tsinghua.edu.cn
    质量反馈:010-62772015,zhiliang@tup.tsinghua.edu.cn
    课件下载:http://www.tup.com.cn,010-83470410
印 装 者:大厂回族自治县彩虹印刷有限公司
经   销:全国新华书店
开   本:185mm×260mm   印   张:18.5   字   数:421 千字
版   次:2020 年 7 月第 1 版   印   次:2021 年 8 月第 3 次印刷
定   价:56.00 元

产品编号:087200-02

编审委员会

出版说明

　　我国高职高专教育经过十几年的发展，已经转向深度教学改革阶段。教育部于 2012 年 3 月发布了教高〔2012〕第 4 号文件《关于全面提高高等教育质量的若干意见》，重点建设一批特色高职学校，大力推行工学结合，突出实践能力培养，全面提高高职高专教学质量。

　　清华大学出版社作为国内大学出版社的领跑者，为了进一步推动高职高专计算机专业教材的建设工作，适应高职高专院校计算机类人才培养的发展趋势，2012 年秋季开始了切合新一轮教学改革的教材建设工作。该系列教材一经推出，就得到了很多高职院校的认可和选用，其中部分书籍的销售量超过了四万册。现根据计算机技术发展及教改的需要，重新组织优秀作者对部分图书进行改版，并增加了一些新的图书品种。

　　目前，国内高职高专院校计算机相关专业的教材品种繁多，但符合国家计算机技术发展需要的技能型人才培养方案并能够自成体系的教材还不多。

　　我们组织国内对计算机相关专业人才培养模式有研究并且有过丰富的实践经验的高职高专院校进行了较长时间的研讨和调研，遴选出一批富有工程实践经验和教学经验的"双师型"教师，合力编写了该系列适用于高职高专计算机相关专业的教材。

　　本系列教材是以任务驱动、案例教学为核心，以项目开发为主线而编写的。我们研究分析了国内外先进职业教育的教改模式、教学方法和教材特色，消化吸收了很多优秀的经验和成果，以培养技术应用型人才为目标，以企业对人才的需要为依据，将基本技能培养和主流技术相结合，保证该系列教材重点突出、主次分明、结构合理、衔接紧凑。其中的每本教材都侧重于培养学生的实战操作能力，使学、思、练相结合，旨在通过项目实践，增强学生的职业能力，并将书本知识转化为专业技能。

一、教材编写思想

　　本系列教材以案例为中心，以技能培养为目标，围绕开发项目所用到的知识点进行讲解，并附上相关的例题来帮助读者加深理解。

在系列教材中采用了大量的案例,这些案例紧密地结合教材中介绍的各个知识点,内容循序渐进、由浅入深,在整体上体现了内容主导、实例解析、以点带面的特点,配合课程采用以项目设计贯穿教学内容的教学模式。

二、丛书特色

本系列教材体现了工学结合的教改思想,充分结合目前的教改现状,突出项目式教学改革的成果,着重打造立体化精品教材。具体特色包括以下方面。

(1) 参照和吸纳国内外优秀计算机专业教材的编写思想,采用国内一线企业的实际项目或者任务,以保证该系列教材具有更强的实用性,并与理论内容有很强的关联性。

(2) 准确把握高职高专计算机相关专业人才的培养目标和特点。

(3) 每本教材都通过一个个的教学任务或者教学项目来实施教学,强调在做中学、学中做,重点突出技能的培养,并不断拓展学生解决问题的思路和方法,以便培养学生未来在就业岗位上的终身学习能力。

(4) 借鉴或采用项目驱动的教学方法和考核制度,突出计算机技术人才培养的先进性、实践性和应用性。

(5) 以案例为中心,以能力培养为目标,通过实际工作的例子来引入相关概念,尽量符合学生的认知规律。

(6) 为了便于教师授课和学生学习,清华大学出版社网站(www.tup.com.cn)免费提供教材的相关教学资源。

当前,高职高专教育正处于新一轮教学深度改革时期,从专业设置、课程体系建设到教材建设,依然有很多新课题值得我们不断研究。希望各高职高专院校在教学实践中积极提出本系列教材的意见和建议,并及时反馈给我们。清华大学出版社将对已出版的教材不断地进行修订并使之更加完善,以提高教材质量,完善教材服务体系,继续出版更多的高质量教材,从而为我国的职业教育贡献我们的微薄之力。

编审委员会
2017 年 3 月

前　言

　　Linux 是开源的多用户、多任务的操作系统,也是国产操作系统开发的基础。在个人机和工作站上使用 Linux,能更有效地发挥硬件的功能,可以使个人机具有工作站和服务器的功能。与其他操作系统相比,Linux 在嵌入式、云计算、大数据、物联网等应用中占有明显优势,在教学和科研等领域中也展现出广阔的应用前景。

　　Linux 产品有很多版本,可谓"百花齐放"。Red Hat 企业级 CentOS 是最新研发出来的免费操作系统,Red Hat 公司在该版本中特别拓展了可扩展性和灵活性。CentOS 很好地支持了物理、虚拟和云系统。它集 UNIX 系统的强大、稳定和良好的用户界面于一身,提供了完美的中文支撑环境,方便、简捷、灵活的图形化全中文安装、配置界面,为不同的应用需求提供有力的支持。

　　本书以当前较流行的 CentOS 8 为蓝本,全面系统地介绍了 Linux 的概念、应用和实现。全书共分 13 章。

　　第 1 章介绍了有关操作系统的一些概念和术语,并较全面地介绍了 Linux 操作系统的功能、版本、特点以及安装过程。

　　第 2 章介绍了如何在 CentOS 8 环境中执行系统命令,包括有关文件、目录、文件系统、进程等概念,以及如何使用相应的命令对文件、目录、进程及软盘等进行管理。

　　第 3 章介绍了 CentOS 8 系统用户和组的管理。

　　第 4 章介绍了 CentOS 8 文件系统的类型和文件系统的管理及命令。

　　第 5 章介绍了 Linux 操作系统的高级管理功能和实现,包括 CentOS 8 的进程管理、系统服务管理、网络配置管理及软件安装卸载等。

　　第 6~12 章分别介绍了 NFS 服务、Samba 服务、DNS 服务、Web 服务、FTP 服务、DHCP 服务和 E-mail 服务的功能、安装、启动及配置方法。

　　第 13 章介绍了 Linux 防火墙相关概念和使用方法。

　　本书是在编著者多年 UNIX/Linux 教学、科研的基础上编写的,充分考虑到本书的读者范围,内容由浅入深。在每章的开头部分简要提出学习任务,然后分层次讲解有关的概念和知识,讲述具体的应用技术,如命令格式、功能、具体应用实例以及使用中会出现的常见问题等。在语言上注意通俗易懂,将问题、重点、难点归纳成条,便于教学、培训和自学。

本书由多位有丰富经验的教师及企业工程师共同编写,其中张恒杰编写了第 1~4章,张彦编写了第 5~7 章,石家庄工商职业学院石慧升编写了第 8、9 章,张玉松编写了第10、11 章,贾永胜编写了第 12 章,姚红和张磊编写了第 13 章,全书由张恒杰统稿。

限于编者水平有限,以及 Linux 技术发展迅速,故书中难免存在疏漏、欠妥甚至错误之处,请广大读者发现后及时予以指正,也恳切期望大家提出建议,在此表示感谢。

编著者
2020 年 2 月

目　录

第 1 章　CentOS 8 的安装与启动

Linux 是当前最具发展潜力的计算机操作系统,移动互联、云计算、大数据技术的应用不断推动着 Linux 操作系统的普及和深入发展。

本章学习任务:

(1) 了解 Linux 的发展史;

(2) 了解 Linux 版本及特点;

(3) 掌握 CentOS 8 的安装方法;

(4) 掌握 CentOS 8 的启动及关闭等操作方法。

1.1　Linux 概　述

1.1.1　Linux 简介

Linux 是一套免费使用和自由传播的类 UNIX 操作系统,它主要用于基于 Intel x86 系列 CPU 的计算机上。这个系统是由遍布全球的成千上万的程序员设计和实现的,其目的是建立不受任何商品化软件的版权制约的、全世界都能自由使用的 UNIX 兼容产品。

Linux 始于一位名叫 Linus Torvalds 的计算机业余爱好者之手,当时他是芬兰赫尔辛基大学的学生。他的目的是想设计一个代替 Minix(是 Andrew Tannebaum 教授编写的一个操作系统示教程序)的操作系统,这个操作系统可用于 386、486 或奔腾处理器的个人计算机上,并且具有 UNIX 操作系统的全部功能,因而开始了 Linux 雏形的设计。1991 年 10 月 5 日 Linus Torvalds 在新闻组 comp.os.minix 发表了 Linux 的正式版 V0.02。1992 年 1 月,全世界大约有 100 人在使用 Linux,他们为 Linus Torvalds 所提供的所有初期的上载源代码做评论,并为了解决 Linux 的错误而编写了许多插入代码段。1993 年,Linux 的第一个"产品"版 Linux 1.0 问世,它是按完全自由扩散版权进行扩散,另外,它要求所有的源码必须公开,而且任何人不得从 Linux 交易中获利。1994 年,Linux 决定转向 GPL 版权,这一版权除了规定自由软件的各项许可权之外,还允许用户出售自己的程序。1997 年,制作电影《泰坦尼克号》所用的 160 台 Alpha 图形工作站中,有 105 台采用 Linux 操作系统。1998 年,Linux 获得大型数据库软件公司 Oracle、Informix、Ingres 的支持,同时它在全球范围内的装机台数最低的估计为 300 万。经过遍布于全世界 Internet 上自愿参加的程序员的努力,加上计算机公司的支持,Linux 的影响和应用日益广泛,地位直逼 Windows。

Linux 以高效性和灵活性著称。它支持多种文件系统及跨平台的文件服务,可胜任文件服务器和 FTP 服务器用途,并提供了 UNIX 风格的设备和 SMB(Server Message Block)共享设备方式的文件打印服务。多数 Linux 发行版本都提供了以图形界面方式或标准 UNIX 命令行方式的系统管理功能,可以快速高效地管理用户及文件系统。Linux 内置 TCP/IP 协议,并支持所有基于 Internet 的通用协议,可用作 Web 服务器、邮件服务器和域名服务器,等等。在系统安全性方面,Linux 提供了包括文件访问控制、防火墙及代理服务等多种功能,对基于 Windows 的各类病毒具有天然的免疫能力。另外,Linux 还支持多处理器,可运行于 Intel、Alpha、Sparc、Mips 及 Power PC 等多种处理器平台上,并已具备较好的硬件自动识别能力。

除上述优点之外,Linux 操作系统可以从 Internet 上直接免费下载使用,只要用户计算机有速度较快的网络连接即可,而且 Linux 平台上的许多应用程序也是免费获取的。此外,使用 Linux 还可以帮助企业节省硬件费用,因为即使是在 386 这类 PC 上,Linux 及其应用程序也能运行自如。不过,Linux 也存在一些问题,如发行版种类太多、易用性不够、服务与技术支持不如商业软件、支持硬件种类相对较少等。但瑕不掩瑜,Linux 众多的优点还是得到了许多用户的喜爱。

现阶段,Linux 除用于电影工业的制片平台外,还广泛应用于生活中的电器设备,如手机、平板电脑、电视机顶盒、游戏机、智能电视、汽车、数码相机、自动售货机、工业自动化仪表与医疗仪器等嵌入式系统应用。在此不得不提一下基于 Linux 开源系统的安卓系统(Android),安卓在如今的智能设备操作系统市场上的占有率已然是傲视群雄。此外,在 IT 服务器应用领域是 Linux、UNIX、Windows 三分天下,利用 Linux 系统可以为企业架构 WWW 服务器、数据库服务器、负载均衡服务器、邮件服务器、DNS 服务器、代理服务器(透明网关)、路由器等,不但使企业降低了运营成本,同时还获得了 Linux 系统带来的高稳定性和高可靠性。随着 Linux 对 Openstack、Docker、Hadoop、Python 等云计算、大数据技术的良好支持,该系统已经渗透到了电信、金融、政府、教育、银行、石油等各个行业,同时各大硬件厂商也相继支持 Linux 操作系统。这一切都在表明,Linux 在服务器市场的前景是光明的。当然,在个人桌面应用领域,Linux 完全可以满足日常办公及家用需求,如浏览器上网浏览、办公处理、收发电子邮件、实时通信、文字编辑及多媒体应用等。

1.1.2 Linux 的版本

Linux 的版本可以分为两类:内核(Kernel)版本与发行(Distribution)版本。内核版本是指在 Linux 开发者开发出来的系统内核版本号,如 4.18.0-80.el8.x86_64,其命名规则格式通常为 M.S.R-B.D.X。

(1) M(Major)表示主版本号,有结构性的变化时才变更。

(2) S(Secondary)表示次版本号,有新增功能时才变更。如果是偶数数字,就表示该内核是一个可放心使用的稳定版;如果是奇数数字,就表示该内核加入了某些测试的新功能，是一个内部可能存在 Bug 的测试版。

（3）R(Revise 或 Patch)表示修订号，有较小的内核隐患和安全补丁的变更。

（4）B(Build)表示编译或构建的次数，一般是增加少量新的驱动程序或缺陷修复。

（5）D(Describe)用于描述当前版本的特殊信息。一般 PP 表示 Red Hat 公司的测试版本(Pre-Patch)；SMP 表示该内核版本支持多处理器；EL 表示 Red Hat 公司的企业版本 Linux(Enterprise Linux)；FC 表示 Red Hat 公司的 Fedora Core 版本等。

（6）X 表示的位数，i686 代表的是 32 位的操作系统，x86_64 代表的是 64 位操作系统。

众所周知，仅有内核没有应用软件的操作系统使用极为不便，而一些组织或公司将 Linux 内核与应用软件和文档包装起来，并提供一些安装界面和系统设置与管理工具，这样就构成了一个发行版本。在发行版本中，一般 RC(Release Candidate)表示候选版本，几乎不会增加新的功能了；R(Release)表示正式版；Alpha 表示内测版本；Beta 表示公测版本等。

Linux 有很多发行商，例如通常所说的 Mandriva Linux、Red Hat Linux、Debian Linux 和国产的红旗 Linux 等。

1. Red Hat Linux

Red Hat Linux 最早由 Bob Young 和 Marc Ewing 在 1995 年开发，目前 Red Hat Linux 分为两个系列：由 Red Hat 公司提供收费技术支持和更新的 Red Hat Enterprise Linux，其登录界面如图 1-1 所示，以及由社区开发的免费的 Fedora Core。

图 1-1　Red Hat Linux 登录界面

Red Hat Linux 是一个比较成熟的 Linux 版本，无论是销售还是在装机量上都比较可观。该版本从 4.0 时就开始同时支持 Intel、Alpha 和 Sparc 硬件平台，并且通过 Red Hat 公司的开发，使用户可以轻松地进行软件升级并彻底卸载应用软件和系统部件。Red Hat Enterprise Linux 是一个收费的操作系统，它适用于服务器；Fedora Core 是一个免费版本,该版本提供了较新的软件包,且其版本的更新周期非常短,只有 6 个月,目前较新版本为 Fedora Core 30。

2. Mandriva Linux

国内最早开始流行 Linux 操作系统时,Mandriva 非常流行。最早的 Mandriva 名为 Mandrake,其开发者是基于 Red Hat Linux 进行开发的。Red Hat 采用 GNOME 桌面系统,而 Mandrake 采用的 KDE 桌面系统。由于安装 Linux 时比较复杂,为方便第一次接触 Linux 的新手,Mandrake 简化了系统安装过程。不但如此,该版本当时还在易用性方面下了不少功夫,包括默认情况下的硬件检测等,这也是当时能在国内流行的原因之一。其登录界面如图 1-2 所示。

图 1-2 Mandriva Linux 登录界面

3. Debian Linux

Debian Linux 最早由 Ian Murdock 于 1993 年开发,可以称得上是迄今为止最遵循 GNU 规范的 Linux 操作系统。该版本有三个系统分支:Stable、Testing 和 Unstable。到 2017 年 6 月,三个版本分别为 Wheezy、Jessie 和 Stretch。其中,Unstable 为最新测试版本,包括最新的软件包,但是也有相对较多的 Bug,适合桌面用户;Testing 版本经过 Unstable 中的测试,相对较为稳定,也支持了不少新技术;Stable 一般只用于服务器,其软件包大部分都有点过时,但是它的稳定性和安全性非常高。其登录界面如图 1-3 所示。

4. 红旗 Linux

红旗(Red Flag)Linux 中文操作系统是中国科学院软件研究所、北大方正电子有限公司和康柏计算机公司联合推出的具有自主版权的全中文化 Linux 发行版本。

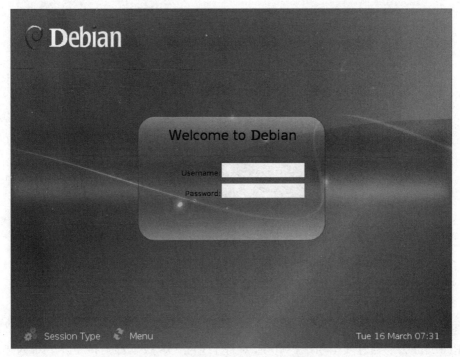

图 1-3　Debian Linux 登录界面

　　红旗 Linux 以全新优化整合的 KDE 图形环境、桌面设计、结构布局和菜单设计完整和谐，令人耳目一新；集成的硬件自动检测功能，满足 PC 用户硬件的随时更换；具有高质量中文字体显示、高效率文字输入法选择，确保用户系统办公的工作品质；具有高效完善的网络使用功能、快捷友好的打印机管理和配置工具；人性化设计的在线升级工具、身份注册、软件更新、数据库管理一应俱全；用户可各取所需实时提升系统性能、定制个性化桌面环境、拥有完善的工作平台；图形图像软件从基本的 PS/PDF 文件阅读工具到看图、画图、截图再到图像的扫描、数码相机支持，全线集成满足用户的各种需求。其启动界面如图 1-4 所示。

1.1.3　CentOS 介绍

　　CentOS(Community Enterprise Operating System，社区企业操作系统)是基于RHEL(Red Hat Enterprise Linux)的企业级 Linux 发行版。在 2004 年 5 月发布，是基于Linux 内核的 100% 免费的操作系统。RHEL 需要向 Red Hat 公司付费才可以使用，并能得到相应的技术服务、技术支持和版本升级。CentOS 根据 GPL 许可证，Red Hat 免费向公众提供 Linux 发行版的来源，CentOS 重新命名这些来源并自由分发。CentOS 完全符合 Red Hat 的上游分发政策，其提供了一个免费的企业级计算平台，并努力与其上游源 Red Hat 保持 100% 的二进制兼容性。CentOS 产品的分销完全符合 Red Hat 的再分

图 1-4 红旗 Linux 启动界面

配政策。

Red Hat 公司通过安全和维护更新,对每个 CentOS 版本都支持 7 年。每两年发布一个新的 CentOS 版本,每个版本每 6 个月更新一次,以支持更新的硬件和地址漏洞。这将带来安全、低维护、可靠、可预测和可重现的 Linux 环境。

Red Hat 于 2019 年 9 月发布 CentOS 8 正式版,包含更强大的可伸缩性和虚拟化特性,并全面改进系统资源分配和节能。从理论上讲,CentOS 8 可以在一个单系统中使用64 000 颗核心。除了更好的多核心支持,CentOS 8 还继承了 RHEL 7 版本中对新型芯片架构的支持,其中包括英特尔的 Xeon 5600 和 7500,以及 IBM 的 Power 7。新版带来了一个完全重写的进程调度器和一个全新的多处理器锁定机制,并利用 NVIDIA 图形处理器的优势对 GNOME 和 KDE 做了重大升级,新的系统安全服务守护程序(SSSD)功能允许集中身份管理,而 SELinux 的沙盒功能允许管理员更好地处理不受信任的内容。CentOS 8 内置的新组件有 GCC 8.2(包括向下兼容 RHEL 7 组件)、OpenJDK 11、Python 3.6、Nginx 1.14、Rails 5、PHP 7.2 和 Perl 5.2.6 等,数据库前端有 PostgreSQL 10、MySQL 8.0 和 MariaDB 10.3 等。

CentOS 8 具有以下几个方面特性。

(1) 适合企业大规模集中化管理的高性能应用程序平台。

(2) 针对高端可伸缩性硬件平台的进一步效能优化。

(3) 在性能、灵活性及安全性方面达到业界领先水平,包括虚拟化主机及客户机方案。

(4) 为降低环境影响及二氧化碳排放提供延展性支持。

(5) 适应于多种方式部署,包括物理、虚拟化以及云方式等。

1.1.4　Linux 的特点

1. Linux 相对于其他操作系统的优点

（1）稳定的系统

Linux 是基于 UNIX 开发出来的操作系统，具有与 UNIX 系统相似的程序接口和操作方式，继承了 UNIX 稳定且高效的特点。安装 Linux 操作系统的主机连续运行 1 年以上不曾死机、不必关机是很平常的事。

（2）免费或只需少许费用

由于 Linux 是基于 GPL 基础的产物，因此任何人均可以自由获取 Linux，"安装套件"发行者发行的安装光盘仅需少许费用即可获得。不像 UNIX 那样，需要负担高昂的版权费用，当然也不同于微软需要不断地更新系统，并且缴纳大量费用。

（3）安全性及漏洞的快速修补

如果一个人经常上网，就会常常听到人们说"没有绝对安全的主机"。不过 Linux 由于支持者众多，有相当多的热心团体、个人参与开发，因此可以随时获得最新的安全信息，并随时更新，相对较安全。

（4）多任务、多用户

与 Windows 系统不同，Linux 主机上可以同时允许多人上线工作，并且资源分配较为公平，比起 Windows 的多用户、多任务系统要稳定得多。这种多用户、多任务是系统中十分有用的功能。管理员可以在一个 Linux 主机上规划出不同等级的用户，而且每个用户登录系统时的工作环境都可以不同。还可以允许不同的用户在同一个时间登录主机，以便同时使用主机的资源。

（5）用户与组的规划

在 Linux 机器中，文件属性可以分为可读、可写、可执行来定义一个文件的适用性，这些属性可以分为 3 个种类，分别是文件拥有者、文件所属用户组、其他非拥有者与用户组。这对于项目计划或者其他计划开发人员具有相当良好的系统保密性。

（6）资源耗费相对较少

Linux 只要一台奔腾 100 以上配置的计算机就可以安装并且使用顺畅，并不需要奔腾 4 或 AMD K8 等级的计算机。如果要架设的是大型主机（服务于百人以上的主机系统），就需要比较好的机器了。不过，目前市面上任何一款个人计算机均可以达到这个要求。

（7）适合需要小核心程序的嵌入式系统

由于 Linux 用很少的程序代码就可以实现一个完整的操作系统，因此非常适合作为家电或者是电子产品的操作系统，即"嵌入式"系统。Linux 很适合作为如手机、数码相机、PAD、家电用品等的操作系统。

虽然 Linux 具有较多的好处，但它还是存在一个先天不足的地方，这使它的普及率受到了很大的限制，即 Linux 需要使用"命令行"终端模式进行系统管理。虽然近年来在 Linux 上开发了很多图形界面，但要熟悉 Linux，还是要通过命令行，用户必须熟悉对计算机执行命令的行为,而不是单击图标完成相关操作就。如果只是要架设简单的网站,那么只要对 Linux 做一些简单的设置就可以了。

2. Linux 有待改进的地方

(1) 没有特定的支持厂商

因为 Linux 上的所有套件几乎都是自由软件,而每个自由软件的开发人员可能并不属于公司团体,而是属于非营利性质的团体,这样在 Linux 主机上的软件若发生问题,该怎么办? 庆幸的是目前 Linux 商业界的整合还不错。Red Hat 与 SuSE 均设立了服务点,可以通过服务点直接向他们购买/咨询相关的软硬件问题。如果没有选择专门商业公司的 Linux 版本怎么办? 没有专人上门服务时也不要太担心,因为用户的问题几乎在网络上都可以找到答案。

(2) 图形界面还不够友好

虽然早在 1994 年 Linux 1.0 版本发布时,就已经有 XFree86 的 X Window 架构,但是 X Window 毕竟是 Linux 上的一个软件,并不是 Linux 最核心的部分,有没有它,对 Linux 的服务器执行都没有影响,所以熟练的用户通常并不使用 X Window。很多人使用 Linux 并非将其当作网络服务器,而是将其作为一般的台式机使用。Linux 图形化界面方面做得还不够好,即使目前已有 KDE(http://www.kde.org/)及 GNOME(http://www.gnome.org/)等优秀的窗口管理程序,还是希望未来可以看到整合度更高的 Linux 台式机。

1.2　Linux 系统的安装

1.2.1　Linux 安装方式

CentOS 8 支持多种安装方式,根据安装时软件的来源,可划分为光盘安装、硬盘安装、网络安装等多种方式,可根据实际情况进行选择。

1. 光盘安装

首先需要一张 CentOS DVD、一个支持的 DVD 的驱动器,以及启动安装程序的方式。

然后使用 Linux 安装盘引导后,在"boot:"命令符下直接按 Enter 键或输入 Linux askmethod 引导选项,将出现 Installation Method(安装方法)安装介质选择界面。选择 Local CDROM(本地光盘),单击 OK 按钮,再按 Enter 键继续。

2. 硬盘安装

硬盘安装需要用户多做一些工作,因为在开始安装 Linux 之前必须将所有需要的文件复制到硬盘的一个分区,而且需要采取办法(针对不同情况可采取不同的方法)使计算机引导后能够找到自定的安装目录。成功引导安装程序之后,在 Installation Method 界面中选择 hard drive(硬盘),然后按 Enter 键继续。接下来要为安装程序指定 ISO 映像文件所在的位置。在 Select Partition(选择分区)界面中指定包含 ISO 映像文件的分区设备名。如果 ISO 映像不在该分区的根目录中,则需要在 Directory Holding images(包含映像目录)中输入映像文件所在的路径。例如,ISO 映像在/dev/hda3 中的/download/linux 中,就应该输入/download/linux。

3. 网络安装

Linux 提供了 NFS、FTP、HTTP 三种网络安装方式。网络安装方式所用的 NFS、FTP、HTTP 服务器必须能够提供完整的 Linux 安装树目录,即安装盘中所有必需的文件都存在且可以被使用。

要把安装盘中的内容复制到网络安装服务器上需执行以下步骤:

```
#mount /dev/cdrom /mnt/cdrom
#cp -var /mnt/cdrom/* /filelocation(/filelocation 代表存放安装文件的目录)
#umount /mnt/cdrom
```

(1) 配置网卡

进行网络安装需要准备网络驱动盘。成功引导安装程序后,在 Installation Method 界面中选择要从哪种网络服务器上安装 Linux,即 NFS image、FTP、HTTP,然后按 Enter 键继续。

无论采用哪一种网络安装方式,都要先进行本机的 TCP/IP 配置。在 Configure TCP/IP 对话框中的待填项如下:

```
[ ]Use dynamic IP configuration(BOOTUP/DHCP)          //通过 DHCP 自动配置
   IP Address:(IP 地址)
   Netmask:(网络掩码)
   Default gateway:(默认网关)
   Primary nameserver:(主名称服务器)
```

(2) NFS 安装

NFS 网络安装的筹备工作:除了可以利用可用的安装树外,还可以使用 ISO 映像文件。把 Linux 安装光盘的 ISO 映像文件存放到 NFS 服务器的某一目录中,然后把该目录作为 NFS 安装的指向目录。再在 NFS 设置界面中输入 NFS 服务器信息:NFS server name(NFS 服务器名称)选项中输入 NSF 服务器的域名或 IP,Linux directory(目录位置)选项中输入包含 Linux 安装树或光盘映像的目录名。

(3) FTP 安装

用 FTP 安装,需要基于局域网的网络访问。可以用许多有 Red Hat Linux 映像的 FTP 站点或在 ftp://ftp.redhat.com/pub/MIRRORS 上找到映像站点的清单。如果局域网不和因特网相连,并且局域网上有一台计算机可以接受匿名 FTP 访问,只需将 Linux 发行版本复制到那台计算机上就可以开始安装了。

FTP 安装与 NFS 安装类似,需要在 FTP 设置对话框中输入:FTP site name(FTP 站点名称)、Linux directory(目录位置)、Use non-anonymous FTP(使用非匿名的 FTP 账

号)等。

(4) HTTP 安装

HTTP 安装 NFS 安装类似,需要在 HTTP 设置对话框中输入:HTTP site name (HTTP 站点名称)、Linux directory 等。

1.2.2　安装 Linux

本小节采用最常用的光盘安装方式介绍 CentOS 8 的安装方法。很多 Linux 的安装根据安装界面的不同,又可分为图形界面安装和文字字符界面安装两种方式。

图形界面安装可使用鼠标进行操作,安装速度较慢;文字字符界面安装只能使用键盘操作,安装速度快,适用于所有要安装 Linux 的主机。CentOS 8 安装程序支持简体中文、英文以及其他多种语言,为使初学者能够尽快适应 Linux 的界面,建议采用中文语言进行安装。

1. 需求

从 Live CD 安装 CentOS 8 的计算机应该具备以下条件。

- CD 或 DVD 光驱,并能够从此驱动器引导。
- 400MHz 或更快的处理器。
- 500MB 以上内存。
- 20GB 以上的永久存储空间。

这些是图形模式下运行 CentOS 8 的最低要求。近十年制造的几乎所有笔记本电脑和台式计算机都能满足这个条件。

2. 安装步骤

(1) 如果已经有安装光盘,首先在计算机的 CMOS 中进行设置,确保从 CD 优先引导计算机。将 CentOS 8 安装光盘放到 CD 或 DVD 驱动器中,然后重新启动计算机。理想情况下,经过文件解压缩、设备检测后,会看到 Linux 的启动屏幕和一个 60 秒的倒计时,如图 1-5 所示。

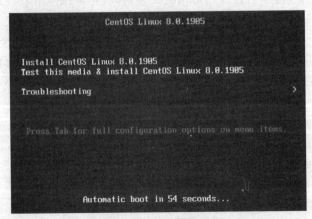

图 1-5　live CD 启动屏幕

安装 Linux

（2）选择 Install CentOS Linux 8.0.1905 或等 60 秒倒计时完毕，计算机加载 Linux 系统并出现测试光盘介质的画面，如图 1-6 所示。

```
[  OK  ] Created slice system-checkisomd5.slice.
          Starting Media check on /dev/sr0...
/dev/sr0:    a3cac8f4291d524543889a5a7c9ba849
Fragment sums: 4f679cce36f4ca84cc93af449dd7a232bcea92bb5e6a4a84a7dc53b3442b
Fragment count: 20
Supported ISO: yes
Press [Esc] to abort check.
Checking: 026.2%_
```

图 1-6　测试光盘介质

注意：安装程序提供了测试光盘介质自身正确性的功能，通过测试，可以检测出光盘是否有物理损坏，或者是否有无法正确读取的文件，这样可以避免由于某些文件无法读出而造成安装无法继续的情况。另外，还可确保此光盘是官方发布版，而没有经过非法篡改，以保证安装程序的安全性。在此建议先测试安装光盘，因为 Linux 不像 Windows 安装程序可以跳过读不出的文件，Linux 在安装过程中只要有一个文件无法读出，则整个安装宣告失败。

（3）经过光盘测试步骤后，将继续进行安装，会出现选择操作系统使用的语言界面，如图 1-7 所示。若要选择简体中文，则可将光标移到"中文"选项后，单击 Continue 按钮。

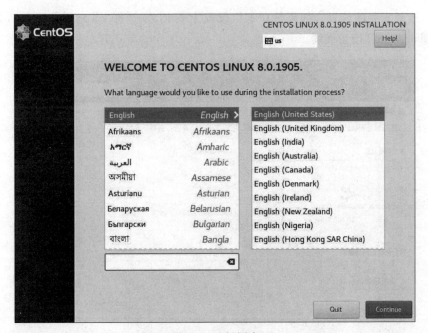

图 1-7　选择语言

（4）在图 1-8 所示的安装信息摘要界面中可选择使用的键盘类型、语言支持、时区、安装组件并确定安装位置、主机名、安全策略等。但是，带有⚠图标的项目必须完成后才能进行下一步。在此单击"安装目的地"选项。

11

图 1-8　安装信息摘要

（5）选择安装的位置。如果是在本机硬盘上安装，则选择"本地标准磁盘"，如图 1-9 所示。单击"完成"按钮继续。

图 1-9　选择安装位置

　　（6）如果选择了安装位置并在图 1-8 所示的"安装信息摘要"界面中选择"开始安装"按钮，将出现配置界面，如图 1-10 所示。在此需要单击"根密码"按钮为 root 用户设置密码。

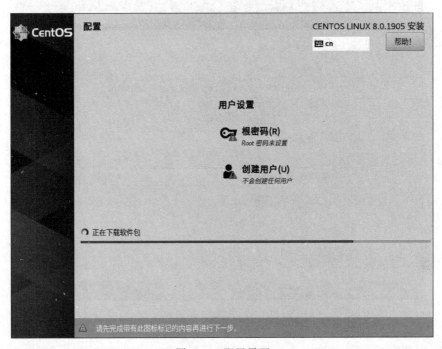

图 1-10　配置界面

　　（7）在图 1-11 所示界面的文本框中设置系统根密码。Linux 操作系统的默认管理员为 root，相当于 Windows Server 中的 Administrator。在 Linux 中不允许密码为空。设置好密码后，单击"完成"按钮继续。

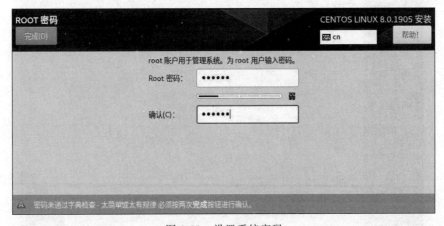

图 1-11　设置系统密码

注意：如果设置的密码复杂度不够，则需要单击两次"完成"按钮才能继续安装。

（8）设置完 root 用户密码后，可以在图 1-10 所示界面中单击"创建用户"按钮，创建普通用户并设置密码，如图 1-12 所示。创建完毕后单击"完成"按钮。

图 1-12　创建普通用户

（9）安装完成后需要重启系统继续进行配置。单击"重启"按钮后继续，如图 1-13所示。

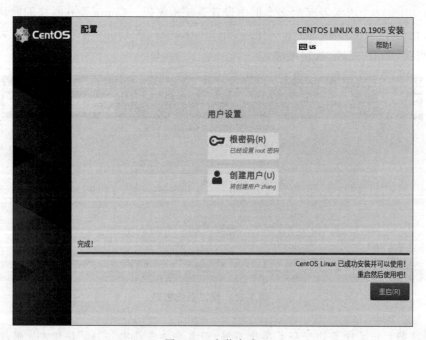

图 1-13　安装完成

（10）系统重启后需要设置授权信息，在图 1-14 所示窗口中单击 License Information
选项。

图 1-14　初始设置

（11）在图 1-15 所示界面中选中"我同意许可协议"选项后，单击"完成"按钮。

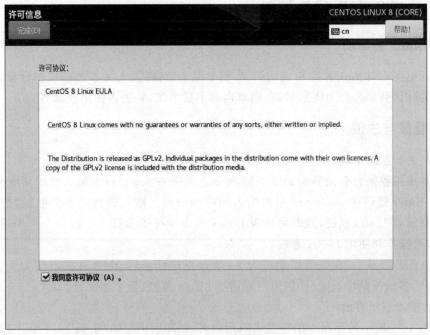

图 1-15　设置授权

15

(12)完成授权设置后,在图 1-14 所示界面中单击"结束配置"按钮,将出现登录界面,如图 1-16 所示。

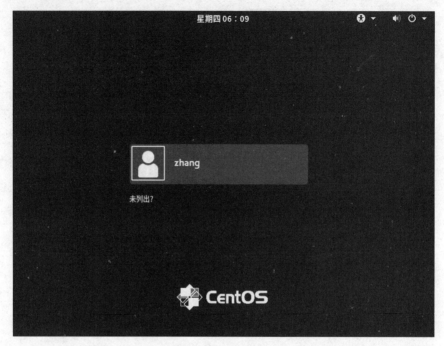

图 1-16　登录界面

1.2.3　Linux 的启动与登录

1. Linux 的启动

打开电源后,Linux 系统将自动引导,引导完毕后,将进入文本虚拟控制台登录界面。若设置的默认登录界面为图形界面,则将启动图形系统,并进入图形登录界面。

2. 登录与注销

(1)文本方式登录

文本虚拟控制台登录界面如图 1-17 所示。首先在 login 后面输入登录者账号名,如 root,按 Enter 键后在 password 后面输入相应的密码。输入的密码不会回显,校验通过后就能登录到 Linux 系统,此时将出现 Linux 的命令行提示符♯。在命令行中通过输入命令,即可操作和使用 Linux 系统。

root 用户登录后,命令行提示符为♯;普通用户登录后,命令行提示符为 $ 。Linux 是多用户、多任务操作系统,任何用户要使用 Linux 系统,都必须登录。

(2)图形登录界面

在图 1-16 所示的界面中单击列出的用户名,在随后出现的"密码"文本框中输入相应

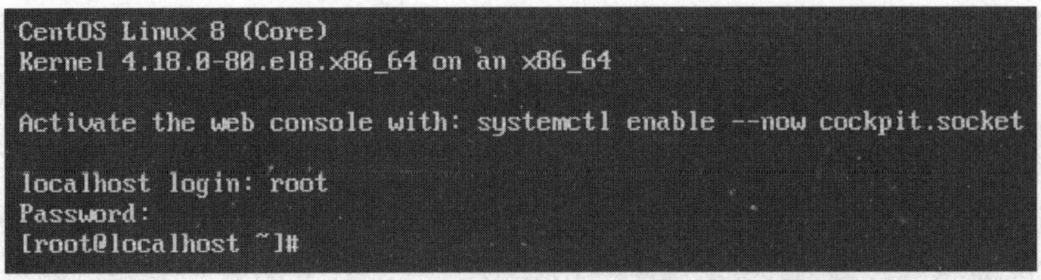

CentOS Linux 8 (Core)
Kernel 4.18.0-80.el8.x86_64 on an x86_64
Activate the web console with: systemctl enable --now cockpit.socket
localhost login: root
Password:
[root@localhost ~]#

图 1-17 文本登录界面

的密码，如图 1-18 所示，单击“登录”按钮后，即可进入 Linux 的图形界面。其界面与 Windows 系统的界面极其类似，操作方式也类似。

星期六 04：51
zhang
密码：
取消
登录
CentOS

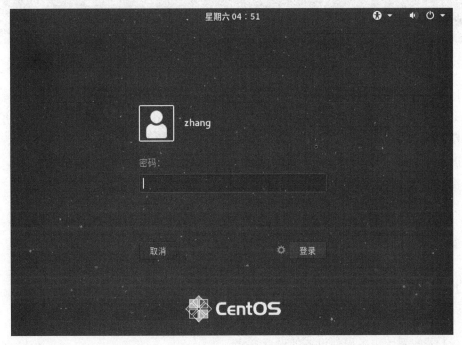

图 1-18 图形登录界面

注意：若用 root 用户登录，在图 1-16 所示的界面中单击“未列出”选项，输入 root 用户即可。

在文本虚拟控制台（TTY）界面下若要注销当前用户，以其他用户身份登录，则可输入 logout 或 exit 命令；若要重新启动系统，可输入 reboot 或 shutdown -r now 命令；若要关机退出，则需输入 shutdown -h now 或 init 0 命令；输入“man 命令”或“命令 --help”可获得命令详细用法的帮助信息。

在图形界面中，选择桌面右上角的图标，如图 1-19 所示，再选择相应的图标，可完成用户切换或机器的重启、关机等功能。

进入 X Window 图形界面系统后，按 Ctrl＋Alt＋F2～Ctrl＋Alt＋F6 组合键可切换到文本控制台界面，按 Ctrl＋Alt＋F1 组合键可返回 X Window 界面。

图 1-19　图形界面下的注销、关机

Linux 默认允许同时打开 6 个(TTY1～TTY6)文本虚拟控制台进行输入和操作。启动 Linux 后,默认使用 1 号虚拟控制台,按 Alt＋F1～Alt＋F6 中的一个组合键,可以选择指定的虚拟控制台登录,也可以用同样的方法在虚拟控制台之间进行自由切换。对于 X Window 界面下的仿真终端(pts/0、pts/1…)窗口,可以用鼠标进行选择或切换。利用虚拟控制台,可以实现以不同用户身份登录,或用于实现同时运行多个应用程序。

实　　训

1. 实训目的

(1) 掌握光盘方式下安装 CentOS 8 的基本步骤。

(2) 了解系统中各硬件设备的设置方法。

(3) 理解磁盘分区的相关知识,能手工建立磁盘分区。

2. 实训内容

(1) 安装 CentOS 8。利用光盘或硬盘(映像文件)进行安装。

(2) 启动 CentOS 8。用超级用户和普通用户分别启动并进入 CentOS 8。

(3) 注销用户。注销用户可以实现不同用户的登录。

(4) 关机。应正确关机,保证操作系统的安全和稳定。

3. 实训总结

通过本次实训,掌握 CentOS 8 的一般安装方法,为后面的学习打下良好的基础。

习　题

一、选择题

1. Linux 和 UNIX 的关系是(　　)。

    A. 没有关系   B. UNIX 是一种类 Lunix 操作系统

    C. Liunx 是一种类 UNIX 的操作系统   D. Linux 和 UNIX 是一回事

2. Linux 是一个(　　)的操作系统。

    A. 单用户、单任务   B. 单用户、多任务

    C. 多用户、单任务   D. 多用户、多任务

3. 以下命令中可以重新启动计算机的是(　　)。

    A. reboot   B. halt   C. shutdown -h   D. init 0

4. 以下关于 Linux 内核版本的说法,错误的是(　　)。

    A. 表示形式为"主版本号.次版本号.修正次数"

    B. 1.2.2 表示稳定的版本

    C. 2.2.6 表示对内核 2.2 的第 6 次修正

    D. 1.3.2 表示稳定的版本

5. 下面关于 Shell 的说法,不正确的是(　　)。

    A. 操作系统的外壳   B. 用户与 Linux 内核之间的接口程序

    C. 一个命令语言解释器   D. 一种和 C 语言类似的程序设计语言

6. 在 Linux 中,选择使用第二个虚拟控制终端,应按(　　)。

    A. F2 键   B. Ctrl＋F2 组合键

    C. Alt＋F2 组合键   D. Alt＋2 组合键

7. (　　)命令可以将普通用户切换成超级用户。

    A. super   B. su   C. tar   D. passwd

8. 以下(　　)内核版本属于测试版本。

    A. 2.0.0   B. 1.2.25   C. 2.3.4   D. 3.0.13

二、简答题

1. 试列举 Linux 的主要特点。

2. 简述 Linux 的内核版本号的构成。

3. Linux 的主要发行版本有哪些?

4. 哪些命令可以实现系统重启或关闭?

5. 如何在各个虚拟控制终端之间进行切换?

第 2 章　Shell 基本命令

在 Linux 操作系统中,虽然图形界面越来越成熟,但是命令依然是管理及维护系统的首选。即使在 X Window 界面下,Linux 用户也会经常切换到文本模式或终端模式进行各种操作。本章对 Linux 的常用命令进行分类介绍。

本章学习任务:

(1) 掌握 Linux 的基本操作;

(2) 掌握文件目录类操作命令;

(3) 熟知系统管理类操作命令;

(4) 掌握文本编辑工具 vi。

2.1　Shell 命令概述

2.1.1　Shell 简介

Shell 是一种具备特殊功能的程序,它是介于使用者和 UNIX/Linux 操作系统核心程序间的一个接口,是命令语言、命令解释程序及程序设计语言的统称。操作系统是一个系统资源的管理者与分配者,当用户有需求时,需要向系统提出,由系统来协调资源;从操作系统的角度来看,也是必须防止使用者因为错误的操作而对系统造成伤害。其实 Shell 也是一种程序,它由输入设备读取命令,再将其转为计算机可以识别的机器码,然后执行它。

各种操作系统都有它自己的 Shell,以 DOS 为例,它的 Shell 就是 command.com 文件。如同 DOS 下有 NDOS、PCDOS、DRDOS 等不同的命令解释程序可以取代标准的 command.com,UNIX 下除了 Bourne Shell(/bin/sh)外,还有 C Shell(/bin/csh)、Korn Shell(/bin/ksh)、Bourne Again Shell(/bin/bash)、Tenex C Shell(tcsh)等其他的 Shell。UNIX/Linux 将 Shell 独立于核心程序之外,使它如同一般的应用程序,可以在不影响操作系统本身的情况下进行修改、更新版本或是添加新的功能。

Shell 如何启用呢? 在系统启动的时候,核心程序会被加载内存,负责管理系统的工作,直到系统关闭为止。它建立并控制着处理程序,管理内存、文件系统、数据通信等。而其他的程序,包括 Shell 程序,都存放在磁盘中。核心程序将它们加载内存并执行它们,再在它们中止后清理系统。Shell 是一个公用程序,它在用户登录时启动。也就是说,由使用者输入命令(有命令行或命令档),Shell 提供使用者和核心程序产生交互的功能。

当用户登录时,一个交互式的 Shell 会跟着启动,并提示输入命令。在用户输入一个命令后,接着就是 Shell 的工作了,它会进行以下工作。

(1)命令行语法分析。

(2)处理万用字符(Wildcards)、转向(Redirection)、管线(Pipes)与工作控制(Job Control)等。

(3)搜寻并执行命令。

如果用户经常输入一组相同形式的命令,可能会希望自动执行这些命令,这样可以将一些命令放入一个文件(称为脚本文件,Script),然后执行该文件。一个 Shell 命令文件很像是 DOS 下的批处理文件(如 Autoexec.bat):它把一连串的 Linux 命令存入一个文件,然后执行该文件。较成熟的命令文件还支持若干现代程序语言的控制结构,比如能做条件判断、循环、文件测试、传送参数等。要写命令文件,不仅要学习程序设计的结构和技巧,而且对 UNIX/Linux 公用程序及如何运行应有个深入的了解。有些公用程序的功能非常强大(例如 grep、sed 和 awk),它们常被用于命令文件来操控命令的输出和执行。当由命令文件执行命令时,此刻用户就已经把 Shell 当作程序语言使用了。

2.1.2 Shell 的分类

在大部分的 UNIX/Linux 系统中,三种著名且广泛被支持的 Shell 是 Bourne Shell (AT&T Shell,在 Linux 下是 bash)、C Shell(Berkeley Shell,在 Linux 下是 tcsh)和 Korn Shell(Bourne Shell 的超集)。这三种 Shell 在交互模式下的表现相似,但作为命令文件语言时,它们在语法和执行效率上则会有些不同。

Bourne Shell 是标准的 UNIX Shell,以前常被用来作为管理系统使用。大部分的系统管理命令文件。例如 rc start、stop 与 shutdown 都是 Bourne Shell 的命令文件,且在单一使用者模式下以 root 登录时,它们常被系统管理者使用。Bourne Shell 是由 AT&T 开发的,以简洁、快速著称,其提示符号的默认值是 $ 。

C Shell 是伯克利大学(Berkeley)所开发的,比以前版本的 Shell 程序多了一些新特性,如命令行历史、别名、内建算术、文件名完成和工作控制等。对于常在交互模式下执行 Shell 的使用者而言,他们更喜欢使用 C Shell;但对于系统管理者而言,则偏好以 Bourne Shell 来做命令文件,因为 Bourne Shell 命令文件比 C Shell 命令文件简单且执行更迅速。C Shell 提示符号的默认值是%。

Korn Shell 是 Bourne Shell 的超集,由 AT&T 的 David Korn 开发,它具有一些特色,比 C Shell 更为先进。Korn Shell 的特色包括可编辑的历程、别名、函式、正规表达式、万用字符、内建算术、工作控制、共作处理和特殊的除错功能。Bourne Shell 几乎和 Korn Shell 完全向上兼容,所以在 Bourne Shell 下开发的程序仍能在 Korn Shell 上执行。Korn Shell 提示符的默认值也是 $ 。在 Linux 系统中使用的 Korn Shell 叫作 pdksh,它是指 Public Domain Korn Shell。

除了执行效率稍差外,Korn Shell 在许多方面都比 Bourne Shell 表现得更好。但是,若将 Korn Shell 与 C Shell 相比就很困难,因为二者在许多方面都各有所长,从运行效率和容易使用方面看,Korn Shell 要优于 C Shell。

在 Shell 的语法方面,Korn Shell 比较接近一般程序语言,而且它具有子程序的功能及提供较多的资料形态。至于 Bourne Shell,它所拥有的资料形态是三种 Shell 中最少的,仅提供字符串变量和布尔形态。综合考虑多个方面,Korn Shell 是三者中表现最佳者,其次是 C Shell,最后才是 Bourne Shell。但是在实际使用中仍有其他因素需要考虑,如速度是最重要的选择时,很可能会采用 Bourne Shell,因为它是最基本的 Shell,执行的速度最快。

大部分 Shell 支持如下功能,使用户操作更加方便。

(1)命令行补全功能。输入一个命令的前面字符,当能唯一确定一个命令时,按一次 Tab 键会补全命令;否则,按两次 Tab 键就会列出所有以输入字符开头的可用命令。默认情况下,bash 命令行也可以自动补全文件或目录名称。

(2)危险命令侦测并提醒的功能,避免用户不小心执行有大杀伤力的命令(如 rm *)。

(3)提供常用命令行的快捷方式。例如用 Ctrl+L 组合键清除屏幕内容,相当于 clear 命令。

(4)别名功能。alias 命令是用来为一个命令建立另一个名称,它的运作就像一个宏,展开成为它所代表的命令。别名并不会替代命令的名称,它只是赋予那个命令另一个名字。

(5)命令历史。Shell 以 history 工具程序记录了最近执行过的命令。命令是从 1 开始编号,默认值为 500。history 工具程序具有短期记忆功能,记录最近所执行的命令。要查看这些命令,可以在提示符下输入 history 命令,将会显示最近执行过命令的清单,并在前方加上编号。这些命令在技术上都称为事件。事件描述的是一个已经采取的行动(已经被执行的命令)。事件是依照执行的顺序而编号,越近的事件其编号码越大,这些事件都是以它的编号或命令的开头字符来辨认的。history 工具程序让用户参照一个先前发生过的事件,将它放在命令行上并允许用户执行它。操作方法是用上、下箭头键一次将一个历史事件放在命令行上;用户并不需要先用 history 命令显示清单。按一次上箭头键会将最后一个历史事件放在命令行上,再按一次会放入下一个历史事件。按下箭头键会将前一个事件放在命令行上。

(6)命令行编辑程序。Shell 命令行编辑能力可让用户轻松地在执行之前修改输入的命令。若是在输入命令时拼错了字母,不需要重新输入整个命令,只需在执行命令之前使用编辑功能纠正错误即可,这尤其适合使用冗长的路径名称当作参数的命令时。命令行编辑作业是 Emacs 编辑命令的一部分,可以用 Ctrl+F 组合键或右箭头键往前移一个字符,用 Ctrl+B 组合键或左箭头键往回移一个字符。用 Ctrl+D 组合键或 Del 键可以删除光标目前所在处的字符。要增加字符,只需将光标移到要插入文字的地方并输入新字符即可。无论何时,都可以按 Enter 键执行命令。

(7)工作控制。提供更丰富的变量型态、命令与控制结构至 Shell 中。

(8)允许使用者自定义按键等。

2.1.3　启动 Shell

在 Linux 中有很多方法进入 Shell 界面。使用 Shell 提示符、终端窗口和虚拟终端是三种最普通的方法。下面将分别对其进行讨论。

1. 使用 Shell 提示符

如果所用的 Linux 系统没有图形用户界面(或者尚未运行),在登录后最可能看到的是一个 Shell 提示符。从 Shell 提示符输入命令可能是使用 Linux 系统最主要的方式。

(1)一个普通用户的默认提示符就是一个美元符号:$。

(2)root 用户的默认提示符是一个井号(也叫散列符号):♯。

在大部分 Linux 系统里,$ 和 ♯ 提示符之前有用户名、系统名和当前目录名。例如,在一台主机名叫 linux4 的计算机上,以一个名为 zhang 的用户登录,并以/tmp 作为当前目录,则登录提示符显示为:

```
[zhang@linux4 tmp]$
```

如果不喜欢默认提示符,可以将提示符改为任何字符。例如,可以使用当前目录、日期、本地计算机名或者任何字符串作为提示符。要配置提示符,请参见相关资料。

在提示符之后输入命令,然后按 Enter 键,该命令的输出结果将显示在下一行。

2. 使用终端窗口

桌面 GUI 运行时,可以通过打开一个终端仿真器程序(有时称为终端窗口)来启动 Shell。多数 Linux 发行版能够在 GUI 中轻松使用 Shell。在 Linux 桌面上启动终端窗口的两种常见方法是:

- 右击桌面。在出现的快捷菜单中查找 Open in terminal 或者类似的项目并进行选择。
- 单击面板菜单。许多 Linux 桌面在屏幕上方有一个面板,从那里可以启动应用程序。例如在 CentOS 8 系统中,可以选择桌面上的"活动"图标,打开活动面板,然后选择"终端"工具来打开终端窗口。

无论使用哪种方法,都应该能够在 Shell 中输入所需的命令,无须再使用 GUI。

Linux 提供了不同的终端仿真器,下面分别介绍。

(1) Xterm:X Window 系统中的一种通用终端仿真器(主流 Linux 发行版本的 X Window 系统中都包括 Xterm)。尽管它不提供菜单或者很多特殊的功能,但是大部分支持 GUI 的 Linux 发行版中都提供。

(2) GNOME-Terminal:GNOME 提供的默认终端仿真器窗口。它比 Xterm 使用更多的系统资源,具有一些有用的菜单,可用来剪切和粘贴、打开新终端选项卡或者窗口,也可以设置终端配置文件。

(3) Kterm:KDE 桌面环境提供的 Kterm 终端仿真器。使用 Kterm 可以显示多语言文本编码,并以不同颜色显示文本。

如果不喜欢默认的终端仿真器,可在仿真器栏中输入相应命令进行切换。

3. 使用虚拟终端

很多 Linux 系统可在计算机上启动并运行多个虚拟终端,包括 CentOS 和 Red Hat Enterprise Linux。虚拟终端是一种无须运行 GUI 即可一次打开多个 Shell 会话的方法。

在虚拟终端之间进行切换的方式与在 GUI 上的工作空间之间进行切换类似。按 Ctrl+Alt+F2 组合键可显示 6 个虚拟终端中的一个。GUI 在虚拟终端后的下一个虚拟工作空间中,如果有 6 个虚拟终端,则可以按 Ctrl+Alt+F1 组合键返回到 GUI(如果有一个 GUI 正在运行)。

2.1.4 Shell 命令操作基础

Shell 最重要的功能是命令解释,从这种功能上来说,Shell 是一个命令解释器。 Linux 系统中的所有可执行文件都可以作为 Shell 命令来执行。Linux 系统上可执行文件的分类如表 2-1 所示。

表 2-1 Linux 系统中的可执行文件

类 别		说 明
内置命令		出于效率的考虑,将一些常用命令的解释程序构造在 Shell 内部
外部命令	Linux 命令	存放在/bin、/sbin 目录下的命令
	实用程序	存放在/usr/bin、/usr/sbin、/usr/share、/usr/local/bin 等目录下的实用程序或工具
	用户程序	用户程序经过编译生成可执行文件后,也可作为 Shell 命令运行
	Shell 脚本	由 Shell 语言编写的批处理文件

当用户提交了一个命令后,Shell 首先判断它是否为内置命令,如果是,就通过 Shell 内部的解释器将其解释为系统功能调用并转交给内核执行;若是外部命令或实用程序,就试着在硬盘中查找该命令并将其调入内存,再将其解释为系统功能调用并转交给内核执行。在查找该命令时有以下两种情况。

(1) 如果用户给出了命令的路径,Shell 就沿着用户给出的路径进行查找,若找到则调入内存,若没找到则输出提示信息。

(2) 如果用户没有给出命令的路径,Shell 就在环境变量 PATH 所指定的路径中依次查找命令,若找到则调入内存,若没找到则输出提示信息。

提示:

(1) 内置命令是包含在 Shell 中的,在编写 Shell 的时候就已经包含在内了,当用户登录系统后就会在内存中运行一个 Shell,由其自身负责解释内置命令。一些基本的命令如 cd、exit 等都是内置命令。用 help 命令可以查看内置命令的使用方法。

(2) 外部命令是存在于文件系统某个目录下的具体的可执行程序,如文件复制命令

cp，就是在/bin 目录下的一个可执行文件。用 man 或 info 命令可以查看外部命令的使用方法。外部命令也可以是某些商业或自由软件，如 mozilla 等。

在 Shell 中有一些具有特殊意义的字符，称为 Shell 元字符。若不以特殊方式指明，Shell 并不会把它们当作普通文字符使用。表 2-2 简单介绍了常用的 Shell 元字符的含义。

表 2-2　常用的 Shell 元字符及含义

Shell 元字符	含　　义
*	任意字符串
?	任意字符
/	以根目录或作为路径间隔符使用
\	转义字符。当命令的参数要用到保留字时，要在保留字前面加上转义字符
\<Enter>	续行符。可以使用续行符将一个命令行分写在多行上
$	变量值置换，如 $PATH 表示环境变量 PATH 的值
'	在'……'中间的字符都会被当作文字处理，指令、文件名、保留字等都不再具有原来的意义
"	在"……"中间的字符会被当作文字处理并允许变量值置换
`	命令替换，置换`……`中命令的执行结果
<	输入重定向字符
>	输出重定向字符
|	管道字符
&	后台执行字符。在一个命令之后加上字符"&"，该命令就会以后台方式执行
;	分割顺序执行的多个命令
( )	在子 Shell 中执行命令
{}	在当前 Shell 中执行命令
!	执行命令历史记录中的命令
~	登录用户的宿主目录（家目录）

在 Linux 下可以使用长文件或目录名，也可以给目录和文件取合适的名字，但必须遵循下列规则。

（1）除了/之外，所有的字符都可以用于目录和文件名。

（2）有些字符最好不用，如空格符、制表符、退格符，以及以下字符：?、、、@、#、$、&、()、\、|、;、'、"、<、>。

（3）避免使用＋、－、"."作为普通文件名的第一个字符。

（4）大小写要敏感。

（5）以"."开头的文件或目录是隐含的。

在 Shell 命令提示符后，用户可输入相关的 Shell 命令。Shell 命令可由命令名、选项和参数三部分组成，中间用空格隔开，其中方括号部分表示可选部分，其基本格式如下：

```
cmd[options][arguments]
```

常用选项说明如下。

- cmd 是命令名,是描述该命令功能的英文单词或缩写。在 Shell 命令中,命令名必不可缺少,并且总是放在整个命令行的起始位置。
- options 是选项,是执行该命令的限定参数或者功能参数。同一命令可采用不同的选项,其功能各不相同。选项可以有一个,也可以有多个,甚至还可能没有。选项通常以"-"开头,当有多个选项时,可以只使用一个"-"符号,如"ls -r -a"命令与"ls -ra"命令功能完全相同。另外,部分选项以"--"开头,这些选项通常是一个单词,还有少数命令的选项不需要"-"符号。
- arguments 是参数,即操作对象,是执行该命令所必需的对象,如文件、目录等。根据命令的不同,参数可以有一个,也可以有多个,甚至还可能没有。

在 Shell 中,一行中可以输入多条命令执行,用";"字符分隔。在一行命令后加"\"表示另起一行继续输入。

2.2　常用的 Shell 命令

2.2.1　基本操作命令

Linux 最基本、最常用的命令有 ls、cd、clear、su、login、logout、exit、shutdown、reboot、mount、umount 以及发送消息的 write、mesg 命令等,有些命令在前面已作过介绍,此处对部分命令再作补充说明。

1. su 命令

功能:切换用户身份。超级用户可以切换为任何普通用户,且不需要输入口令;普通用户临时转换为管理员(root)或其他普通用户时需要输入相应用户的口令,使其具有与相应用户同等的权限。可通过执行 exit 命令回到原来用户的身份。

格式:

```
su[-][用户名]
```

命令操作

如果使用"-"选项,则用户切换为新用户的同时会使用新用户的环境变量。

例如:

```
[zhang@ localhost zhang]$su       //执行 su 命令,临时切换到管理员身份
Password:                          //输入 root 账号密码
[root@ localhost zhang]#exit       //命令行提示符变为# ,切换成功,执行 exit 命令退出
[zhang@ localhost zhang]$          //重新回到普通用户身份
```

2. shutdown 命令

功能：该命令用于重启或安全关闭系统，只能由管理员（root）用户执行。

格式：

```
shutdown［选项］时间［警告消息］
```

常用选项说明如下。

- -c：取消前一个 shutdown 命令。值得注意的是，当执行一个如"shutdown -h 11：10"命令时，按 Ctrl＋C 组合键可以中断关机命令。若执行如"shutdown -h 11：10 &"命令，将 shutdown 转到后台时，则需要使用 shutdown -c 将前一个 shutdown 命令取消。
- -h：将系统关机。在某种程度上其功能与 halt 命令相当。
- -k：只是送出信息给所有用户，但并不会真正关机。
- -r：关闭系统之后重新启动系统，相当于执行了 reboot 命令。

时间形式有：now 代表立即；hh：mm 代表绝对时间几点几分；＋m 代表 m 分钟后。

例如：

```
#shutdown -h now          //立即关机(相当于 halt 命令)
#shutdown -r now          //立刻重启系统(相当于 reboot 命令)
#shutdown -h 12:30        //系统将在当天中午 12:30 关机,并广播内置消息给用户
#shutdown -r +2           //系统将在 2 分钟后重启,并广播内置消息给各用户
```

3. date 命令

功能：显示或设置系统的日期和时间。如果没有选项和参数，将直接显示系统当前的日期和时间；如果指定显示日期的格式，将按照指定的格式显示系统当前的日期和时间。只有 root 用户才可设置或修改系统时间。

格式：

```
date［选项］［格式控制字符串］
```

例如：

```
$date                               //显示系统当前的日期和时间
$date +%a                           //显示系统当前的星期缩写名
#date 10102020 或#date -s 20201010  //设置系统当前日期为 2012 年 10 月 10 日,没有-s
                                      选项时的设置格式为[MMDDhhmm[[CC]YY][.ss]]
```

4. history 命令

功能：显示用户最近执行的命令。保留的历史命令数量和环境变量 HISTSIZE 有关。

格式：

```
history
```

例如：

```
$history            //显示执行过的命令列表
```

5. clear 命令

功能：清除屏幕上的信息。提示符回到屏幕的左上角。
格式：

```
clear
```

例如：

```
$clear            //清屏
```

2.2.2 目录操作命令

1. ls 命令

功能：显示指定目录中的文件或子目录信息。当不指定目录时,显示当前目录下的文件和子目录信息。
格式：

```
ls [选项][文件或目录]
```

该命令支持很多选项,以实现更详细的功能。ls 命令常用选项及说明如表 2-3 所示。

表 2-3　ls 命令常用选项及说明

选项	说　　明
-a	列出所有文件(包括隐藏文件)
-A	列出所有文件(不包括".".和".."文件)
-b	对文件名中不可显示字符用八进制显示
-B	不输出以"～"结尾的备份文件
-c	按文件的修改时间排序
-C	按垂直方向对文件名进行排序
-d	如果参数是目录,只列出目录名,不列出目录内容。往往与-l 选项一起使用,以得到目录的详细信息
-f	不排序。该选项使-l、-t 和-s 选项失效,使-a 和-U 选项有效。
-F	显示时在目录后标记"/",可执行文件后标记"＊",符号链接文件后标记"@",管道文件后标记"|",socket 文件后标记"="
-h	与-l 选项一起使用,以用户看得懂的格式列出文件的大小信息
-i	显示出文件的 i 节点值
-l	按长格式显示(包括文件大小、日期、权限等详细信息)

选项	说　　明
-L	若指定的名称为一个符号链接文件,则显示链接所指向的文件
-m	文件名之间用逗号隔开,显示在一行上
-n	输出格式与-l 选项相同,只不过在输出时,文件属主和属组是用相应的 UID 号和 GID 号表示,而不是用实际的名称表示
-o	与-l 选项相同,只是不显示文件属主和属组信息
-p	在目录后加一个"/"
-q	将文件名中的不可显示字符用"?"代替
-r	按字母逆序显示
-R	循环列出目录内容,即列出所有子目录下的文件
-s	给出每个目录项所用的块数、包括间接块
-S	按大小对文件进行排序
-t	显示时按修改时间而不是按名字排序。若文件修改时间相同,则按字母顺序排序。修改时间取决于是否使用了-c 或-u 选项
-u	显示时按文件上次存取的时间而不是按文件名排序。即将-t 的时间标记修改为最后一次访问的时间
-x	按水平方向对文件名进行对齐排序

例如:

```
$ls                    //查看当前目录的内容
$ls -la /etc           //查看/etc 目录下的所有文件和子目录的详细信息
```

ls 命令的选项很多,读者在掌握 ls 命令的基本使用方法后,应该逐渐挖掘需要的功能。比如,ls -l 以字节为计量单位显示文件大小,读起来不够直观;使用-hl 选项,可以按照 KB、MB 等为计量单位显示。

2. cd 命令

功能: 改变当前目录。
格式:

```
cd[目录]
```

例如:

```
$cd /home              //进入根目录下的 home 目录
$cd ..                 //返回上一级目录
$cd -                  //在最近访问过的两个目录之间快速切换
$cd ~                  //切换到当前用户的主目录
```

3. mkdir 命令

功能: 创建新目录。

格式:

```
mkdir[选项]目录
```

常用选项说明如下。

"-m 数字"选项表示在创建目录时按照该选项的值设置权限;-p 选项表示一次性创建多级目录。

例如:

```
#mkdir -p /test/linux          //在根目录下创建 test 目录,并在其下创建 linux 目录
```

4. rmdir 命令

功能:删除一个或多个空的目录。

格式:

```
rmdir[选项]目录
```

常用选项说明如下。

-p 选项表示递归删除目录,当子目录删除后相应的父目录为空时,也一并删除。

例如:

```
#rmdir /test/linux          //删除/test 目录下的 linux 目录
```

5. pwd 命令

功能:显示当前工作目录的绝对路径。

格式:

```
pwd
```

例如:

```
$pwd          //显示当前工作目录的绝对路径
```

2.2.3　文件操作命令

1. touch 命令

功能:用于创建新文件。如果文件已经存在,将改变这个文件的最后修改日期。

格式:

```
touch[文件名]
```

例如:

```
#touch file1.txt          //创建一个空白文件 file1.txt
#ls -l file1.txt          //查看这个文件信息,重点关注创建日期
#touch file1.txt          //修改这个文件的时间戳
#ls -l file1.txt          //再次查看这个文件信息,创建时间发生了变化
```

30

2. cp 命令

功能：复制目录或文件。

格式：

cp［选项］源文件或目录 目标文件或目录

常用选项说明如下。

-i 选项表示在覆盖文件之前提示用户，由用户确认；-p 选项表示保留源文件权限和更改时间；-r 选项表示复制相应的目录及其子目录；-b 选项表示如果存在同名文件，覆盖目标文件前的备份原文件；-f 选项则表示强制覆盖同名文件。

例如：

```
#cp file1.txt file1.bak        //将文件 file1.txt 复制为 file1.bak
#cp /root/ * .cfg /home        //将/root 目录中后缀为.cfg 的文件复制到/home 目录
#cp - r /home /tmp             //将/home 目录及其子目录复制到/tmp 目录
```

3. mv 命令

功能：移动或重命名文件或目录。

格式：

mv［选项］源文件或目录 目标文件或目录

常用选项说明如下。

-b 选项表示如果存在同名文件，覆盖目标文件前的备份原文件；-f 选项表示强制覆盖同名文件。

例如：

```
#mv file1.txt /mnt            //把当前目录下的 file1.txt 文件移动到/mnt 目录下
#mv file1.bak mytest          //把 file1.bak 文件改名为 mytest
```

4. rm 命令

功能：删除文件或目录。

格式：

rm［选项］文件或目录

常用选项说明如下。

-f 选项表示在删除过程中不给任何提示，直接删除；-i 选项与-f 选项相反，表示在删除文件之前给出提示（安全模式）；-r 选项表示删除目录。

例如：

```
#rm mytest                    //删除文件 mytest
#rm - r /home/zhang           //删除 zhang 目录及其中所有文件及子目录
```

5. cat 命令

功能：显示指定文件的内容。该命令还能用来连接两个或多个文件，从而形成新文

31

件。在脚本中 cat 命令还可以用于读入文件。

格式：

```
cat［选项］［文件名］
```

例如：

```
#cat /etc/passwd              //显示 passwd 文件内容
#cat file1 file2>>newfile     //把两个文件(file1 和 file2)合并到 newfile 中
```

6. more 命令

功能：分屏显示文件内容。该命令一次显示一屏文本，显示满一屏后停下来并在底部打印出--more--；同时系统还显示出已显示文本占全部文本的百分比。若要继续显示，按 Enter 键或空格键即可。按 Q 键退出该命令。

格式：

```
more［选项］文件
```

常用选项说明如下。

-c 选项表示不滚屏，而是通过覆盖来换页；-d 选项表示在分页处显示提示；-number 选项表示每屏显示指定的行数；＋number 选项表示从指定的行数开始显示。

例如：

```
$more /etc/passwd            //分屏显示 passwd 文件内容
$cat passwd | more           //分屏显示 passwd 文件内容
```

7. less 命令

less 命令与 more 命令非常相似，也能分屏显示文本文件的内容，不同之处在于 more 命只能向后翻页，而 less 命令既可以向前翻页也可以向后翻页。输入命令后，首先显示的是第一屏文本，并在屏幕的底部出现文件名。用户可使用上、下箭头键、Enter 键、空格键、PageUp 键或 PageDown 键前后翻阅文本内容，按 Q 键可退出该命令。

8. head 命令

功能：显示指定文件的前几部分的内容。默认显示的是前 10 行内容。如果希望显示指定的行数，可以使用-n 选项。

格式：

```
head［选项］文件
```

例如：

```
$head -1 /etc/passwd         //只显示 passwd 文件的第一行内容
$head -20 /etc/passwd | more //分屏显示 passwd 文件的前 20 行内容
```

9. tail 命令

功能：显示指定文件的后几部分的内容。默认显示的是后 10 行内容。如果希望显示指定的行数,可以使用-n 选项;如果希望从第几行显示到文件末尾,可以使用-n ＋number 选项。

格式:

```
tail [选项] 文件
```

例如:

```
$tail -7 /etc/passwd        //显示 passwd 文件最后 7 行的内容
$tail -n +7 /etc/passwd     //从第 7 行开始显示 passwd 文件的内容
$tail -c 4 /etc/passwd      //显示 passwd 文件最后 4 字母的内容
```

10. grep 命令

功能:在指定的文件中查找符合条件的字符串。

格式:

```
grep [选项] 字符串 [文件名 1 文件名 2 …]
```

常用选项说明如下。

-c 选项表示只显示匹配行的数量;-i 选项表示查找时不区分大小写;-h 选项表示在查找多个文件时,在输出结果的行首不显示文件名。

例如:

```
$grep root /etc/passwd         //在/etc/passwd 文件中查找 root 字符串
```

11. find 命令

功能:在指定的目录中搜索满足指定条件的文件。

格式:

```
find [选项] [路径] [表达式]
```

此命令提供了很多的查找条件,功能非常强大,其主要表达式选项及说明如表 2-4 所示。

表 2-4　find 命令表达式选项及说明

选　项	说　明
-amin	查找在指定时间曾被访问过的文件或目录,以分钟计算
-anewer	查找其存取时间较指定文件或目录的访问时间更接近现在的文件或目录
-atime	查找在指定时间曾被访问过的文件或目录,以 24 小时计算
-cmin	查找在指定时间被更改的文件或目录,以分钟计算
-cnewer	查找其更改时间较指定文件或目录的更改时间更接近现在的文件或目录
-ctime	查找在指定时间被更改的文件或目录,以 24 小时计算
-daystart	从本日开始计算时间
-depth	从指定目录下最深层的子目录开始查找
-empty	寻找文件大小为 0B 的文件,或目录下没有任何子目录或文件的空目录

选 项	说 明
-exec	假设 find 指令的回传值为 True,就执行该指令
-false	将 find 指令的回传值皆设为 False
-follow	排除符号连接。用-l 可代替
-fstype	只寻找该文件系统类型下的文件或目录
-gid	查找符合指定组 ID 的文件或目录
-group	查找符合指定组名称的文件或目录
-help	在线帮助。也可以写成--help
-ilname	此选项的效果和-lname 类似,但忽略字符大小写的差别
-iname	此选项的效果和-name 类似,但忽略字符大小写的差别
-inum	查找符合指定的 inode 编号的文件或目录
-iregex	此选项的效果和-regexe 类似,但忽略字符大小写的差别
-links	查找符合指定的硬连接数目的文件或目录
-lname	指定字符串作为寻找符号连接的范本样式
-ls	假设 find 指令的回传值为 True,就将文件或目录名称输出到标准输出中
-maxdepth	设置最大目录层级
-mindepth	设置最小目录层级
-mmin	查找在指定时间前曾被更改过的文件或目录,以分钟计算
-mount	查找时局限在先前的文件系统中,即不跨越 mount 点。与-xdev 相同
-mtime	查找在指定时间前曾被更改过的文件或目录,以 24 小时计算
-name	查找指定的字符串作为文件名的文件或目录
-newer	查找其更改时间较指定文件或目录的更改时间更接近现在的文件或目录
-nogroup	找出不属于本地主机组 ID 的文件或目录
-nouser	找出不属于本地主机用户 ID 的文件或目录
-ok	此选项的效果和-exec 类似,但在执行之前先询问用户,若同意,则执行
-path	指定字符串作为寻找目录的范本样式
-perm	查找符合指定的权限数值的文件或目录
-print	假设 find 指令的回传值为 True,就将文件或目录名称输出到标准输出中
-prune	查找时忽略指定的目录
-regex	指定字符串作为寻找文件或目录的正则表达式
-size	查找符合指定文件大小的文件
-true	将 find 指令的回传值皆设为 True
-type	只寻找符合指定的文件类型的文件
-uid	查找符合指定的用户 ID 的文件或目录
-used	查找被更改之后在指定时间曾被存取过的文件或目录,以天计算
-user	查找符合指定的拥有者名称的文件或目录
-version	显示版本信息。也可以写成--version
-xtype	此选项的效果和-type 类似,差别在于它针对符号连接检查

例如：

```
$find / -print              //查找根目录下的所有文件
$find / -user zhang         //查找在系统中属于 zhang 用户的所有文件
$find /usr/share -perm 555  //查找/usr/share 目录下所有存取权限为 555 的文件
$find / -name passwd        //查找系统中文件名为 passwd 的文件
$find / -atime -2           //查找在系统中最后 48 小时访问的文件
```

12. file 命令

功能：判断指定文件的类型。命令的输出将显示该文件是二进制文件、文本文件、目录文件、设备文件，还有 Linux 中其他类型的文件。

格式：

```
file ［选项］文件名
```

例如：

```
$file /bin/passwd
/bin/passwd: setuid ELF 64-bit LSB shared object, x86-64, version 1 (SYSV),
dynamically linked, for GNU/Linux 3.2.0, stripped
$file /etc/passwd
/etc/passwd: ASCII text
```

以上使用 file 命令对两个文件/bin/passwd 和/etc/passwd 进行了文件类型判断。第一个文件为二进制可执行文件，第二个文件为 ASCII 文本文件。

2.2.4　系统管理命令

1. uname 命令

功能：查看系统信息。

格式：

```
uname［选项］
```

常用选项说明如下。

-a 选项表示显示所有信息；-s 选项表示显示内核名；-n 选项表示网络节点名；-v 选项表示 Linux 系统内核版本；-r 选项表示 Linux 系统内核版本号。

例如：

```
$uname -n           //查看本机的机器名
```

2. du 命令

功能：显示当前及其下各子目录的大小。利用"＞"或"＞＞"重定向符，可将显示结果保存到文件中。

格式：

```
du [选项] [目录]
```

常用选项说明如下。

-a 选项表示显示所有文件的大小,不仅仅是每个目录所占用的空间;-s 选项表示只显示总计;-h 选项表示以合适的单位显示文件大小。

例如:

```
#du -a /root | sort -n        //查看/root 中文件的大小,并由小到大排序
#du -a> info.txt              //将各目录占用磁盘空间情况保存在 info.txt 文件中
```

3. df 命令

功能:查看磁盘使用情况。

格式:

```
df [选项]
```

常用选项说明如下。

-a 选项表示显示所有文件系统的磁盘使用情况,包括 0 块的文件系统,如/proc 文件系统;-i 选项表示显示 i 节点信息,而不是磁盘块;-t 选项表示显示指定类型文件系统的磁盘空间使用情况;-x 选项表示列出不是指定类型文件系统的磁盘空间使用情况(与-t 选项相反);-T 选项表示显示出文件系统类型。

例如:

```
$df                          //列出各文件系统的磁盘空间使用情况
```

4. free 命令

功能:显示系统内存容量及使用情况,包括实体内存、虚拟的交换文件内存、共享内存区段,以及系统核心使用的缓冲区等。

格式:

```
free [选项]
```

常用选项说明如下。

-b 选项表示以 B 为单位显示内存使用情况;-k 选项表示以 KB 为单位显示内存使用情况;-m 选项表示以 MB 为单位显示内存使用情况;"-s <间隔秒数>"选项表示持续观察内存使用状况;-t 选项表示显示内存总计行数;-V 选项表示显示版本信息。

例如:

```
$free -s 5                   //每隔 5 秒显示一次内存使用情况
```

5. env 命令

功能:显示当前 Shell 会话中已经定义的所有系统默认和用户自定义的环境变量,以及这些环境变量所对应的变量值。

格式:

env［选项］

常用选项说明如下。

-i 选项表示开始一个新的空的环境；"-u name"选项表示从当前环境中删除指定 name 的变量。

例如：

```
$env
LS_COLORS=rs=0:di=01;34:ln=01;36...          //环境配色方案
LANG=en_US.UTF-8                             //语言环境
HISTCONTROL=ignoredups                       //控制历史的记录方式
HOSTNAME=localhost.localdomain               //主机名
...
```

6. echo 命令

功能：用于输出命令中的字符串或变量，默认输出到屏幕上，也可以通过重定向输出到文件或其他设备中。

格式：

echo［选项］［字符串或变量名］

常用选项说明如下。

-n 选项表示不要在最后自动换行；-e 选项表示启用反斜杠转义的解释。

例如：

```
$echo $PATH              //显示变量 PATH 的值
$echo Hello China!       //屏幕中显示"Hello China!"
```

7. logname 命令

功能：显示当前登录的用户名。

格式：

logname［选项］

例如：

```
$logname              //查看当前登录的用户名
```

8. w 命令

功能：显示当前登录系统的用户信息。类似的命令还有 who、whoami 等。

格式：

w［选项］［用户］

常用选项说明如下。

-f 选项表示开启或关闭显示用户从何处登录系统；-h 选项表示不显示各栏位的标题信息列；-s 选项表示使用简洁格式列表，不显示用户登录时间，终端机阶段作业和程序所耗费的 CPU 时间;-u 选项表示忽略执行程序的名称,以及该程序耗费 CPU 时间的信息;-V 选项表示显示版本信息。

例如:

```
$w root                    //查看 root 用户登录本系统的情况
```

2.3   vi 编辑器

2.3.1   vi 简介

vi(visual interface)编辑器是 Linux 和 UNIX 上最基本的文本编辑器,它工作在字符模式下。由于不需要图形界面,因此,vi 成了效率很高的文本编辑器。尽管在 Linux 上有很多图形界面的编辑器可用,但 vi 在系统和服务器管理中是其他图形编辑器所无法比拟的。

vi 可以执行输出、删除、查找、替换、块操作等众多文本操作,而且用户可以根据自己的需要对其进行定制,这是其他编辑程序所没有的。

vi 编辑器并不是一个排版程序,它不像 Word 或 WPS 那样可以对字体、格式、段落等其他属性进行编排,它只是一个文本编辑程序。vi 有许多命令,初学者可能会觉得它比较烦琐,但熟练之后,就会发现 vi 是一个简单易用并且功能强大的源程序编辑器。

vim 是 vi 的加强版,比 vi 更容易使用。vi 的命令几乎全部都可以在 vim 上使用。要在 Linux 下编写文本或语言程序,用户必须首先选择一种文本编辑器。可以选择 vi 或 vim 编辑器,使用它们的好处是几乎每一个版本的 Linux 都会有它的存在。vim 也是在文本模式下使用,需要记忆一些基本的命令操作方式。用户也可以选择使用 pico、joe、jove、mc 等编辑器,它们都比 vim 简单。如果实在不习惯使用文字模式,可以选择视窗环境下的编辑器,如 Gedit、Kate、KDevelop 等,它们是在 Linux 中的 X Window 界面下执行的 C/C++ 整合式开发环境。

2.3.2   vi 的工作模式

vi 有三种工作模式,即命令模式、插入模式和末行模式,如图 2-1 所示。

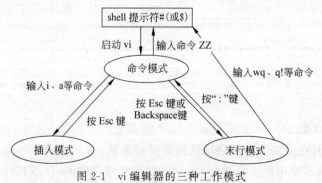

图 2-1   vi 编辑器的三种工作模式

1. 命令模式

在 Shell 中启动 vi 时,最初就是进入命令模式。在该模式下可以输入各种 vi 命令,可以进行光标的移动,字符、字、行的删除,以及执行复制、粘贴等操作。此时,从键盘上输入的任何字符都作为命令来解释。在其他两种模式下,按 Esc 键,就可以转换到命令模式。

注意:在命令模式下输入的任何字符屏幕都不会显示出来。

2. 插入模式

插入模式主要用于输入文本。在该模式下,用户输入的任何字符都可作为文件的内容保存起来,并会显示在屏幕上。在命令模式下输入 i、a 等命令就可以进入插入模式,在屏幕的最底端会提示“-- INSERT --”字样。要转换到命令模式,只需按 Esc 键。

3. 末行模式

在命令模式下按“:”键,就进入了末行模式。此时 vi 在窗口的最后一行显示一个“:”,并等待用户输入命令。在末行模式下,可以进行保存文件、退出、查找字符串、文本替换、显示行号等操作。一条命令执行完毕,就会返回到命令模式。

提示:当处于末行模式,并已经输入了一条命令的一部分而不想继续时,按几次 Backspace 键删除已输入的命令或直接按 Esc 键,都可以进入命令模式。

2.3.3　启动与退出 vi

输入以下命令都可以启动 vi 并进入命令模式。
- vi:光标定位在屏幕的第 1 行第 1 列位置。不指定文件名,将在保存文件时需要指定文件名。
- vi 文件名:如果该文件不存在,将建立此文件;如果该文件存在,则打开此文件。光标定位在屏幕的第 1 行第 1 列位置。
- vi +n 文件名:打开此文件,光标停在第 n 行开始处。
- vi + 文件名:打开此文件,光标停在文件最后一行开始处。
- vi +/字符串 文件名:打开此文件,查找到该字符串,并将光标停在第一次出现字符串的行首位置。

图 2-2 所示为输入“vi newfile”命令时 vi 的窗口,“~”表示该行是新的没有被编辑过的行。

在退出 vi 前,可以先按 Esc 键,以确保当前 vi 的状态为命令方式,然后输入“:”进入末行模式,再输入如下命令。
- w:保存当前正在编辑的文件,但不退出 vi。w 是 write 的首字母。
- w 文件名:将当前文件的内容保存到由“文件名”指定的新文件中,若该文件已存在则产生错误。该命令不会退出 vi。
- w! 文件名:将当前文件的内容保存到由“文件名”指定的新文件中,若该文件已

图 2-2　启动 vi 编辑器

存在则覆盖原文件。该命令不会退出 vi。

- q：不保存文件而直接退出 vi。若文件有过改动而没有保存,将出现错误提示。q 是 quit 的首字母。
- q!：强行退出 vi。若文件内容有改动则恢复到文件的原始内容。
- wq：保存并退出 vi。这是最常用的退出 vi 的方式。

提示：在末行模式下输入如下命令可以给每一行添加行号,这在调试程序时很有用。行号并不是文件内容的一部分。

```
: set number
```

或

```
: set nu
```

2.3.4　vi 的基本操作命令

1. 移动光标命令

在 vi 的插入模式下,一般使用键盘上的 4 个方向键来移动光标。在命令模式下有很多移动光标的方法,熟练掌握这些命令,有助于提高用户的编辑效率。常用的移动光标命令如表 2-5 所示。

表 2-5　命令模式下的移动光标命令

命令	说　明
↑	移动到上一行,所在的列不变
↓	移动到下一行,所在的列不变
←	左移一个字符,所在的行不变
→	右移一个字符,所在的行不变
数字 0	移动到当前行的行首
$	移动到当前行的行尾

命　令	说　　明
nw	右移 n 个字。n 为数字,光标处于第 n 个字的字首
w	右移 1 个字,光标处于下一个字的字首
nb	左移 n 个字。n 为数字,光标处于第 n 个字的字首
b	左移 1 个字,光标处于下一个字的字首
(	移到本句的句首,如果已经处于本句的句首,则移动到前一句的句首
)	移到下一句的句首
{	移到本段的段首。如果已经处于本段的段首,则移动到前一段的段首
}	移到下一段的段首
1G	移动到文件首行的行首
G	移动到文件末行的行首
nG	移动到文件第 n 行的行首
按 Ctrl+G 组合键	报告光标所处的位置,位置信息显示在 vi 的最后一行

提示：遇到“.”“?”或“!”,vi 认为是一句的结束。vi 以空白行作为段的开始或结束。

2. 删除文本命令

在插入模式下,用 Delete 键可以删除光标所在位置的一个字符,用 Backspace 键删除光标所在位置的前一个字符。在命令模式下,有各种各样的删除文本的方法,常用的删除文本命令如表 2-6 所示。

表 2-6　命令模式下的删除文本命令

命　　令	说　　明
x	删除光标所在位置的一个字符
nx	删除从光标开始的 n 个字符
dw	删除光标所在位置的一个字
$n$dw	删除从光标开始的 n 个字
db	删除光标前的一个字
$n$db	删除从光标开始的前 n 个字
d0	删除从光标前一个字符到行首的所有字符
d$	删除光标所在字符到行尾的所有字符
dd	删除光标所在的行即当前行
$n$dd	删除从当前行开始的 n 行
d(	删除从当前字符开始到句首的所有字符
d)	删除从当前字符开始到句尾的所有字符
d{	删除从当前字符开始到段首的所有字符
d}	删除从当前字符开始到段尾的所有字符

41

提示：如果要取消前一次操作,在命令模式下输入字符 u 即可。u 是 undo 的首字母。

3. 文本查找和替换命令

在命令模式下,查找文本的方法如表 2-7 所示。

表 2-7　命令模式下的查找文本命令

命　　令	说　　明
?string<Enter>	在命令模式下输入"?"和要查找的字符串(如 string),然后按 Enter 键即可
n	向文件头方向重复前一个查找命令
N	向文件尾方向重复前一个查找命令

在末行模式下,替换文本的方法如表 2-8 所示。

表 2-8　末行模式下的替换文本命令

命　　令	说　　明
s/oldstr/newstr	在当前行用 newstr 字符串替换 oldstr 字符串,只替换一次。s 是 substitue 的首字母
s/oldstr/newstr/g	在当前行用 newstr 字符串替换所有的字符串 oldstr
1,10s/oldstr/newstr/g	在第 1~10 行用字符串 newstr 替换所有的字符串 oldstr
1,$s/oldstr/newstr/g	在整个文件中用字符串 newstr 替换所有的字符串 oldstr

4. 文本的复制与粘贴命令

复制和粘贴是文本编辑中常用的操作,vi 也提供了这种功能。复制是把指定内容复制到内存的一块缓冲区中,而粘贴是把缓冲区中的内容粘贴到光标所在位置。复制和粘贴的方法如表 2-9 所示。

表 2-9　命令模式下的复制与粘贴命令

命　　令	说　　明
yw	将光标所在位置到字尾的字符复制到缓冲区中。y 是 yank 的首字母
$n$yw	将光标所在位置开始的 n 个字复制到缓冲区中。n 为数字
yb	从光标开始向左复制一个字
$n$yb	从光标开始向左复制 n 个字。n 为数字
y0	复制从光标前一个字符到行首的所有字符
y$	复制从光标开始到行末的所有字符
yy	复制当前行,即光标所在的行
$n$yy	复制从当前行开始的 n 行。n 为数字
p	在光标所在位置的后面插入复制的文本。p 是 paste 的首字母

续表

命令	说　　明
P(大写)	在光标所在位置的前面插入复制的文本
np	在光标所在位置的后面插入复制的文本,共复制 n 次
nP	在光标所在位置的前面插入复制的文本,共复制 n 次

实　　训

1. 实训目的

熟练掌握 Shell 的特性和使用方法,这是学好 Linux 的基础。

2. 实训内容

在 CentOS 8 操作系统上掌握 Shell 的基本操作命令,完成一个以 exercise 为目录名的相关文件系统操作。

(1) 由当前目录切换至指定目录,在该目录下创建新目录(目录名为 exercise),利用 ls 命令查看目录是否创建成功。

(2) 在 exercise 目录下创建名为 file1.txt 的文件,输入部分内容以便后续操作。利用不同的命令查看文件内容。

(3) 复制 file1.txt,将它更名为 file2.txt。利用命令移除 file1.txt 文件。

(4) 查找 file2.txt 文件中指定的字符。

(5) 利用 vi 编辑器对 file2.txt 文件内容进行编辑。

3. 实训总结

通过本次实训,熟练掌握 Shell 的相关命令,并能熟练操作 vi 编辑器,对以后的服务配置打下坚实的基础。

习　　题

一、选择题

1. 使用 vi 编辑只读文件时,强制存盘并退出的命令是(　　)。

    A. :w!　　　　　　　　B. :q!　　　　　　　　C. :wq!　　　　　　　　D. :e!

2. 使用(　　)命令把两个文件合并成一个文件。

    A. cat　　　　　　　　B. grep　　　　　　　　C. awk　　　　　　　　D. cut

3. 用 ls -al 命令列出下面的文件列表,(　　　)文件是符号连接文件。

A. -rw-rw-rw-　　2　hel-s　users　56　　　Sep　09　11:05　hello

B. -rwxrwxrwx　2　hel-s　users　56　　　Sep　09　11:05　goodbey

C. drwxr--r--　　1　hel　　users　1024　　Sep　10　08:10　zhang

D. lrwxr--r--　　1　hel　　users　2024　　Sep　12　08:12　cheng

4. 对于命令 $ cat name test1 test2>name,说法正确的是(　　　)。

A. 将 test1 test2 合并到 name 中

B. 命令错误,不能将输出重定向到输入文件中

C. 当 name 文件为空的时候命令正确

D. 命令错误,应该为 $ cat name test1 test2 >>name

5. 在 vi 中,(　　　)命令从光标所在行的第一个非空白字符前面开始插入文本。

A. i　　　　　　　　B. I　　　　　　　　C. a　　　　　　　　D. S

6. 若要列出/etc 目录下所有以 vsftpd 开头的文件,以下命令中能实现的是(　　　)。

A. ls /etc |grep vsftpd　　　　　　　　B. ls /etc/vsftpd

C. find /etc vsftpd　　　　　　　　　　D. ll /etc/vsftpd *

7. 假设当前处于 vi 的命令模式,现要进入插入模式,以下快捷键中,无法实现的是(　　　)。

A. I　　　　　　　　B. A　　　　　　　　C. O　　　　　　　　D. l

8. 目前处于 vi 的插入模式,若要切换到末行模式,以下操作方法中正确的是(　　　)。

A. 按 Esc 键　　　　　　　　　　　　　B. 按 Esc 键,然后按":"键

C. 直接按":"键　　　　　　　　　　　　D. 直接按 Shift+:组合键

9. 以下命令中,不能用来查看文本文件内容的命令是(　　　)。

A. less　　　　　　B. cat　　　　　　　C. tail　　　　　　　D. ls

10. 在 Linux 中,系统管理员状态下的提示符是(　　　)。

A. $　　　　　　　B. #　　　　　　　　C. %　　　　　　　　D. >

11. 删除文件的命令为(　　　)。

A. mkdir　　　　　B. rmdir　　　　　　C. mv　　　　　　　D. rm

12. 建立一个新文件可以使用的命令为(　　　)。

A. chmod　　　　　B. more　　　　　　C. cp　　　　　　　D. touch

13. 以下不是 Linux 的 Shell 类型的是(　　　)。

A. bash　　　　　　B. ksh　　　　　　　C. rsh　　　　　　　D. csh

二、简答题

1. vi 编辑器有哪三种工作模式?其相互之间如何切换?

2. 列举查看文件内容的命令,并说明其区别。

第 3 章　用户和组的管理

Linux 是一个多用户、多任务的分时操作系统,所有要使用系统资源的用户都必须先向系统管理员申请一个账号,然后用这个账号进入系统。用户管理一方面能帮助系统管理员对使用系统的用户进行跟踪,并控制他们对系统资源的访问;另一方面也能帮助用户组织文件,并为用户提供安全性保护。每个用户账号都拥有一个唯一的用户名和密码。用户在登录时输入正确的用户名和密码后,才能进入系统和自己的主目录。

本章学习任务:

(1) 掌握用户账号的管理方法;

(2) 掌握用户账号的添加、删除和修改;

(3) 掌握用户密码的管理;

(4) 掌握用户组的管理。

3.1　用户和组文件

在 Linux 系统中,每个用户都拥有一个唯一的标识符,称为用户 ID(UID),每个用户对应一个账号。为方便管理,Linux 系统把具有相似属性的多个用户分配到一个称为用户分组的组中,每个用户至少属于一个组。系统被安装完毕后,已创建了一些特殊用户,它们具有特殊的意义,其中最重要的是超级用户,即 root。用户分组是由系统管理员建立的,一个用户分组内包含若干个用户,一个用户也可以归属于不同的分组。用户分组也有一个唯一的标识符,称为组 ID(GID)。对文件的访问都是以文件的用户 ID 和分组 ID 为基础的,根据用户和组信息可以控制如何授权用户访问系统,以及被允许访问后用户可以进行的操作权限。

按照用户的权限,用户被分为普通用户、系统用户和超级用户。普通用户只能访问自己的文件和其他有权限执行的文件,而超级用户权限最大,可以访问系统的全部文件并执行任何操作。超级用户也被称为根用户,一般系统管理员使用的是超级用户的 root 权限,有了这个权限,管理员可以突破系统的一切限制,方便管理及维护系统。普通用户也可以用 su 命令临时转变为超级用户。系统用户是指系统内置的、执行特定任务的用户,不具有登录系统的能力。

系统的这种安全机制有效地防止了普通用户对系统的破坏。例如,存放于/dev 目录下的设备文件分别对应于硬盘、打印机、光驱等硬件设备,系统通过对这些文件设置用户访问权限,使得普通用户无法删除、覆盖硬盘文件而破坏整个系统,从而保护了系统的安全。

在 Linux 中可以利用用户配置文件,以及用户查询和管理的控制工具来进行用户管理。用户管理其实是通过修改用户配置文件实现的。用户管理控制工具最终的目的是为了修改用户配置文件,所以在进行用户管理的时候,直接修改用户配置文件同样可以达到用户管理的目的。常用的用户配置文件有 passwd、shadow、group、gshadow 等。

3.1.1 用户账号文件

/etc/passwd 文件用来保存系统所有用户的账号数据等信息,又被称为密码文件。例如,当用户以 zhang 这个账号登录时,系统首先会查阅/etc/passwd 文件,看是否有 zhang 这个账号,然后确定 zhang 的 UID,通过 UID 来确认用户身份。如果无误,则读取/etc/shadow 影子文件中所对应的 zhang 的密码,密码核实无误,则登录系统并读取用户的配置文件。

/etc/passwd 文件可由系统管理员编辑修改,普通用户只有查看的权限。执行 cat 命令可查看完整的系统账号文件,如下所示:

```
#cat /etc/passwd
root:x:0:0:root:/root:/bin/bash
bin:x:1:1:bin:/bin:/sbin/nologin
adm:x:2:2:daemon:/sbin:/sbin/nologin
lp:x:4:7:lp:/var/spool/lpd:/sbin/nologin
...
zhang:x:1000:1000:zhang:/home/zhang:/bin/bash
```

在/etc/passwd 文件中,一行代表的是一个用户的信息。每一行有 7 个字段,表示 7 种信息。每个字段用“:”号分割,其格式如下:

```
username:password:User ID:Group ID:comment:home directory:shell
```

各字段含义如下。

- username:用户名。它唯一地标识了一个用户账号,用户在登录时使用的就是它。用户名长度通常不超过 8 个字符,可由大小写字母(区分大小写)、下画线、句点或数字等组成。用户名中不能有冒号,因为冒号在这里是分隔符。在创建用户时,用户名中最好不要包含“.”“-”“+”等容易引起歧义的字符。

- password:账号密码。passwd 文件中存放的密码是经过加密处理的,一般采用的是不可逆的加密算法。当用户登录输入密码后,系统会对用户输入的密码进行加密,再把加密的密码与系统存放的用户密码进行比较。如果这两个加密数据匹配,则允许用户进入系统。Linux 的加密算法很严密,其中的密码很难被破解。账号盗用者一般都借助专门的黑客程序,暴力破解密码,因此,建议不要使用生日、常用单词等作为密码。

- User ID:用户识别码,简称 UID。此字段非常重要,Linux 系统内部使用 UID 来识别用户,而不是用户名。在系统中每个用户对应一个唯一的 UID,一般情况下

UID 和用户名是一一对应的,如果几个用户名对应的用户标识号是相同的,系统内部将把他们视为同一个用户,不过他们可以有不同的密码、不同的主目录及不同的登录 Shell 等。通常情况下,UID 的取值范围是 0~65535 的整数(UID 的最大值可以在文件/etc/login.defs 中查到,一般 Linux 发行版约定为 60000)。其中,0 是超级用户 root 的标识号,1~999 作为管理账号,普通用户的标识号是从 1000 开始。

- Group ID:用户组识别码,简称 GID。不同的用户可以属于同一个用户组,享有该用户组共有的权限。与 UID 类似,GID 唯一地标识了一个用户组。
- comment:备注字段,给用户账号做注解。它可以是用户的真实姓名、电话号码、住址等一段任意的注释性描述文字,当然也可以为空。
- home directory:主目录。系统为每个用户配置的单独使用环境,即用户登录系统后最初所在的目录,在这个目录中,用户不仅可以保存自己的配置文件,还可以保存自己日常工作中的各种文件。一般来说,root 账号的主目录是/root,其他账号的主目录都在/home 目录下,并且和用户名同名。各用户对自己的主目录有读、写、执行(搜索)权限,其他用户对此目录的访问权限则根据具体情况设置。用户可以在账号文件中更改用户登录目录。
- login command:用户登录后,要启动一个进程,负责将用户的操作传给内核,这个进程是用户登录到系统后运行的命令解释器或某个特定的命令,即 Shell。Shell 是用户和 Linux 系统之间的接口。系统管理员能根据系统情况和用户习惯为用户指定 Shell。

用户登录 Shell 也可以指定为某个特定的程序(此程序不是命令解释器)。利用这一特点,能限制用户只能运行指定的应用程序,在该应用程序运行结束后,用户就自动退出了系统。系统中有一类用户称为伪用户(pseudo users),这些用户在/etc/passwd 文件中也占有一条记录,他们的登录 Shell 为空,因此不能登录系统。他们的存在主要是方便系统管理,满足相应的系统进程对文件属主的需求。常见的伪用户有 bin(拥有可执行的用户命令文件)、sys(拥有系统文件)、adm(拥有账号文件)等。

3.1.2 用户影子文件

Linux 使用了不可逆算法来加密登录密码,所以黑客很难从密文中得到明文。但由于任何用户都有权限读取/etc/passwd 文件,用户密码保存在这个文件中是极不安全的。针对这种安全问题,许多 Linux 的发行版本引入影子文件/etc/shadow 来提高密码的安全性。使用影子文件是将用户的加密密码从/etc/passwd 中移出,保存在只有超级用户 root 才有权限读取的/etc/shadow 中,/etc/passwd 中的密码域则显示一个"x"。

/etc/shadow 文件是/etc/passwd 的影子文件,这个文件并不是由/etc/passwd 产生的,这两个文件是对应互补的。shadow 内容包括用户、被加密的密码,以及其他/etc/passwd 不能包括的信息,比如用户的有效期限等。

/etc/shadow 文件的内容包括 9 个字段,每个字段之间用":"号分隔。只有管理员用户拥有读取该文件的权限,可使用 cat 命令来查看影子文件的内容,如下所示:

```
#cat /etc/shadow |more
root:$6$M9sgi327sdggd62hjH5Fdsrthjk&68fgdsd43$hgk&jgdsf2kjb@jhghfhgh5jfds6
ffd768h%jggh(khhhvh%hgYgg6kjUgff.::0:99999:7:::
bin: * :17784:0:99999:7:::
daemon: * :17784:0:99999:7:::
adm: * :17784:0:99999:7:::
...
zhang: * :$6$fg7DUHGggrtjrsuutc548hxdsahfe289hjgfd$68gcx#uhjgcg%hfgffseh67765
hgdshju%hhkk * hkhbjgj%hghgjgkk/:::0:99999:7:::
```

下面对用户影子文件中的相关内容进行说明。

(1)用户名(也被称为登录名)。在/etc/shadow 中,用户名和/etc/passwd 是相同的,这样就把 passwd 和 shadow 中的用户记录联系在一起。这个字段是非空的。

(2)密码(已被加密)。如果这个段是 *,表示这个用户不能登录到系统;这个字段是非空的,带有 1 个"!"表示账号被锁定,带有 2 个"!"表示密码被锁定。

(3)上次修改密码的时间。这个时间是从 1970 年 1 月 1 日起算到最近一次修改密码的时间间隔(天数),可以通过管理员账号用 passwd 命令来修改用户的密码,然后查看/etc/shadow 中此字段的变化。

(4)两次修改密码间隔最少的天数。如果配置为 0,则禁用此功能,也就是说用户必须经过多少天才能修改其密码。默认值是通过/etc/login.defs 文件中的 PASS_MIN_DAYS 进行定义。

(5)两次修改密码间隔最多的天数。这个字段可以增强管理员管理用户密码的时效性,也增强了系统的安全性。默认值是在添加用户时由/etc/login.defs 文件中的 PASS_MAX_DAYS 进行定义。

(6)提前多少天警告用户密码将过期。如果满足条件,当用户登录系统后,系统登录程序提醒用户密码将要作废。默认值是在添加用户时由/etc/login.defs 文件中的 PASS_WARN_AGE 进行定义。

(7)在密码过期之后多少天禁用此用户。此字段表示用户密码作废多少天后,系统会禁用此用户,也就是说系统不会再让此用户登录,也不会提示用户过期,是完全禁用。

(8)用户过期日期。此字段指定了用户作废的天数(从 1970 年的 1 月 1 日开始的天数)。如果这个字段的值为空,账号长久可用。

(9)保留字段。目前为空,以备将来 Linux 发展之用。

3.1.3 组账号文件

具有某种共同特征的用户集合起来就是用户组(group)。用户组的设置主要是为了方便检查、设置文件或目录的访问权限。每个用户组都有唯一的用户组号 GID。

/etc/group 文件是用户组的配置文件,内容包括用户组名、用户组密码、GID 及该用户组所包含的用户 4 个字段,每行代表一个用户组记录。格式如下:

```
group_name:passwd:GID:user_list
```

第 1 字段：用户组名称。第 2 字段：用户组密码。第 3 字段：GID。第 4 字段：用户列表，每个用户之间用逗号(,)分隔，本字段可以为空，如果字段为空，表示用户组为 GID 的全部用户。

/etc/group 文件可以由系统管理员编辑修改，普通用户只有查看的权限。执行 cat 命令可查看完整的文件内容，如下所示：

```
#cat /etc/group|more
root:x:0:root
bin: x:1:
deamon: * :2:
sys: x:3:
...
zhang: x:1000:
```

其中，root:x:0:root 的含义为：root 代表用户组名，x 代表已加密的密码，0 代表 root 组 GID，最后的 root 代表用户组（包括 root 用户）。

GID 和 UID 类似，是一个从 0 开始的正整数。root 用户组的 GID 为 0。系统会预留一些较靠前的 GID 给系统虚拟用户组用。

对照/etc/passwd 和/etc/group 两个文件，会发现在/etc/passwd 中的每条用户记录中含有用户默认的 GID，在/etc/group 中的每个用户组中可以有多个用户。在创建目录和文件时会使用默认的用户组。

3.1.4　用户组影子文件

与/etc/shadow 文件一样，考虑到组信息文件中密码的安全性，引入相应的组密码影子文件/etc/gshadow。

/etc/gshadow 是/etc/group 的加密文件，比如用户组管理密码就存放在这个文件中。/etc/gshadow 和/etc/group 是互补的两个文件。对于大型服务器，针对很多用户和组，定制一些关系结构比较复杂的权限模型，设置用户组密码是非常有必要的。例如，如果不想让一些非用户组成员永久拥有用户组的权限和特性，就可以通过密码验证的方式来让某些用户临时拥有一些用户组特征，这时就要用到用户组密码。

/etc/gshadow 格式如下，每个用户组独占一行：

```
groupname:passwd:admin1,admin2,...:member1,member2,...
```

第 1 字段：用户组。第 2 字段：用户组密码，这个字段可以是空的或"!"。如果是空的或有"!"，表示没有密码。第 3 字段：用户组管理者。这个字段也可为空，如果有多个用户组管理者，用","号分隔。第 4 字段：组成员。如果有多个成员，用","号分隔。

/etc/gshadow 文件只有系统管理员有读取的权限。执行 cat 命令可查看完整的文件内容，如下所示：

```
#cat /etc/gshadow | more
root:::root
```

```
bin:::root,bin,daemon
daemon:::root,bin,daemon
sys:::root,bin,adm
...
zhang:!::
```

其中,daemon:::root,bin,daemon 的含义为：用户组名为 daemon,没有设置密码,该用户没有用户组管理者,组成员有 root、bin 和 daemon。

3.1.5 与用户和组管理有关的文件和目录

1. /etc/skel 目录

/etc/skel 目录一般存放在用于初始化用户启动文件的目录中,这个目录是由 root 权限控制。一般来说,每个用户都有自己的主目录,用户成功登录后就处于自己的主目录下。当用 useradd 命令添加用户时,这个目录下的文件自动复制到新添加的用户的家目录下。/etc/skel 目录下的文件都是隐藏文件,也就是类似".file"格式的。可通过修改、添加、删除/etc/skel 目录下的文件,来为用户提供一个统一、标准的、默认的用户环境。典型的/etc/skel 内容如下：

```
#ls -a /etc/skel
. .. .bash_logout .bash_profile .bashrc .mozilia
```

2. /etc/login.defs 配置文件

/etc/login.defs 文件用于当创建用户账号时进行的一些规定,比如创建用户时是否需要创建用户家目录、用户的 UID 和 GID 的范围、用户的期限等,这个文件是可以通过 root 来定义的。典型的/etc/login.defs 文件主要设置项含义如下。

```
#cat /etc/login.defs
MAIL_DIR /var/spool/mail          //创建用户时,用户 E-mail 邮箱所在的目录
PASS_MAX_DAYS 99999               //账号的密码最长有效天数
PASS_MIN_DAYS 0                   //账号的密码最短有效天数,允许更改密码的最短天数
PASS_MIN_LEN 5                    //密码最小长度
PASS_WARN_AGE 7                   //密码过期前提前警告的天数
UID_MIN 1000                      //创建用户时自动产生的最小 UID 值
UID_MAX 60000                     //创建用户时最大的 UID 值
SYS_UID_MIN 201                   //保留给用户自行设置的系统账号最小 UID 值
SYS_UID_MAX 999                   //保留给用户自行设置的系统账号最大 UID 值
GID_MIN 1000                      //创建用户时自动产生的最小 GID 值
GID_MAX 60000                     //创建用户时自动产生的最大 GID 值
SYS_GID_MIN 201                   //保留给用户自行设置的系统账号最小 GID 值
SYS_GID_MAX 999                   //保留给用户自行设置的系统账号最大 GID 值
CREATE_HOME yes                   //创建用户时是否创建用户家目录
UMASK 077                         //默认创建文件和目录的权限
USERGROUPS_ENAB yes               //创建用户时是否创建用户主群组
ENCRYPT_METHOD SHA512             //用户的口令使用 SHA512 加密算法加密
```

3. /etc/default/useradd 文件

/etc/default/useradd 文件是通过 useradd 命令创建用户时的规则文件。其内容如下。

```
#more /etc/default/useradd
GROUP=100                        //默认用户组 ID,依赖于/etc/login.defs 的 USE RGRUUPS_
                                   ENAB 为 no 或者 useradd 使用了-N 选项时,此参数有效
HOME=/home                       //把用户的家目录创建在/home 中
INACTIVE=-1                      //确定是否启用账号过期停权,-1 表示不启用
EXPIRE=                          //账号终止日期,不设置表示不启用
SHELL=/bin/bash                  //默认登录 Shell 的类型
SKEL=/etc/skel                   //存放用于初始化用户环境文件的目录
CREATE_MAIL_SPOOL=yes            //确定是否自动创建用户邮件信箱
```

3.2　用户账号的管理

3.2.1　用户账号管理概述

用户账号的管理主要涉及用户账号的添加、删除和修改等。

1. 添加用户账号

添加用户账号就是在系统中创建一个新账号,可以同时为新账号分配用户号、用户组、主目录和登录 Shell 等资源。如果没有给刚添加的账号设置密码,则该账号是被锁定的,无法使用。

账号管理

添加新的用户账号使用 useradd 命令,其语法格式如下:

useradd［选项］用户名

常用选项说明如下。

- -c comment：指定一段注释性描述。
- -d home_dir：指定用户主目录。目录不存在,则同时使用-m 选项。能创建主目录。
- -m：若主目录不存在,则创建它。
- -M：不创建主目录。
- -N：不创建跟用户名同名的组。
- -g group：指定用户所属的用户组名或组 ID。该组名或组 ID 在指定时必须已存在。
- -G 用户组列表：指定用户所属的附加组,各组之间用逗号隔开。
- -s Shell：指定用户的登录 Shell,默认为/bin/bash。
- -u UID：指定新用户的用户号,该值必须唯一且大于 999。如果同时有-o 选项,则能重复使用其他用户的标识号。

【例1】

```
#useradd -d /tmp/wuli -m wuli
```

此命令创建了一个用户 wuli,其中-d 和-m 选项用来为用户 wuli 产生一个主目录 /tmp/wuli(/tmp 为当前用户主目录所在的父目录)。

【例2】

```
#useradd -s /bin/sh -g stu -G adm,root zhenhuan
```

此命令新建了一个用户 zhenhuan,该用户的登录 Shell 是/bin/sh,它属于 stu 用户组,同时又属于 adm 和 root 用户组,其中 stu 用户组是其主组。

增加用户账号就是在/etc/passwd 文件中增加了一条新用户的记录,同时会更新其他系统文件,如/etc/shadow、/etc/group 等。如果要查看系统在创建用户时默认的参数,可以使用如下命令:

```
#useradd -D
```

2. 删除用户账号

如果一个用户账号不再使用,要能从系统中删除。删除用户账号就是要将/etc/passwd 等系统文件中的该用户记录删除,必要时还要删除用户的主目录。删除一个已有的用户账号使用 userdel 命令,格式如下:

```
userdel [选项] 用户名
```

其中,常用的选项是-r,其作用是删除用户账号同时把该用户的主目录一起删除。例如:

```
#userdel -r wuli
```

此命令删除用户 wuli 在系统文件(主要是/etc/passwd、/etc/shadow、/etc/group 等)中的记录,同时删除用户的主目录。

3. 修改用户账号

修改用户账号就是根据实际情况更改用户的有关属性,如用户号、主目录、用户组、登录 Shell 等。修改已有用户的信息使用 usermod 命令,格式如下:

```
#usermod [选项] 用户名
```

其中,常用的选项有-c、-d、-m、-g、-G、-s、-u、-o 等,这些选项的含义和 useradd 命令中的相同,能为用户指定新的属性。下面按用途介绍几个选项。

(1) 改变用户账号名

格式:

```
usermod -l 新用户名 原用户名
```

其中,-l 选项指定一个新的账号,即将原来的用户名改为新的用户名。

例如:

```
#usermod -l zhang zhao              //将用户 zhao 改名为 zhang
```

（2）锁定账号

若要临时禁止用户登录，可将该用户账号锁定。其格式为：

```
usermod -L 用户名
```

Linux 锁定账号，也可直接在密码文件 shadow 的密码字段前加"!"来实现。

（3）解锁账号

格式：

```
usermod -U 用户名
```

其中，-U 选项是将指定的账号解锁，以便可以正常使用。

（4）将用户加入其他组

格式：

```
usermod -G 组名或 GID 用户名
```

例如：

```
#usermod -G sys tom              //将用户 tom 追加到 sys 这个组
```

其他选项应用示例如下：

```
#usermod -s /bin/sh -d /home/zhang -g daemon wuli
```

此命令将用户 wuli 的登录 Shell 改为 sh，主目录改为/home/zhang，用户组改为 daemon。

4. 查看用户账号属性

格式：

```
id[选项][用户]
```

此命令是显示指定用户的 UID 和 GID，默认为当前用户的 id 信息。常用的选项有：-g 或--group 表示只显示用户所属群组的 ID；-G 或--groups 表示显示用户所属附加群组的 ID；-n 或--name 表示显示用户所属群组或附加群组的名称，与-u/g/G 联用；-r 或--real 表示显示实际 ID，与-u/g/G 联用；-u 或--user 表示只显示用户 ID；--help 表示显示帮助；--version 表示显示版本信息。

此外，利用"groups[用户]"命令可以显示用户所在的组，默认为当前用户的所属组信息。

3.2.2　用户密码管理

用户管理的另一项重要内容是用户密码的管理。用户账号刚创建时没有密码，是被系统锁定的，无法使用，必须为其指定密码后才能使用，即使是空密码。

1. 设置用户登录密码

设置和修改用户密码的命令是 passwd。超级用户能为自己和其他用户指定密码,普通用户只能修改自己的密码。命令的格式如下:

passwd [选项] 用户名

常用选项说明如下。

- -l:锁定密码,即禁用账号。
- -u:密码解锁。
- -d:删除账号密码,本选项只有系统管理员才能使用。
- -k:设置只有在密码过期失效后才能更新。

如果 passwd 命令后不带用户名,则修改当前用户的密码。例如,假设当前用户是 wuli,则下面的命令是修改该用户自己的密码:

```
$passwd
Old password:******
New password:*******
Re-enter new password:*******
```

如果是超级用户,能用下列形式指定任意用户的密码:

```
#passwd wuli
New password:*******
Re-enter new password:*******
```

普通用户修改自己的密码时,passwd 命令会先询问原密码,验证后再要求用户输入两遍新密码,如果两次输入的密码一致,则将这个密码指定给用户;而超级用户为用户指定密码时,就不必知道原密码。为了安全,用户应该选择比较复杂的密码,最好使用不少于 8 位的密码。密码中包含有大写、小写字母和数字,忌用姓名、生日等。

2. 删除用户密码

若要为用户指定空密码,则执行下列形式的命令:

passwd -d 用户名

此命令将用户的密码删除,只有超级用户才有权执行。用户密码被删除后,将不能登录系统,除非重新设置密码。

3. 查询密码状态

要查询指定用户的密码状态,可由 root 用户执行下列形式的命令:

passwd -S 用户名

若用户密码被锁定,将显示含有 Password locked 的信息。若用户未加密码,则显示含有"Password set,SHA512 crypt."的信息。

4. 锁定用户密码

在 Linux 中,除了用户账号可以被锁定外,用户密码也可以被锁定,任何一方被锁定后,都将导致该用户无法登录系统。只有 root 用户才有权执行该命令。锁定用户密码可执行下列形式的命令:

```
passwd -l 用户名
```

5. 解锁用户密码

用户密码被锁定后,若要解锁,可执行下列形式的命令:

```
passwd -u 用户名
```

3.3　用户组的管理

每个用户都所属一个用户组,系统能对一个用户组中的所有用户进行集中管理。不同 Linux 系统对用户组的规定有所不同,如 Linux 下的用户属于和其同名的用户组,这个用户组在创建用户时同时创建。用户组的管理涉及用户组的添加、删除和修改。组的增加、删除和修改实际上是对 /etc/group 文件的更新。

用户组(group)就是具有相同特征的用户(user)的集合体。有时要让多个用户具有相同的权限,如查看、修改某一文件或执行某个命令时,需要把用户都定义到同一用户组,通过修改文件或目录的权限,让用户组具有一定的操作权限,这样用户组中的用户对该文件或目录都具有相同的权限,即通过定义组和修改文件的权限来实现。

例如,为了让一些用户有权限查看某一文件,比如时间表,而编写时间表的人要具有读写执行的权限,想让一些用户知道这个时间表的内容,而不让他们修改,所以要把这些用户都放到一个组(用 chgrp 命令),然后来修改这个文件(用 chmod 命令)的权限,让用户组可读,并用 chgrp 命令将此文件所有者归属于这个组,这样用户组中的每个用户都有可读的权限,而其他用户则无法访问。

1. 创建用户组

使用 groupadd 命令可增加一个新的用户组,其命令格式如下:

```
groupadd [选项] 用户组名
```

常用的选项说明如下。
- -g GID:指定新用户组的组标识号(GID)。
- -o:和 -g 选项同时使用,表示新建组的 GID 可与原有组的 GID 相同。
- -r:创建一个系统组。

【例 3】

```
#groupadd group1
```

此命令在系统中增加了一个新组 group1,新组的组标识号是在当前已有的最大组标识号的基础上加 1。

【例 4】

```
#groupadd -g 101 group2          //添加一个新组 group2,同时指定新组的组标识号是 101
```

2. 删除用户组

使用 groupdel 命令可删除一个已有的用户组。若该用户组中仍包括某些用户,则必须先删除这些用户后,才能删除此组。其命令格式如下:

```
groupdel 用户组名
```

例如:

```
#groupdel group1                 //删除组 group1
```

3. 修改用户组属性

用户组创建后,可用 groupmod 命令根据需要对用户组的相关属性进行修改,主要是修改用户组的名称和用户组的 GID 值。

(1) 改变用户组名称

对用户组进行重命名,而不改变其 GID 的值。其命令格式如下:

```
groupmod -n 新用户组名 旧用户组名
```

例如:

```
#groupmod -n teacher student   //将 student 用户组更名为 teacher 用户组,其组标识号
                                 不变
```

(2) 重设用户组的 GID

用户组的 GID 值可以重新进行设置修改,但不能与已有用户组的 GID 值重复。对 GID 进行修改,不会改变用户的名称。其命令格式如下:

```
groupmod -g GID 组名
```

例如:

```
#groupmod -g 10000 teacher      //将 teacher 组的标识号改为 10000
```

4. 添加用户到指定的组或从指定的组删除用户

可用 groupmems 命令将用户添加到指定的组,使其成为该组的成员;也可把用户从指定的组删除,与 usermod 命令有类似的功能。其命令格式如下:

```
groupmems [选项]用户名 -g 用户组名
```

常用选项说明如下。

-a 选项用于把用户添加到指定的组;-d 选项用于从指定的组删除用户;-p 选项用于清除组内的所有用户;-l 选项用于列出群组的成员;-g 选项用于更改为指定的组名(不是 GID)。

例如:

```
#groupmems -a wuli -g adm        //把用户 wuli 添加到 adm 组中
```

5. 设置用户组管理员、密码和组成员

可以使用 gpasswd 命令将某用户指派为某个用户组的管理员。在实际工作中需要用户组管理员添加用户组或从组中删除某用户,而不是使用 root 用户执行该操作。当然这个命令还有很多功能。其命令格式如下:

```
gpasswd [选项][用户名]组名
```

常用选项说明如下。

-a 选项用于把用户添加到组;-d 选项用于从组删除用户;-A 选项用于指定某用户为组管理员;-M 选项用于指定某用户为组成员,和-A 选项的用途相似;-r 选项用于删除密码;-R 选项用于限制用户登入组,只有组中的成员才可以用 newgrp 命令加入该组。

例如:

```
#gpasswd -A peter users          //将用户 peter 设为 users 组的管理员
#gpasswd users                   //给用户组 users 设置密码,用于切换用户组时用
```

注意:用户组管理员只能对授权的用户组进行用户管理(添加用户到组或从组中删除用户),无权对其他用户组进行管理。

6. 改变当前用户的有效组

用 newgrp 命令可以切换当前登录用户所属的组。如果一个用户同时隶属于多个用户组,有时需要切换到另外的用户组来执行一些操作,这就用到了此命令。其命令格式如下:

```
newgrp [用户组]
```

在用这个命令切换用户组时,当前用户必须是指定组的用户,否则无法登录。另外,只是在这次登录的范围内有效,一旦退出登录,再重新登录时,用户所属的组还是原来默认的用户组。如果想要更改用户默认的用户组,那么需要使用 usermod 命令。newgrp 命令后若不指定组名称,则此指令会登录当前用户的预设用户组。

例如:

```
#groupadd test                   //新建一个组 test
#useradd -G test user1           //添加新用户 user1 并且添加到组 test 中
#id user1                        //查看用户 user1 的相关属性
uid=505(user1) gid=505(user1) groups=505(user1),504(test)
                                 //属于组 user1 和 test
```

```
#su -user1                    //切换到用户 user1
$id
uid=505(user1) gid=505(user1) groups=504(test),505(user1)
                              //当前有效组为 505(user1)
$newgrp test
$id
uid=505(user1) gid=504(test) groups=504(test),505(user1)
                              //切换后为 test 组并将拥有 test 组的权限
```

用该命令变更当前的有效用户组后,就取得了一个新的 Shell。如果要回到原先的 Shell 环境中,可以输入 exit 命令。newgrp 改变了操作用户的用户组标识,虽然操作者没有变,当前目录也没变,但是文件的访问权限将以新用户组 ID 为准。

3.4 赋予普通用户特别权限

由于 root 用户权限过大,在实际生产过程中很少使用 root 用户直接登录系统,而是使用普通用户登录系统。但是如果普通用户要对系统进行日常维护操作时需要 root 用户的部分权限,为了系统的安全性,又不能把 root 用户的密码告诉普通用户,就可以使用 sudo 命令授权某一用户在某一主机以 root 用户身份运行某些命令,从而减少 root 用户密码的知晓范围,以提高系统的安全性。

sudo 是 Linux 系统管理指令,是允许系统管理员让普通用户执行一些或者全部 root 命令的一个工具。sudo 使一般用户不需要知道 root 用户的密码即可获得权限。首先 root 用户将普通用户的名字、可以执行的特定命令、按照哪种用户或用户组的身份执行等信息,登记在特殊的文件中(通常是/etc/sudoers),即完成对该用户的授权(此时该用户称为 sudoer);在一般用户需要取得特殊权限时,其可在命令前加上 sudo,此时 sudo 将会询问该用户自己的密码(以确认终端机前的是该用户本人),回答后系统即会将该命令的进程以 root 用户的权限运行。之后的一段时间内(默认为 5 分钟,可在/etc/sudoers 中自定义),使用 sudo 时不需要再次输入密码。

1. sudo 的简单配置

sudo 的配置文件是/etc/sudoers,它有专门的编辑工具 visudo,root 用户执行这个命令就可以按照 sudo 的语法格式编辑。其语法格式如下:

授权用户 主机=[(转换到哪些用户或用户组)][是否需要密码验证]命令 1,[(转换到哪些用户或用户组)][是否需要密码验证][命令 2],[(转换到哪些用户或用户组)][是否需要密码验证][命令 3]...

注意:[]中的内容是可以省略不写的。命令必须用绝对路径,命令和命令之间用","号分隔。在[(转换到哪些用户或用户组)]中的内容如果省略,则默认为 root 用户;如果是 ALL,则代表能转换到所有用户。要转换到的目的用户必须用"( )"括起来,比如(ALL)、(wu)等。

执行 visudo 以后，将打开/etc/sudoers 文件，在文件中可以按照上述语法添加相应的内容，例如：

```
wuli localhost=/sbin/poweroff
```

表示用户 wuli 可以在本机上以 root 的权限执行 sudo /sbin/useradd 命令，而不需要 root 密码（需要 wuli 的用户密码）。如果加上 NOPASSWD，则表示不需要输入任何用户的密码：

```
wuli localhost=NOPASSWD: /sbin/useradd
```

2. 应用案例

（1）管理员需要允许 lichao 用户在主机 sugon 上执行 reboot 和 shutdown 命令，在/etc/sudoers 中加入：

```
lichao sugon=/usr/sbin/reboot, /usr/sbin/shutdown
```

然后保存退出。lichao 用户要执行 reboot 命令时，只要在提示符下运行下列命令：

```
$sudo /usr/sbin/reboot
```

输入自己的密码，就可以重启服务器了。

（2）"jun ALL＝（root）/bin/chown,/bin/chmod"表示用户 jun 可以在所有可能出现的主机名的主机中转换到 root 下执行/bin/chown，并且可以转换到所有用户下执行/bin/chmod 命令，可通过 sudo -l 来查看 nan 在这台主机上允许和禁止运行的命令。

（3）"jun ALL＝（root）NOPASSWD：/bin/chown,/bin/chmod"表示用户 jun 可以在所有可能出现的主机名的主机中转换到 root 下执行/bin/chown，而不必输入 jun 用户的密码，并且可以转换到其他用户下执行/bin/chmod 命令。但执行 chmod 时需要 jun 输入自己的密码，可通过 sudo -l 来查看 nan 在这台主机上允许和禁止运行的命令。

（4）取消某类程序的执行，要在命令动作前面加上"!"号，在本案例中也出现了通配符"＊"的用法，即：

```
jun ALL=/usr/sbin/＊, /sbin/＊, !/usr/sbin/fdisk
```

本规则表示 jun 用户在所有可能存在的主机名的主机上运行/usr/sbin 和/sbin 下所有的程序，但 fdisk 程序除外。

注意：把这行规则加入/etc/sudoers 中后，系统需要创建 jun 这个用户组，并且 jun 用户也在这个组中。

可通过执行 sudo -l 来查看 jun 在这台主机上允许和禁止运行的命令，如下所示。

```
$sudo -l
[sudo] password for jun:                    //输入 jun 用户的密码
...
User jun may run the following commands on this host:
(root) /usr/sbin/＊
```

```
(root) /sbin/ *
(root) ! /sbin/fdisk
$sudo /sbin/fdisk -l
Sorry,user nan is not allowed to execute '/sbin/fdisk -l' as root on localhost.
```

(5) 如果要对一组用户进行定义,可以在组名前加上%,再对其进行设置,如:

```
%teacher ALL=(ALL) ALL
```

那么属于 teacher 这个组的所有成员都可以用 sudo 命令来执行特定的任务。

3. 别名设置

因特殊需要,可以利用别名来定义一些选项。别名类似组的概念,有用户别名、主机别名和命令别名等。例如,多个用户可以首先用一个别名来定义,然后在规定他们能执行什么命令的时候使用别名就可以;主机别名和命令别名也是如此。这个设置对所有用户都生效。使用前先要在/etc/sudoers 中定义 User_Alias、Host_Alias、Cmnd_Alias 等项,再在其后面加入相应的名称,多个参数之间用逗号分隔开,举例如下:

```
Host_Alias SERVER=huawei                //定义主机 huanwei 的别名为 SERVER
User_Alias ADMINS=liming, gem           //定义用户别名
Cmnd_Alias SHUTDOWN=/usr/sbin/halt,/usr/sbin/shutdown,/usr/sbin/reboot
                                        //定义命令别名
```

4. sudo 命令选项

常见选项说明如下。
- -k：将会在下一次执行 sudo 时强制询问密码(不论有没有超过 N 分钟)。
- -l：显示出自己(执行 sudo 的使用者)的权限。
- -v：由于 sudo 在第一次执行时或是在 N 分钟内没有执行(N 预设为 5)会询问密码,这个参数会重新做一次确认。如果超过 N 分钟,也会询问密码。
- -b：将要执行的命令放在后台执行。
- -p prompt：更改提示输入密码时的提示语,其中%u 会替换为使用者的账号名称,%h 会显示主机名称。
- -u username|#uid：不加此选项,代表要以 root 的身份执行命令;而加了此选项,能以 username 的身份执行命令(#uid 为该 username 的 UID)。
- -s：执行 shell 环境变量所指定的 Shell,或是/etc/passwd 里所指定的 Shell。
- -H：将环境变量中的 HOME(主目录)指定为要变更身份的使用者的主目录。

实　　训

1. 实训目的

(1) 掌握在 Linux 系统下利用命令方式实现用户和组的管理。

（2）掌握用户和组的管理文件的含义。

2. 实训内容

1）用户的管理

（1）创建 user1 用户并指定密码。

（2）查看/etc/passwd 文件和/etc/shadow 文件最后一行的记录并进行分析。

（3）修改 user1 的登录名、密码、主目录及登录 Shell 等个人信息,并再次查看/etc/passwd 文件和/etc/shadow 文件的变化。

（4）用 user1 用户进行登录,锁定 user1 后再次试着登录,并查看/etc/shadow 文件的变化情况。

（5）删除 user1 用户。

2）组的管理

（1）创建新组 group1、group2,查看/etc/group 文件的变化,并分析新增记录。

（2）创建多个用户,分别将它们的有效组和附加组进行修改,并查看/etc/group 文件的变化。

（3）设置组 group1 的密码。

（4）删除 group1 中的一个用户,查看/etc/group 文件的变化。

（5）删除 group2 用户组。

3. 实训总结

通过本次实训,熟练掌握用户和组的创建,修改、删除等操作,实现一个组可以包含多个用户,一个用户可以属于不同的组,这样可以给不同的组和用户分配不同的权限,有利于系统的管理。

习　　题

一、选择题

1. 以下用于保存用户账号信息的是( )文件。

　　A. /etc/users　　　　B. /etc/gshadow　　C. /etc/shadow　　　D. /etc/fstab

2. 以下对 Linux 的用户账号的描述,不正确的是( )。

　　A. Linux 的用户账号和对应的口令均存放在 passwd 文件中

　　B. passwd 文件只有系统管理员才有权存取

　　C. Linux 的用户账号必须设置了口令后才能登录系统

　　D. Linux 的用户口令存放在 shadow 文件中,每个用户对它有读的权限

3. 为了临时让 tom 用户登录系统,可采用的方法是( )。

　　A. 修改 tom 用户的登录 Shell 环境

　　B. 删除 tom 用户的主目录

　　C. 修改 tom 用户的账号到期日期

　　D. 将文件/etc/passwd 中用户名 tom 的一行前加入"＃"

4. 新建用户使用 useradd 命令。如果要指定用户的主目录,需要使用(　　)选项。

　　A. -g　　　　　　　B. -d　　　　　　　C. -u　　　　　　　D. -s

5. usermod 命令无法实现的操作是(　　)。

　　A. 账号重命名　　　　　　　　　　　B. 删除指定的账号和对应的主目录

　　C. 加锁与解锁用户账号　　　　　　　D. 对用户口令进行加锁或解锁

6. 为了保证系统的安全,现在的 Linux 系统一般将/etc/passwd 密码文件加密后,保存为(　　)文件。

　　A. /etc/group　　　　　　　　　　　B. /etc/netgroup

　　C. /etc/libsafe.notify　　　　　　　D. /etc/shadow

7. 当用 root 登录时,(　　)命令可以改变用户 larry 的密码。

　　A. su larry　　　　　　　　　　　　B. change password larry

　　C. password larry　　　　　　　　　D. passwd larry

8. 所有用户登录的默认配置文件是(　　)。

　　A. /etc/profile　　　　B. /etc/login.defs　　　　C. /etc/.login　　　　D. /etc/.logout

9. 如果为系统添加了一个名为 kaka 的用户,则在默认的情况下,kaka 所属的用户组是(　　)。

　　A. user　　　　　　　B. group　　　　　　　C. kaka　　　　　　　D. root

10. 以下关于用户组的描述,不正确的是(　　)。

　　A. 要删除一个用户的私有用户组,必须先删除该用户账号

　　B. 可以将用户添加到指定的用户组,也可以将用户从某用户组中移除

　　C. 用户组管理员可以进行用户账号的创建、设置或修改账号密码等一切与用户和组相关的操作

　　D. 只有 root 用户才有权创建用户和用户组

二、简答题

1. Linux 中的用户可以分为哪几种类型?各有何特点?

2. 在命令行下手动建立一个新账号,要编辑哪些文件?

3. Linux 用哪些属性信息来说明一个用户账号?

4. 如何锁定和解锁一个用户账号?

第4章 文件系统管理

作为一名合格的系统运行维护人员,学习和掌握网络操作系统的文件和磁盘管理是必须具备的技能。本章主要介绍 Linux 操作系统中文件及磁盘管理的内容。

本章学习任务:

(1) 了解 Linux 下的文件系统种类;

(2) 掌握文件管理命令;

(3) 掌握磁盘管理命令;

(4) 掌握磁盘配额。

4.1 文 件 系 统

4.1.1 Linux 文件系统概述

文件系统对于任何一种操作系统来说都是非常关键的。Linux 中的文件系统是 Linux 下所有文件和目录的集合。Linux 系统中把 CPU、内存之外所有其他设备都抽象为文件处理。文件系统的优劣与否和操作系统的效率、稳定性及可靠性密切相关。

从系统角度看,文件系统实现了对文件存储空间的组织和分配,并规定了如何访问存储在设备上的数据。文件系统在逻辑上是独立的实体,它可以被操作系统管理和使用。

Linux 的内核使用了虚拟文件系统 VFS(Virtual File System)技术,即在传统的逻辑文件系统的基础上,增加了一个称为虚拟文件系统的接口层,如图 4-1 所示。虚拟文件系统用于管理各种逻辑文件系统,它屏蔽了各种逻辑文件系统之间的差异,为用户命令、函数调用和内核其他部分提供了访问文件和设备的统一接口,使不同的逻辑文件系统按照同样的模式呈现在使用者面前。对普通用户来说,觉察不到不同逻辑文件系统之间的差异,可以使用同样的命令来操作不同逻辑文件系统中的文件。

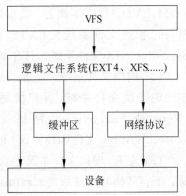

图 4-1 Linux 文件系统结构示意图

从用户角度看,文件系统也是操作系统中最重要的组成部分。因为 Linux 系统中所有的程序、库文件、系统和用户文件都存放在文件系统中,文件系统要对这些数据文件进行组织管理。

Linux 下的文件系统主要分为三大块:一是上层的文件系统的系统调用;二是虚拟文件系统 VFS;三是挂载到 VFS 中的各种实际文件系统,例如 EXT4、XFS 等。

VFS 是一种软件机制,也可以称它为 Linux 的文件系统管理者,与它相关的数据结构只存在于物理内存中。在每次系统初始化期间,Linux 都先要在内存中构建一棵 VFS 目录树(在 Linux 的源代码里称为 namespace),实际上便是在内存中建立相应的数据结构。VFS 目录树在 Linux 的文件系统模块中是一个很重要的概念,VFS 中的各目录的主要用途是用来提供实际文件系统的挂载点。

Linux 不使用设备标识符来访问独立文件系统,而是通过一个将整个文件系统表示成单一实体的层次树结构来访问它。Linux 在使用一个文件系统时都要将它加入文件系统层次树中。不管文件系统属于什么类型,都被连接到一个目录上且此文件系统上的文件将取代此目录中已存在的文件,这个目录被称为挂载点或者安装目录。当卸载此文件系统时,这个安装目录中原有的文件将会再次出现。

磁盘初始化时(fdisk),磁盘中将添加一个描述物理磁盘逻辑构成的分区结构。每个分区可以拥有一个独立文件系统,如 XFS。文件系统将文件组织成包含目录、软连接等存在于物理块设备中的逻辑层次结构。包含文件系统的设备叫块设备。Linux 文件系统认为这些块设备是简单的线性块集合,它并不关心或理解底层的物理磁盘结构。这个工作由块设备驱动来完成,由它将对某个特定块的请求映射到正确的设备上去。

4.1.2 Linux 文件系统类型

Linux 是一种兼容性很高的操作系统,支持的文件系统格式很多,大体可分以下几类。

(1) 磁盘文件系统。它是指本地主机中实际可以访问到的文件系统,包括硬盘、CD-ROM、DVD、USB 存储器、磁盘阵列等。常见文件系统格式有:EXT(Extended File Sytem,扩展文件系统)、EXT2、EXT3、EXT4、XFS、VFAT、ISO9660、UFS(UNIX File System,UNIX 文件系统)、JFS、FAT、FAT16、FAT32、NTFS 等。

(2) 网络文件系统。这是可以远程访问的文件系统,这种文件系统在服务器端仍是本地的磁盘文件系统,客户机通过网络远程访问数据。常见文件系统格式有:NFS(Network File System,网络文件系统)、Samba(SMB/CIFS)、AFP(Apple Filling Protocol,Apple 文件归档协议)和 WebDAV 等。

(3) 专有/虚拟文件系统。它是指不驻留在磁盘上的文件系统。常见文件系统格式有:tmpfs(临时文件系统)、ramfs(内存文件系统)、procfs(Process File System,进程文件系统)和 loopbackfs(Loopback File System,回送文件系统)等。

1. EXT 文件系统

Linux 最早的文件系统是 Minix,它的限制较多且性能低下,其文件名最长不能超过

14 个字符(虽然比 8.3 文件名要好)且最大文件大小为 64MB。64MB 看上去很大,但实际上一个中等的数据库会超过这个大小。第一个专门为 Linux 设计的文件系统被称为扩展文件系统 EXT,它出现于 1992 年 4 月,虽然能够解决一些问题,但依旧不理想。

1993 年扩展文件系统第二版(EXT2)被设计出来并添加到 Linux 中。将 EXT 文件系统添加到 Linux 中并产生了重大影响。每个实际文件系统都是从操作系统和系统服务中分离出来,它们之间通过虚拟文件系统(VFS)来进行通信。随着 Linux 在关键业务中的应用,EXT2 非日志文件系统的弱点也逐渐显露出来了。为了弥补其弱点,在 EXT2 文件系统基础上增加日志功能,开发了升级的 EXT3 文件系统。

EXT3 文件系统是在 EXT2 基础上对有效性保护、数据完整性、数据访问速度、向下兼容性等方面做了改进。EXT3 的最大特点是:将整个磁盘的写入动作完整地记录在磁盘的某个区域上,以便在必要时回溯追踪。从 2.6 版本开始,Linux 开始支持 EXT4 文件系统,EXT4 文件系统主要改善了可靠性和容量等性能。

(1)为了提升可靠性,添加了元数据和日志校验和。为了完成各种各样的关键任务的需求,文件系统时间戳将时间间隔精确到了纳秒。

(2)在 EXT4 中,数据分配从固定块变成了扩展块。一个扩展块通过它在硬盘上的起始和结束位置来描述。这使得在一个单一节点指针条目中描述非常长的物理连续文件成为可能,它可以显著地减少大文件中描述所有数据位置的所需指针的数量。

(3)EXT4 通过在磁盘上分散新创建的文件来减少碎片化,因此,它们不会像早期的 PC 文件系统聚集在磁盘的起始位置。文件分配算法尝试尽量将文件均匀地覆盖到柱面组,而且当不得不产生碎片时,尽可能地将间断文件范围靠近同一个文件的其他碎片,来尽可能压缩磁头寻找和旋转等待的时间。当一个新文件创建的时候或者当一个已有文件扩大的时候,附加策略用于预分配额外磁盘空间,有助于保证扩大文件不会导致它直接变为碎片。新文件不会直接分配在已存在文件的后面,这也阻止了已存在文件的碎片化。

(4)除了数据在磁盘的具体位置,EXT4 还使用了一些功能策略,例如延迟分配,允许文件系统在分配空间之前先收集要写到磁盘的所有数据。这可以提高数据空间连续的概率。

2. XFS 文件系统

在 CentOS 8 中,默认的文件系统由原来的 EXT4 变成了 XFS,二者的区别如下。

- EXT 文件系统(支持度最广,但格式化很慢):EXT 系列的文件系统,在文件格式化时,采用的是规划出所有的 inode、区块、元数据等数据,未来系统可以直接使用,不需要再进行动态配置,这个做法在早期磁盘容量还不大的时候可以使用。如今,磁盘的容量越来越大,传统的 MBR 已经被 GPT 取代。当使用磁盘容量在 TB 以上的传统 EXT 系列文件系统在格式化的时候,会消耗相当多的时间。
- XFS 文件系统(容量高,性能佳):由于虚拟化的应用越来越广泛,来自虚拟化磁盘的巨型文件(单个文件几个 GB)也越来越常见,这些巨型文件在处理上需要考虑到效能问题,否则影响虚拟磁盘的性能,因此 XFS 比较适合大容量磁盘与巨型文件,且性能较佳的文件系统。

XFS 文件系统具备几乎所有 EXT4 文件系统所具有的功能,XFS 文件系统在数据的分布上,主要规划为以下三个部分。

(1) 数据区

数据区(Data Section)与之前提到的 EXT 文件系统一样,包括 inode、数据区块、超级区块等数据都存储在这里。这个区域类似于 EXT 文件系统的区块群组,不过 XFS 将这个区域分为多个存储区群组(Allocation Groups,AG)来分别放置文件系统所需要的数据。存储区群组包含了整个文件系统的超级区块、剩余空间的管理机制和 inode 的分配与追踪。此外,inode 与区块都是系统需要用到时才动态配置产生的,所以格式化比 EXT 快得多。

(2) 文件系统活动登录区

文件系统活动登录区(Log Section)主要用来记录文件系统的变化,有点像是日志区。文件的所有变化都会在这里被记录下来,直到该变化完整地写入数据区后,该条记录才会被结束,所以这个区域的磁盘活动相当频繁。如果文件系统因为某些缘故而损坏时,系统会拿这个区块来进行检测,看看系统故障之前文件系统正在进行什么操作,借以快速地修复文件系统。另外,XFS 设计这个区域时,可以指定外部的磁盘来作为 XFS 文件系统的日志区块。例如,可以将 SSD 磁盘作为 XFS 的活动登录区,这样可以更快速地工作。

(3) 实时运行区

当文件要被建立时,XFS 会在实时运行区(Realtime Section)里面找到一个到多个 Extent 区块,将文件放置在这个区块内,等到分配完毕后,再写入数据区的 inode 与区块中。这个 Extent 区块的大小在格式化的时候就已经设置好,最小值是 4KB,最大值是 1GB。一般非磁盘列阵的磁盘默认值为 64KB,而具有类似磁盘阵列的 Strip 值的情况下,则建议 Extent 值设定为和 Strip 值一样大。这个 Extent 区块最好不要乱动,因为可能会影响到物理磁盘的性能。

4.2　Linux 文件组织结构

使用 Windows 操作系统的用户似乎已经习惯了将硬盘上的几个分区用 C、D、E 等符号标识,采取这种方式在进行文件操作时一定要清楚文件存放在哪个分区的哪个目录下。

Linux 的文件组织模式犹如一棵倒挂的树。Linux 文件组织模式中所有存储设备作为这棵树的一个子目录,存取文件时只需确定目录就可以了,无须考虑物理存储位置。这一点其实并不难理解,只是刚刚接触 Linux 的读者不太习惯。

4.2.1　文件系统结构

计算机中的文件可以说是不计其数,如何组织和管理文件,及时响应用户的访问需求,就需要构建一个合理、高效的文件系统结构。

1. 文件系统结构

　　某所大学的学生可能有一两万人,通常将学生分配在以学院—系—班为单位的分层组织机构中。若需要查找一名学生,最笨的办法是依次询问大学中的每一个学生,直到找到为止。如果按照从学院到系、再到班的层次查询下去,必然可以找到该学生。如果把学生看作文件,学院—系—班的组织结构看作是 Linux 文件目录结构,同样可以有效地管理数量庞大的文件。这种树形的分层结构就提供了一种自顶向下的查询方法。

　　Linux 文件系统就是一个树形的分层组织结构,根(/)作为整个文件系统的唯一起点,其他所有目录都从该点出发。Linux 的全部文件按照一定的用途归类,合理地挂载到这棵"大树"的"树干"或"树枝"上,如图 4-2 所示,而这些全都不用考虑文件的实际存储位置是在硬盘上还是在 CD-ROM 或 USB 存储器中,甚至是在某一网络终端里。

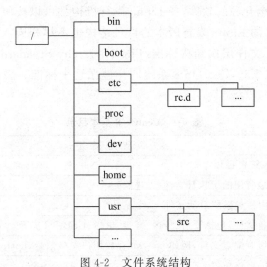

图 4-2　文件系统结构

　　此时,读者应该明白 Linux 的文件系统的组织结构类似于一棵倒置的树。那么如何知道文件存储的具体硬件位置呢?

　　在 Linux 中,将所有硬件都视为文件来处理,包括硬盘分区、CD-ROM、软驱以及其他 USB 移动设备等。为了能够按照统一的方式和方法访问文件资源,Linux 提供了每种硬件设备相应的设备文件。一旦 Linux 系统可以访问到某种硬件,就将该硬件上的文件系统挂载到目录树下的一个子目录中。例如,用户插入 USB 移动存储器,Linux 自动识别 USB 存储器后,将其挂载到"/media/"目录下,而不像 Windows 系统将 USB 存储器作为新驱动器,表示为"F:"盘。

2. 绝对路径和相对路径

　　Linux 文件系统是树形分层的组织结构,且只有一个根节点,在 Linux 文件系统中查找一个文件,只要知道文件名和路径,就可以唯一确定这个文件。例如"/usr/games/gnect"就是位于"/usr/games/"路径下的"4 子连线游戏"应用程序文件,其中第一个"/"

表示根目录。这样就可以对每个文件进行准确的定位,并由此引出以下两个概念。

(1) 绝对路径。它是指文件在文件系统中的准确位置,通常在本地主机上,以根目录为起点。例如"/usr/games/gnect"就是绝对路径。

(2) 相对路径。它是指相对于用户当前位置的一个文件或目录的位置。例如用户处在 usr 目录中时,只需要"games/gnect"路径就可确定这个文件。

其实,绝对路径或相对路径的概念都是相对的。就像一位北京人在中国作自我介绍时,不必强调"中国北京"。若这个人身在美国,介绍时就有必要强调"中国北京"了。因此,在什么情况下使用绝对路径或相对路径,要看用户当前在文件系统中所处的位置。

4.2.2 基本目录

由于 Linux 是完全开源的软件,各 Linux 发行机构都可以按照自己的需求对文件系统进行裁剪,所以众多的 Linux 发行版本的目录结构也不尽相同。为了规范文件目录命名和存放标准,颁发了文件层次结构标准(File Hierarchy Standard,FHS),并于 2004 年发行了最新版本 FHS 2.3。CentOS 8 系统同样遵循这个标准。表 4-1 列出了 CentOS 8 基本目录。

表 4-1　CentOS 8 基本目录

目录名	功 能 描 述
/	Linux 文件系统根目录
/bin	存放系统中最常用的可执行文件(二进制)
/boot	存放 Linux 内核和系统启动文件
/dev	存放所有设备文件,包括硬盘、分区、键盘、鼠标、USB、TTY 等
/etc	存放系统的所有配置文件,例如 passwd 存放用户账号信息,hostname 存放主机名等
/home	用户主目录的默认位置
/lib	存放共享的库文件,包含许多被/bin 和/sbin 中程序使用的库文件
/lib64	存放共享的库文件
/media	Linux 系统自动挂载 CD-ROM、软驱、USB 存储器后,存放临时读入的文件
/mnt	该目录通常用于作为被挂载的文件系统的挂载点
/opt	作为可选文件和程序的存放目录,主要被第三方开发者用来简易地安装和卸载他们的软件包
/proc	存放所有标识为文件的进程,它们是通过进程号或其他的系统动态信息进行标识。以下是/proc 目录中的部分内容。 /proc/数字/:每一个进程在/proc 下面都有一个以其进程号为名称的目录 /proc/cpuinfo:有关处理器的信息,如它的类型、制造日期、型号以及性能 /proc/devices:配置进当前运行内核的设备驱动程序列表 /proc/meminfo:物理内存和交换区使用情况的信息 /proc/modules:此时被加载的内核模块 /proc/net:网络协议的状态信息 /proc/uptime:系统启动的时间 /proc/version:内核版本

目录名	功 能 描 述
/root	根用户(超级用户)的主目录
/run	保存系统启动后描述系统信息的文件
/sbin	存放更多的可执行文件(二进制),包括系统管理、目录查询等关键命令文件
/srv	存放系统所提供的服务数据
/sys	该目录用于组织系统设备或层次结构,并向用户程序提供详细的内核数据信息
/tmp	存放用户和程序的临时文件,所有用户对该目录都有读写权限
/usr(unix software resource)	用于存放与"UNIX 操作系统软件资源"直接有关的文件和目录,例如应用程序及支持它们的库文件。以下是/usr 中部分重要的目录。 /usr/bin:存放用户和管理员自行安装的软件 /usr/etc:存放系统配置文件 /usr/games:存放游戏文件 /usr/include:存放 C/C++ 等各种开发语言环境的标准 include 文件 /usr/lib:存放应用程序及程序包的连接库、目标文件等 /usr/libexec:存放可执行的库文件 /usr/local:系统管理员安装的应用程序目录 /usr/sbin:存放非系统正常运行所需要的系统命令 /usr/share:存放使用手册等共享文件的目录 /usr/src:存放一般的原始二进制文件 /usr/tmp:存放临时文件
/var	通常用于存放长度可变的文件,例如日志文件和打印机文件。以下是/var 中部分重要的目录。 /var/cache:应用程序缓存目录 /var/crash:存放系统错误信息 /var/games:存放游戏数据 /var/lib:存放各种状态数据 /var/lock:存放文件锁定记录 /var/log:存放日志记录 /var/mail:存放电子邮件 /var/opt:存放/opt 目录下的变量数据 /var/run:存放进程的标识数据 /var/spool:存放电子邮件、打印任务等的队列目录 /var/www:存放网站文件

需要说明两点:首先,Linux 系统是严格区分大小写的,这意味着文件和目录名的大小写是有区别的。例如,File.txt、FILE.TXT 和 file.txt 文件是 3 个完全不同的文件。通常按照惯例,Linux 系统大多使用小写。其次,Linux 系统中文件类型与文件后缀没有直接关系。这一点与 Windows 不同,例如 Windows 将".txt"作为文本文件的后缀,应用程序依此判断是否可以处理该类型文件。

4.2.3　Linux 文件系统与 Windows 文件系统的比较

文件系统是操作系统中最重要的核心部分之一。从 UNIX 采用树形文件系统结构到 Linux 的出现,依然延续使用这种文件系统。尽管 Linux 文件系统与 Windows 文件系统很多方面相似,但它们各有特点。表 4-2 将两者进行了比较。

表 4-2   Linux 文件系统与 Windows 文件系统的比较

比较项目	Linux 文件系统	Windows 文件系统
文件格式	主要有 EXT2、EXT3、EXT4、XFS、ISO9660、VFAT 等十几种	仅有 FAT16、FAT32、NTFS 等
存储结构	逻辑结构犹如一棵倒置的树。将每个硬件设备视为一个文件,置于树形的文件系统层次结构中。因此,Linux 系统的某一个文件就可能占有一块硬盘,甚至是远端设备,用户访问时非常容易	逻辑结构犹如多棵树(森林)。将硬盘划分为若个分区,与存储设备一起(例如 CD-ROM、USB 存储器等),使用驱动器盘符标识,例如“A:”代表软驱,“C:”代表硬盘中的第一个分区,等等
文件命名	文件系统中严格区分大小写,MyFile.txt 与 myfile.txt 是不同的文件。区分文件类型不依赖于文件后缀,可以使用 file 命令判断文件类型	文件系统中不区分大小写,MyFile.txt 与 myfile.txt 是同一个文件。使用文件后缀来标识文件类型,例如使用“.txt”表示文本文件
路径分隔符	使用斜杠“/”分隔目录名,例如“/home/usr/share”,其中第一个斜杠是根目录(/),绝对路径都是以根目录作为起点	使用反斜杠“\”分隔目录名,例如“C:\program\username”,绝对路径都是以驱动器盘符作为起点
文件与目录权限	最初的定位是多用户的操作系统,因而有完善文件授权机制,所有的文件和目录都有相应的访问权限	最初的定位是单用户的操作系统,创建系统时没有文件权限的概念,现在主要使用 NTFS 权限

4.3   文件系统的管理

在 Linux 安装过程中会自动创建分区和文件系统,但在 Linux 的使用和管理中,经常会因为磁盘空间不够,需要通过添加硬盘来扩充可用空间,此时就必须熟练掌握手动创建分区和文件系统以及文件系统的挂载方法。在硬盘中建立和使用文件系统,通常应遵循以下步骤。

(1)为便于管理,首先应对硬盘进行分区。

(2)对分区进行格式化,以建立相应的文件系统。

(3)将分区挂载到系统的相应目录(挂载点目录必须为空),通过访问该目录,即可实现在该分区进行文件的存取操作。

4.3.1   存储设备文件的命名

在 Linux 中,每一个硬件设备都被映射到一个系统的设备文件,对于磁盘、U 盘、光驱等,IDE 或者 SCSI 设备也不例外。它们在 Linux 中的命名规则如下。

1. 磁盘的命名

（1）IDE(ATA)磁盘属于 IDE 接口类型的磁盘设备文件，采用 hdx 来命名，分区则采用 hdxy 来命名。其中，hd 表示磁盘类型，x 表示磁盘号(用 a 表示第一个 IDE 接口的第一块磁盘，b 表示第一个 IDE 接口的第二块磁盘，c 表示第二个 IDE 接口的第一块磁盘，d 表示第二个 IDE 接口的第二块磁盘)，y 表示分区号(用 1、2、3……表示)。

（2）SATA、SAS、SSD 硬盘属于 SCSI 接口类型的硬盘设备文件采用 sdx 来命名，分区则采用 sdxy 来命名。其中，sd 表示磁盘类型，x 表示磁盘号(用 a、b、c……表示顺序号)，y 表示分区号(用 1、2、3……表示)。

对于采用 MBR 方式的硬盘分区，号码 1～4 是为主分区和扩展分区保留的，而扩展分区中的逻辑分区则是由 5 开始计算。因此，如果磁盘只有一个主分区和一个扩展分区，那么就会出现这样的情况：sda1 是主分区，sda2 是扩展分区，sda5 是逻辑分区，而 sda3 和 sda4 是不存在的。

2. U 盘的命名

U 盘设备文件的命名规则与 SCSI 接口类型的硬盘设备文件命名方式是一样的，可参考上述说明。

3. 光盘的命名

IDE 和 SCSI 接口类型的光驱设备文件名均为/dev/sr0 或者/dev/cdrom。

4.3.2　硬盘设备管理

计算机中会配置一到多块硬盘，新硬盘在使用前需要划分分区并创建文件系统后才能正常使用。

1. 分区分类

现在常见的分区有 MBR 和 GPT 两种类型，它们在硬盘上存储分区信息的方式不同。

（1）MBR(Master Boot Record)：硬盘的主引导记录。

MBR 存在于驱动器开始部分的一个特殊的启动扇区，由三个部分组成：主引导程序、硬盘分区表 DPT 和硬盘有效标识(55AA)。在总共 512 字节的主引导扇区里主引导程序(Boot Loader)占 446 个字节；分区表 DPT 占 64 个字节，硬盘中分区有多少以及每一分区的大小都记在其中；硬盘标识占 2 个字节，固定为 55AA。MBR 支持最大 2TB 磁盘，它无法处理大于 2TB 容量的磁盘。MBR 格式的磁盘分区主要分为基本分区(Primary Partion)和扩展分区(Extension Partion)两种主分区与扩展分区下的逻辑分区。主分区总数不能大于 4 个，其中最多只能有一个扩展分区。分区号 1～4 是为主分区和扩展分区保留的，而扩展分区中的逻辑分区则是由 5 开始计算。因此，如果磁盘只有一个主分区和一个扩展分区，那么就会出现这样的情况：sda1 是主分区，sda2 是扩展分区，

sda5 是逻辑分区,而 sda3 和 sda4 是不存在的。

(2) GPT(GUID Partition Table):全局唯一标识分区表。

GPT 是可扩展固件接口(EFI)标准的一部分,被用于替代 BIOS 系统中用来存储逻辑块地址和大小信息的主引导记录(MBR)分区表。EFI(Extensible Firmuare Interface)是 Intel 为 PC 固件的体系结构、接口和服务提示的建议标准。GPT 分配 64B 给逻辑块地址(LBA),因而使得最大分区大小在 21 个扇区成为可能。对于每个扇区大小为 512B 的磁盘,意味着其容量可以是 9.4GPT 或 8GPT。它没有主分区和逻辑分区之分,分区的命名和 MBR 类似,分区号直接从 1 开始排序到 128。

相对于传统的 MBR 分区方式,GPT 分区有以下几个优势。

- 与支持最大卷为 2TB 的 MBR 磁盘分区的格式相比,GPT 磁盘分区理论上支持的最大卷可由 2^{64} 个逻辑块构成,以常见的每个扇区 512B 磁盘为例,最大卷容量可达 18EB。
- 相对于每个磁盘最多有 4 个主分区(或 3 个主分区,1 个扩展分区和无限制的逻辑驱动器)的 MBR 分区结构,GPT 磁盘最多可划分 128 个分区(1 个系统保留分区及 127 个用户定义分区)。
- 与 MBR 分区的磁盘不同,重要的系统操作数据位于分区内部,而不是位于分区之外或隐藏扇区。另外,GPT 分区磁盘可通过主要及备份分区表的冗余,来提高分区数据的完整性和安全性
- 支持唯一的磁盘标识符和分区标识符(GUID)。

2. 分区操作命令

CentOS 8 支持 parted 和 fdisk 两个分区的命令。parted 命令可以建立、修改、调整、检查、复制硬盘分区操作等,它比 fdisk 命令更加灵活,功能也更加丰富,同时还支持 GUID 分区表(GUID Partition Table)。此外,还可以用 parted 命令来检查磁盘的使用状况,在不同的磁盘之间复制数据,甚至是"映像"磁盘——将一个磁盘的安装完整地复制到另一个磁盘中。parted 命令既可以划分单个分区大于 2TB 的 GPT 格式的分区,也可以划分普通的 MBR 分区;fdisk 命令只能划分单个分区小于 2TB 的分区,因此,在某些情况下用 fdisk 命令无法看到用 parted 命令划分的 GPT 格式的分区。鉴于 parted 命令有取代 fdisk 命令之势,下面学习 parted 命令的用法。

parted 命令同时支持交互模式和非交互模式。交互模式是执行命令时按照提示输入 parted 命令相应的子命令进行各种操作,适合初学者使用;非交互模式是在命令行中直接输入 parted 命令的子命令进行各种操作,适合熟练用户使用。

(1) 非交互模式命令格式:

```
parted[选项] 设备 子命令
```

常用选项说明如下。

-h 选项可显示帮助信息;-l 选项可列出所有块设备的分区情况;-m 选项表示进入交互模式;-s 选项表示不显示用户提示信息;-v 选项可显示 parted 的版本信息;-a 选项是为

新创建的分区设置对齐方式。

【例 1】

```
#parted /dev/sdb print          //查看硬盘/dev/sdb 的分区信息
```

【例 2】

```
#parted -l                      //查看系统中所有硬盘信息及分区情况
```

parted 3.2 的各种操作子命令及相应功能说明如表 4-3 所示。

表 4-3　parted 子命令说明

parted 子命令	功 能 说 明
align-check [type partition]	检查分区是否对齐，type 是 minimal、optimal 之一
help [command]	显示全部帮助信息或者指定命令的帮助信息
mklabel 或 mktable [lable-type]	创建新的分区表
mkpart [part-type fs-type start end]	创建分区
name [partition name]	以指定的名字命名分区
print	显示分区信息
quit	退出 parted 程序
rescue [start end]	恢复丢失的分区
resizepart [partiton end]	更改分区的大小
rm [partion]	删除分区
select [device]	选择需要操作的硬盘
disk_set [flag state]	设置硬盘的标识
disk_toggle [flag]	切换硬盘的标识
set [partion flag state]	设置分区的标识
toggle [partition flag]	切换分区的标识
unit [unit]	设置默认的硬盘容量单位
version	显示 parted 的版本信息

（2）交互模式命令格式：

```
parted [设备]
```

与 fdisk 命令类似，parted 命令可以使用"parted 设备名"命令格式进入交互模式。如果省略设备名，则默认对当前硬盘进行分区。进入交互模式后，可以通过 parted 命令中的各种指令对磁盘分区进行管理，如下所示。

```
#parted /dev/sdb
GNU parted 3.2                              //parted命令的版本信息
Using /dev/sdb                             //对/dev/sdb 硬盘分区
Welcome to GNU parted! Type 'help' to view a list of commands.
                                            //欢迎消息
```

磁盘分区操作

```
(parted)                                          //parted 子命令提示符
```

3. 分区管理

通过 parted 交互模式中所提供的各种指令,可以对磁盘的分区进行有效的管理。下面介绍通过执行"♯parted /dev/sdb"命令后,如何在交互模式下完成查看分区、创建分区、创建文件系统、更改分区大小以及删除分区等操作。

(1) 查看分区情况

在对硬盘分区之前,应该首先查看分区情况,以进行后续操作。使用 print 子命令,可以看到当前硬盘的分区信息,其运行结果如下所示:

```
(parted)print
Error: /dev/sdb: unrecongnised disk label        //错误信息提示还未指定硬盘标签
Model: Maxtor 6Y080L0(scsi)                       //硬盘厂商型号
Disk /dev/sda: 82.0GB                             //硬盘容量
Sector size(logical/physical): 512B/512B          //扇区大小
Partition Table: unkown                           //分区表类型
Disk Flags:                                       //硬盘标识
```

由以上显示结果可以看出,此硬盘是一块新添加的硬盘,在分区前需要进行一些初始化工作,否则无法进行分区操作。

(2) 选择硬盘

如果系统中有多块硬盘,可以用 select 命令选择要操作的硬盘。例如:

```
(parted)select
New device? [/dev/sdb]?                            //使用默认或按提示格式输入其他硬盘
Using /dev/sdb                                     //显示正在操作的硬盘
```

(3) 指定分区表类型

在分区之前可以通过 mklable 或 mktable 命令指定分区表的类型,parted 命令支持的分区表类型有 bsd、dvh、gpt、loop、mac、msdos、pc98、sun 等。若用 MBR 分区,可采用 msdos 格式。若分区大于 2TB,则需要用 gpt 格式的分区表,操作如下:

```
(parted)mklable
New disk lable type? gpt                           //输入分区表类型,例如 gpt
(parted)print                                     //再次查看分区情况
Model: Maxtor 6Y080L0(scsi)                       //硬盘厂商型号
Disk /dev/sda: 82.0GB                             //硬盘容量
Sector size(logical/physical): 512B/512B          //扇区大小
Partition Table: gpt                              //分区表类型为 GPT
Disk Flags:                                       //硬盘标识
Number Start End Size File system Name Flags       //空分区表的表头
```

(4) 指定硬盘容量单位

可以通过 unit 命令指定创建分区时或查看分区时的容量默认单位,容量单位可以是 s、B、KiB、MiB、GiB、TiB、KB、MB、GB、TB、%、cyl、chs、compact,操作如下:

```
(parted)unit
Unit? [KB]?                    //指定容量单位
```

(5) 创建分区

通过 mkpart 指令可以创建硬盘分区,操作如下:

```
(parted)mkpart
Partition name? []            //指定分区的名字
File system type? [EXT2]      //指定文件系统类型,默认为 EXT2
Start?                        //指定分区的开始位置
End?                          //指定分区的结束位置
```

如果采用 MBR 分区格式,在创建分区时的提示信息会稍有不同,第一步提示信息为"Partition type? primary/extended?",要求先确定分区的类型为主分区还是扩展分区。

(6) 更改分区大小

使用 resizepart 命令可以更改指定分区的大小,操作如下:

```
(parted)resizepart
Partition number?             //指定需要更改的分区号
End? [300GB]?                 //指定分区新的结束位置
```

如果分区中已有数据,缩小分区有可能丢失数据,扩大分区只能给最后一个分区增加容量。

(7) 删除分区

使用 rm 命令可以删除指定的磁盘分区。在进行删除操作前必须先把分区卸载,操作如下:

```
(parted)rm
Partition number?             //选择需要删除的分区号
```

在 parted 命令中所做的所有操作都是立刻生效的,在进行删除分区这种极度危险的操作时还没有提醒,因此必须要小心谨慎。

(8) 拯救分区

可以使用 rescue 命令拯救因为某些原因丢失的分区(用 rm 命令删除的除外),操作如下:

```
(parted)rescue
Start?                        //指定分区的开始位置
End?                          //指定分区的结束位置
```

(9) 设置分区名称

可以使用 name 命令给分区设置或修改名字,以方便记忆。这种设置只能用于 Mac、PC98 和 GPT 类型的分区表,操作如下:

```
(parted)name
Partition number?             //指定设置或修改分区名称的分区号
Partition name? []? data      //设置或修改分区名,例如 data
```

（10）设置分区标记

使用 set 命令设置或更改指定分区的标识。分区标识通常有 boot、esp(GPT 模式)、msr(MBR 模式)、swap、hidden、raid、lvm、msftdata 等,分别代表相应的分区,操作如下:

```
(parted)set
Partiton number?                //指定要设置分区标识的分区号
Flag to Invert?                 //指定要转换的分区标识
New state?  [on]/off?           //指定在查看分区信息时是否显示分区标识
```

（11）设置硬盘标记

使用 disk_set 命令对所操作的硬盘设置标记,以方便管理。硬盘标识通常有 pmbr_boot(GPT 模式)、cylinder_alignment(MBR 模式)等,操作如下:

```
(parted)disk_set
Flag to Invert?  [pmnr_boot]?   //设置硬盘标记
New state?  [on]/off            //指定在查看分区信息时是否显示硬盘标识
```

（12）检查分区对齐情况

使用 align-check 命令判断分区 n 的起始扇区是否符合磁盘所选的对齐条件。对齐类型必须是 minimal、optimal 或相关词汇的缩写,操作如下:

```
(parted)align - check min 1
1 aligned                       //检查分区 1 的对齐情况,表明已对齐
```

（13）退出分区命令

使用 parted 命令对硬盘分区操作完毕后,可以直接使用 quit 命令退出。

4.3.3　逻辑卷的管理

随着应用水平的不断深入,仅用分区的形式对硬盘进行管理已经远远不能满足需求,如在系统运行的状态下动态的扩展文件系统的大小、跨分区(硬盘)组织文件系统、以映像方式提高数据安全等。因此,针对硬盘的管理又出现了 LVM 技术。

1. 基本概念

（1）LVM(Logical Volume Manager,逻辑卷管理器）：是 Linux 环境下对磁盘分区进行管理的一种机制,LVM 是建立在硬盘和分区之上的一个逻辑层,用来提高磁盘分区管理的灵活性。LVM 就是通过将底层的一个或多个硬盘分区抽象的封装起来,然后以逻辑卷的方式呈现给上层应用。当硬盘的空间不够使用的时候,可以继续将其他硬盘的分区加入其中,这样可以实现磁盘空间的动态管理,相对于普通的磁盘分区有很大的灵活性。

（2）PV(Physical Volume,物理卷）：在 LVM 中处于最底层,它可以是实际物理硬盘上的分区,可以是整个物理硬盘,也可以是 raid 设备。这是 LVM 的基本存储逻辑块,但与基本的物理存储介质(如分区、磁盘等)相比,却包含有与 LVM 相关的管理参数。

（3）VG（Volume Group，卷组）：建立在 PV 之上，一个卷组中至少包括一个物理卷，在卷组建立之后可动态添加物理卷到卷组中。一个逻辑卷管理系统工作中可以只有一个卷组，也可以拥有多个卷组。

（4）PE（Physical Extent，物理区域）：每一个物理卷被划分为称为 PE 的基本单元，具有唯一编号的 PE 是可以被 LVM 寻址的最小单元。PE 的大小是在 VG 过程中配置的，默认为 4MB。

（5）LV（Logical Volume，逻辑卷）：建立在卷组之上，卷组中的未分配空间可以用于建立新的逻辑卷，逻辑卷建立后可以动态地扩展和缩小空间。系统中的多个逻辑卷可以属于同一个卷组，也可以属于不同的多个卷组。

在 LVM 中 PE 是卷的最小单位，默认大小为 4MB。就像数据是以页的形式存储一样，卷就是以 PE 的形式存储。PV 是物理卷，如果要使用 LV，第一步操作就是将物理磁盘或者物理分区格式化成 PV，格式化之后的 PV 就可以为逻辑卷提供 PE 了。PE 是可以跨磁盘的。VG 是卷组，它将很多 PE 组合在一起生成一个卷组。LV 是逻辑卷，逻辑卷最终给用户使用。

2. 创建和管理逻辑卷

（1）规划并创建分区

在创建 PV 之前应规划并划分基本分区，然后将基本分区转换为 PV。在此，可以添加两块硬盘/dev/sdb 和/dev/sdc，使用 parted 命令对其进行分区，再用"parted -l"命令查看可供使用的物理设备。

（2）创建 PV

利用创建 PV 命令 pvcreate 将希望添加到卷组的所有分区转换为 PV，然后使用 pvdisplay、pvs、pvscan、lvmdiskscan 命令查看 PV 的创建情况。如果有需要，也可以使用 pvremove 命令删除 PV。例如：

```
#pvcreate /dev/sdb1            //将/dev/sdb1 分区创建为物理卷
Physical volume "/dev/sdb1" successfully created          //创建成功
#pvcreate /dev/sdc1
Physical volume "/dev/sdc" successfully created
#pvs                          //查看已经存在 PV 的信息
PV          VG  Fmt   Attr  PSize   PFree
/dev/sdb1       lvm2  ---   9.31g   9.31g
/dev/sdc1       lvm2  ---   18.62g  18.62g
#pvremove /dev/sdc2           //删除/dev/sdc2 物理卷
Labels on physical volume "/dev/sdc" successfully wiped        //清除成功
```

（3）创建 VG

使用 vgcreate 命令把上述建立的物理卷创建为一个完整的卷组，命令格式为 "vgcreate 卷组名 PV…"。命令的第一个参数是指定该卷组的逻辑名，后面的参数是指定添加到该卷组的所有分区。vgcreate 在创建卷组时，还设置使用大小为 4MB 的 PE（默认为 4MB），这表示卷组上创建的所有逻辑卷都以 4MB 为增量单位进行扩充或缩减。可使用-s 选项改变 PE 的大小。创建成功后可以用 vgdisplay、vgs、vgscan 命令查看 VG 的创建情况。如果有需要,也可以使用 vgremove 命令删除 VG。例如:

```
#vgcreate data /dev/sdb1 /dev/sdc1        //创建名字为 data 的卷组
Volume group "data" successfully created    //创建成功
#vgs                                      //查看已经存在 VG 的信息
VG    #PV  #LV  #SNt  Attr    VSize    VFree
data   2    0    0    wz--n-  27.92g   27.92g
#vgremove game                            //删除卷组 game
Volume group "game" successfully removed    //删除成功
```

（4）改变卷组容量

使用 vgextend 命令可以把系统中新建的分区添加到已有卷组,以增大卷组容量。如有需要,也可以使用 vgreduce 命令把卷组中没有被逻辑卷使用的物理卷删除,以缩减卷组容量,如果某个物理卷正在被逻辑卷使用,就需要将该物理卷的数据备份到其他地方,然后再删除。例如:

```
#vgextend data /dev/sdc2                   //把/dev/sdc2 分区添加到 data 卷组
Volume group "data" successfully extended   //扩展成功
#vgreduce data /dev/sdc2                    //把/dev/sdc2 分区从 data 卷组中删除
Removed "/dev/sdc2" from volume group "data" //删除成功
```

（5）创建 LV

使用 lvcreate 命令创建逻辑卷,命令格式为"lvcreate -n 逻辑卷名 -l 逻辑卷 PE 数 卷组名"。如果使用-L 选项,则其参数为磁盘容量单位的数值(MB、GB 等)。如果要使用整个卷组的空间,可先用 vgdisplay 命令查看"VG Size"或"Total PE"的值后再进行创建;或者使用"-l 100％VG"选项。创建完毕后可以使用 lvdisplay、lvs 命令查看逻辑卷信息。如果有必要,可以使用 lvremove 命令删除 LV。

① 创建基本逻辑卷(线性逻辑卷):

```
#lvcreate -n share -l 2000 data           //使用 2000 个 PE 创建名为 share 的 LV
Logical volume "share" created            //创建成功
#lvdisplay                                //显示已创建的 LV 信息
```

一个线性逻辑卷是聚合多个物理卷空间成为一个逻辑卷。此例是将两个 2000PE 的分区生成 4000PE 的逻辑卷。选项-n 后参数为逻辑卷名。执行完上述操作,逻辑卷在操作系统中映射的文件的绝对路径为"/dev/data/share",同时会在"/dev/mapper"目录下面创建一个软链接"/dev/mapper/data-share",软链接名称为"卷组名-逻辑卷名"。逻辑卷的使用与物理分区一样,需要先格式化成合适的文件系统,再挂载到某一个目录即可。

② 创建条状逻辑卷:

```
#lvcreate -n share -L 100M -i2 data
Using default stripesize 64.00 KiB.        //使用默认 64KB 的条块
Rounding size100.00 MiB(25 extents) up to stripe boundary size 104.00 MiB(126
extents).                                  //四舍五入条状逻辑卷的容量为 104MB
Logical volume "share" created.            //创建成功
```

　　当写数据到条状逻辑卷中时,文件系统能将数据放置到多个物理卷中。对于大量连接读写操作,条状能改善数据 I/O 效率。此操作中,选项-i2 是指此逻辑卷在两个物理卷中条块化存放数据,默认一块大小为 64KB。

　　③ 创建映像逻辑卷(映像卷):

```
#lvcreate -n share -L 100M -m1 data /dev/sdb1 /dev/sdc1 /dev/sdc2
Logical volume "share" created
```

　　在此操作中,-m1 表示只生成一个 100MB 的单一映像逻辑卷。映像分别在/dev/sdb1 和/dev/sdc1 上保存一致的数据,数据将被同时写入原设备及映像设备,可提供设备之间的容错。映像日志放在/dev/sdc2 上。

　　④ 创建快照卷:

```
#lvcreate -s -n test -L 200M /dev/data/share
Logical volume "test" created
```

　　快照卷提供在特定瞬间的一个设备虚拟映像,当快照开始时,复制一份对当前数据区域的改动。由于快照卷的执行在这些改动之前,所以快照卷能重构当时设备的状态。此操作是为逻辑卷/dev/data/share 创建了一个名为 test 的快照卷,选项-s 表示创建快照卷。

　　(6) 改变逻辑卷容量

　　使用 lvextend 命令可以扩充逻辑卷容量,使用 lgreduce 命令缩减逻辑卷容量,使用 lvresize 命令既可以扩充也可以缩减逻辑卷的容量。例如:

```
#lvextend -L 20GB /dev/data/share
Size of logical volume data/share changed from 15.62 GiB (2000 extents) to 20.00
GiB (2560 extents).                        //将逻辑卷扩充到 20GB
Logical volumedata/share successfully resized.    //改变成功
```

　　(7) 在线数据迁移

　　通过 pvmove 命令能将一个 PV 上的数据迁移到新的 PV 上,也能将 PV 上的某个 LV 迁移到另一个 PV 上。例如:

```
#pvmove -n share /dev/sdb1 /dev/sdc2        //将/dev/sdb1 上的数据迁移到/dev/sdc2 上
```

4.3.4　建立文件系统

　　一般情况下,完整的 Linux 文件系统是在系统安装时建立的,只有在新添加了硬盘或软盘等存储设备时,才需要为它们建立文件系统。Linux 文件系统的建立是通过 mkfs 命令实现的,命令的功能和用法都类似于 Windows 系统中的 format 命令。

　　命令格式:

mkfs［选项］设备

　　常用选项说明如下。

-t type 选项表示指定文件系统的类型,默认文件系统为 EXT2;-v 选项表示详细显示模式;-V 选项表示显示版本号;-h 选项表示显示帮助信息。

例如:

```
#mkfs -v -t ext4 /dev/sdb3          //在/dev/sdb3 设备上创建 EXT4 文件系统并详细显示
```

4.3.5 文件系统的挂载与卸载

创建好文件系统的存储设备并不能马上使用,必须把它挂载到文件系统中才可以使用。在 Linux 系统中无论是硬盘、光盘还是软盘,都必须经过挂载才能进行文件存取操作。所谓挂载就是将存储介质的内容映射到指定的目录中,此目录为该设备的挂载点,这样,对存储介质的访问就变成了对挂载点目录的访问。一个挂载点多次挂载不同设备或分区,最后一次有效;一个设备或分区多次挂载到不同挂载点,第一次有效。

通常,硬盘上的系统分区会在 Linux 的启动过程中自动挂载到指定的目录,并在关机前自动卸载。而软盘等可移动存储介质既可以在启动时自动挂载,也可以在需要时手动挂载或卸载。挂载文件系统,目前有两种方法,一是通过 mount 命令手动挂载,另一种方法是通过/etc/fstab 文件来开机自动挂载。

1. 手动挂载

命令格式:

mount [选项] 设备 目录

常用选项说明如下。

- -a:挂载所有的在配置文件/etc/fstab 中提到的文件系统。
- -t fstype:指定文件系统的类型,一般情况下可以省略,mount 命令会自动选择正确的文件系统类型,相当于-t auto。-t 后面可以跟 ext3、ext4、reiserfs、vfat、ntfs 等参数。
- -o options:主要选项有权限、用户、磁盘限额、语言编码等,但语言编码的选项,大多用于 VFAT 和 NTFS 文件系统。
- 设备:指存储设备,比如/dev/sda1、/dev/sda2、cdrom 等。至于系统中有哪些存储设备,主要通过 parted -l 命令查看或者查看/etc/fstab 文件内容。一般情况下光驱设备是/dev/cdrom,软驱设备是/dev/fd0,硬盘及 U 盘以 parted -l 的输出结果为准。
- 目录:设备在系统上的挂载点。需要注意的是,挂载点必须是一个目录。如果一个分区挂载在一个非空的目录上,则这个目录里面以前的内容将无法使用。

(1)挂载硬盘分区或逻辑卷

在挂载硬盘上分区或逻辑卷时,可用 parted -l 命令查看硬盘分区文件的绝对路径或者用 lvdisplay 命令查看硬盘上逻辑卷文件的绝对路径,新建目录或使用现有空白目录进行挂载。例如:

```
#mount /dev/sdb1 /mnt              //将/dev/sdb1分区挂载到/mnt目录
#df -lh                            //查看是否被挂载
Filesystem  Size   Used  Availe  Used%   Mount on
...
/dev/sdb1   9.4GB  9MB   2.1GB   1%      /mnt       //此行显示了挂载和使用情况
```

（2）挂载光驱

在挂载光驱设备时，也可以使用 parted -l 命令查看光驱设备文件的绝对路径。大多数 Linux 系统光驱设备文件还指向链接文件/dev/cdrom。例如挂载到/media 目录的方式如下：

```
#mount /dev/cdrom /media
```

或者

```
#mount /dev/sr0 /media
```

2. 手动卸载

使用 umount 命令可以手动卸载设备。在某些情况下（如删除分区或创建、删除卷等），必须先将挂载中设备卸载后才能操作。

命令格式：

umount ［选项］ 设备或挂载目录

所用选项与 mount 命令类似。其中，-f 选项可强制卸载。

例如：

```
#umount /dev/cdrom                     //卸载光驱设备 cdrom
#umount /mnt                           //卸载挂载点/mnt
```

3. 自动挂载

对固定设备采用手动挂载的方式略显麻烦，可以通过开机自动挂载文件系统。控制 Linux 系统在启动过程中自动挂载文件系统的配置文件是/etc/fstab，系统启动时将读取该配置文件，并按文件中的信息来挂载相应文件系统。典型的 fstab 文件内容如下：

```
#cat /etc/fstab
...
/dev/mapper/cl-root                             /     xfs     defaults  0 0
UUID=af16685a-28a1-4f74-abf0-3fe6a569a67d       /boot ext4    defaults  0 0
/dev/mapper/cl-swap                             swap  swap    defaults  0 0
```

fstab 文件的每一行表示一个文件系统，每个文件系统的信息用 6 个字段来表示，字段之间用空格隔开。从左到右字段信息含义分别说明如下。

第一字段：设备名、设备的 UUID 或设备卷标名，在这里表示的是文件系统。有时把挂载文件系统也说成挂载分区，在这个字段中也可以用分区标签。

第二字段：挂载点，指定每个文件系统在系统中的挂载位置。swap 分区不需要挂

81

载点。

第三字段:文件系统类型,指定每个设备所采用的文件系统类型。如果设为 auto,则表示按照文件系统本身的类型进行挂载。

第四字段:挂载文件系统时的选项。可以设置多个选项,选项之间使用逗号分隔,常用的选项如表 4-4 所示。

表 4-4 常用选项

选　项	含　义
defaults	具有 rw、suid、dev、exec、auto、nouser、async 等默认选项
auto	自动挂载文件系统
noauto	系统启动时不自动挂载文件系统,用户在需要时手动挂载
ro	该文件系统权限为只读
rw	该文件系统权限为可读可写
usrquota	启用文件系统的用户配额管理服务
grpquota	启用文件系统的用户组配额管理服务

第五字段:文件系统是否需要 dump 备份。1 是需要,0 是不需要。

第六字段:系统启动时,是否使用 fsck 磁盘检测工具检查文件系统。1 是需要,0 是不需要,2 是跳过。

对于需要自动挂载的文件系统,只需按照/etc/fstab 文件内格式逐项输入,保存文件并退出后,重启系统即可生效。

此外,还有一个与/etc/fstab 类似的文件。/etc/fstab 文件存放的是系统中的文件系统信息,是系统启动时准备挂载的,而/etc/mtab 文件记录的是系统启动后挂载的文件系统,包括手动挂载及操作系统建立的虚拟文件系统等。使用命令 mount -l 观察到的结果与/etc/mtab 文件的内容对应。

4.3.6 磁盘配额管理

Linux 系统是多用户任务操作系统,在使用系统时,会出现多用户共同使用一个磁盘的情况,如果其中少数几个用户占用了大量的磁盘空间,势必影响其他用户使用磁盘空间。因此,系统管理员应该适当地开放磁盘空间给用户,以妥善分配系统资源。

1. 磁盘配额的使用说明

在 Linux 系统中,对于 EXT 文件系统,磁盘配额是针对整个文件系统(分区或逻辑卷),无法对单一的目录进行磁盘配额;而在 XFS 的文件系统中,可以对目录进行磁盘配额管理。因此在进行磁盘配额前,一定要查明使用的文件系统类型。

磁盘配额只对一般用户有效,而 root 用户拥有全部的磁盘空间,磁盘配额对 root 用户无效。此外,若启用 SELinux 功能,不是所有的目录都能设定磁盘配额,默认仅能对/home 进行设定。

2. 磁盘配额的管理内容

（1）可分别针对用户、群组、个别目录（需要 XFS 文件系统）进行磁盘配额。

（2）可限制 inode 和 block 的用量。既然磁盘配额是管理文件系统的，那么对 inode 和 block 的限制也在情理之中。

（3）可设置软配额（soft）和硬配额（hard）。当磁盘容量达到 soft 设置值时，系统会发出警告，要求降低至 soft 值以下；当磁盘容量达到 hard 值时，系统会禁止继续新增占用磁盘容量。

（4）可设置宽限时间（一般为 7 天）。当某一用户使用磁盘容量达到 soft 值时，系统会给出一个 grace time。若超过这个天数，soft 值会变成 hard 值并禁止该用户对磁盘新增占用。

3. EXT 系列文件系统磁盘配额设置步骤

现以 zhaoy 用户（组）在/dev/sdb1 分区上设定磁盘配额为例，将/dev/sdb1 挂载到/mnt 目录，限定其软配额为 500MB，硬配额为 600MB。下面介绍设置的基本命令和步骤。

（1）启用磁盘配额

```
#vi /etc/fstab                 //编辑/etc/fstab 文件，启用文件系统配额功能
...
/dev/sdb1 /mnt ext4 defaults,usrquota,grpquota 0 0
```

在/etc/fstab 文件末行添加如上内容后，需要重启系统使之生效。若不重启系统，可执行如下命令继续后续的操作。

```
#mount /dev/sdb1 /mnt          //将/dev/sdb1 挂载到/mnt 目录
#mount -o remount /mnt         //重新挂载以使/etc/fstab 文件生效
```

（2）生成磁盘配额文件

```
#quotacheck -ugcv/dev/sdb1
```

常用选项说明如下。

-u 选项表示检查用户配额文件 aquota.user；-g 选项表示检查用户组配额文件 aquota.group；-v 选项表示显示扫描过程的信息；-c 选项用来生成配额文件 aquota.user 和 aquota.group；-a 选项是扫描所有在/etc/mtab 内含有 quota 参数的文件系统。

（3）创建配额用户和组

```
#useradd zhaoy                 //新增用户 zhaoy 并同时生成用户组 zhaoy
#passwd zhaoy                  //给用户 zhaoy 设置密码
```

（4）设置配额

```
#edquota -u zhaoy              //编辑用户配额
Disk quotas for user zhaoy (uid 1000):
Filesystem  blocks  soft  hard  inodes  soft  hard
/dev/sdb1   0       500M  600M  0       0     0
```

```
#edquota -g zhaoy                 //编辑用户组配额
Disk quotas for group zhaoy (gid 1000):
Filesystem blocks  soft  hard  inodes  soft  hard
/dev/sdb1  0       500M  600M  0       0     0
```

edquota 命令的用法和 vi 命令的用法相同。文件中第一个 soft 表示磁盘容量软限制,第二个 soft 表示文件个数软限制;第一个 hard 表示磁盘容量硬限制,第二个 hard 表示文件个数硬限制。

```
#edquota -t                       //编辑配额宽限时间
```

(5)启用配额

```
#quotaon -ugv /mnt
```

常用选项说明如下。

-a 选项表示启用所有文件系统配额功能;-u 选项表示启用用户配额;-g 选项表示启用用户组配额;-v 选项表示显示详细过程。

(6)查看配额

```
#repquota -vug /mnt               //查看用户和用户组针对/mnt 配额的详细使用情况
*** Report for user quotas on device /dev/sdbl
Block grace time: 7days; Inode grace time: 7days
                  Block limits                    File limits
User       used  soft    hard     grace  used  soft  hard  grace
root  --   20    0       0               2     0     0
zhaoy --   0     512000  614400          0     0     0
...
```

在运行结果中将看到 zhaoy 用户和 zhaoy 用户组的磁盘配额设置及磁盘使用情况。

(7)测试配额

```
#chmod 777 /mnt                               //修改/mnt 权限
#su zhaoy                                     //切换到 zhaoy 用户
$cd /mnt
$dd if=/dev/zero of=bigfile bs=1M count=700   //创建 700MB 的文件
sdb1: warning, user block quota exceeded.     //警告超过了软限制的值
...
sdb1: write failed, user block limit reached. //提示已被硬限制
...
```

4. XFS 文件系统磁盘配额设置步骤

现以 sunx 用户(组)在/dev/sdb2 分区上设定磁盘配额为例,将/dev/sdb2 挂载到/test 目录,限定其软配额为 500MB,硬配额为 600MB。下面介绍设置的基本命令和步骤。

(1)启用磁盘配额

```
#vi /etc/fstab                    //编辑/etc/fstab 文件,启用文件系统配额功能
...
/dev/sdb2 /test xfs defaults,usrquota,grpquota 0 0
```

在/etc/fstab 文件末行添加如上内容后,需要重启系统使之生效。若不重启系统,可

执行如下命令继续后续的操作。

```
#mount -o usrquota,grpquota /test              //手动挂载以使/etc/fstab 文件生效
```

（2）创建配额用户和组

```
#useradd sunx                                  //新增用户 sunx
#passwd sunx
```

（3）设置配额

使用 xfs_quota 命令可以对 XFS 文件系统设置配额。

命令格式：

xfs_quota 选项 设备或挂载点

常用选项说明如下。

-x 选项表示使用配额模式；-c cmd 选项表示启用命令模式，可用的 cmd 有 report、limit、bsoft、bhard、isoft、ihard 等；-u 选项用于指定用户；-g 选项用于指定用户组。

例如：

```
#xfs_quota -x -c 'limit bsoft=500M bhard=600M -u sunx' /test
```

（4）查看配额信息

```
#xfs_quota -x -c report /test
User quota on /test (/dev/sdb1)
                Blocks
User ID   Used    Soft    Hard    Warn/Grace
-------   -----   ----    ----    ------------
root      0       0       0       00 [--------]
sunx      0       512000  614400  00 [--------]
...
```

在运行结果中将看到 sunx 用户和 sunx 用户组的磁盘配额设置及磁盘使用情况。

（5）测试配额

```
#chmod 777 /test
#su sunx
$cd /test
$dd if=/dev/zero of=/test/big.txt bs=1M count=700     //创建 700MB 的文件
dd:error writing'big.txt': Disk quota exceeded        //提示超出配额
601+0 records in
601+0 records out
629145600 bytes(629 MB, 600MiB)copied, 0.22s, 1.6 GB/s  //只写入 600MB
```

4.4　文件管理

4.4.1　链接文件

Linux 中的链接文件类似于 Windows 的快捷方式，可以只保留目标文件的地址，而

不占用存储空间。使用链接文件与使用目标文件的效果是一样的,可以为链接文件指定不同的访问权限,以控制对文件的共享和安全性的问题。

链接分为硬(hard)链接和符号(symbolic)链接两种,符号链接又称为软(soft)链接。它们各自的特点如下。

1. 硬链接

文件管理操作

(1)原文件名和链接文件名都指向相同的物理地址。

(2)目录不创建硬链接。

(3)不能跨越文件系统(不能跨越不同的分区)。

(4)删除文件时要在同一个索引节点属于唯一的链接时才能完成。

每删除一个硬链接文件,只能减少其硬链接数目。只有当硬链接数目为 1 时才能真正删除,这就防止了误删除。

2. 符号链接

(1)用 ln -s 命令创建文件的符号链接。

(2)可以指向目录或跨越文件系统。

(3)符号链接是 Linux 特殊文件的一种,类似于 Windows 系统中的快捷方式,删除原有的文件或目录时,所有内容将丢失,因而它没有防止误删除功能。

可以用 ln 命令创建文件的链接文件。ln 命令的语法格式为:

```
ln [选项] 目标文件 链接名
```

常用选项说明如下。

-b 选项表示在建立链接时将可能被覆盖或删除的文件进行备份;-d 选项允许系统管理员硬链接目录;-f 选项表示删除已存在的同名目标文件;-i 选项表示在删除与目标同名的文件时先进行询问;-n 选项表示在进行软链接时,将目标视为一般的文件;-s 选项表示进行软链接;-v 选项表示在链接时显示文件名。

默认情况下,如果链接名已经存在但不是目录,将不做链接。目标文件可以是任何一个文件名,也可以是一个目录。例如:

```
#ln /etc/host.conf a1.txt                //为/etc/host.conf 创建硬链接
#ln -s /etc/host.conf a2.txt             //为/etc/host.conf 创建软链接
#ls -l
-rw-r--r--. 2 root root 9 Sep 2018    a1.txt
lrwxrwxrwx. 1 root root 14 Dec 22 00:57 a2.txt ->/etc/host.conf
```

通过以上操作可以看到,为同样一个文件创建的硬链接文件和软链接文件,在权限、文件数、大小、创建时间、文件名等内容均有区别。

4.4.2 修改目录或文件权限

Linux 作为多用户系统,允许不同的用户访问不同的文件,继承了 UNIX 系统中完善的文件权限控制机制。root 用户具有不受限制的权限,而普通用户只有被授予权限后才能执行相应的操作,没有权限就无法访问文件。系统中的每个文件或目录都被创建者所拥有,在安装系统时创建的文件或目录的拥有者为 root。文件还被指定的用户组所拥有,这个用户组称为文件所属组。一个用户可以是不同组的成员,这由 root 来管理。文件的权限决定了文件的拥有者、文件的所属组、其他用户对文件访问的能力。文件的拥有者和 root 用户享有文件的所有权限,并可用 chmod 命令给其他用户授予访问权限。

1. 查看文件或目录权限

单独使用 ls 命令时,只显示当前目录中包含的文件名和子目录名。结果显示方式非常简洁,通常是在刚进入某目录时,用这个方式先初步了解该目录中存放了哪些内容。相关命令如下:

```
$ls
Desktop Examples mywork Templates Textfile.txt
```

若需进一步了解每个文件的详细情况,可以使用-l 选项。相关命令如下:

```
$ls -l
total 21
drwxr-xr--.   2  zhang  zhang  4096  Dec 17  2:23   Desktop
lrwxrwxrwx.   1  zhang  zhang  26    Dec 20  05:03  Examples ->content
drwxr-xr-x.   2  zhang  zhang  4096  Dec 17  13:42  mywork
drwxr-xr-x.   2  zhang  zhang  4096  Dec 17  12:24  Templates
-rw-r--r--.   1  zhang  zhang  8755  Dec 19  17:11  Textfile.txt
```

可以发现,ls -l 命令以列表形式显示了当前目录中所有内容的详细信息。列表中每条记录显示一个文件或目录,包含 7 项。以第一条记录为例,表 4-5 对各字段含义进行了说明。

表 4-5　ls -l 命令输出信息说明

字段号	ls -l 输出	字 段 含 义
1	drwxr-xr--	文件类型、文件访问权限
2	2	文件数量
3	zhang	文件所有者
4	zhang	文件所属的组
5	4096	文件大小,以字节为单位
6	Dec 17 2:23	最近修改文件或目录的时间
7	Desktop	文件或目录名称

第一项是由 11 个字符组成的字符串,例如"drwxr-xr-x.",说明该文件/目录的文件类型和文件访问权限。第一个字符表示文件类型。从第 2 个字符到第 10 个字符表示文件访问权限,且以 3 个字符为一组,分为 3 组,组中的每个位置对应一个指定的权限,其顺序为:读、写、执行。3 组字符又分别代表文件所有者权限、文件从属组权限以及其他用户

权限。最后一个字符"."表明此文件是被 SELinux 保护的文件。下面分别介绍文件类型和访问权限。

（1）文件类型

表 4-6 列出了 Linux 系统的文件类型，以及对应的类型符。

表 4-6　文件类型说明

文 件 类 型	类型符	描　　述
普通文件	-	指 ASCII 文本文件、二进制可执行文件
块设备文件	b	块输入/输出设备文件
字符设备文件	c	字符输入/输出设备文件
目录文件	d	包含若干文件或子目录的文件
符号链接文件	l	只保留了文件地址，而不是文件本身
命名管道	p	一种进程间通信的机制
套接字	s	用于进程间通信

（2）文件和目录权限

Linux 权限的基本类型有读、写和执行，表 4-7 中对这些权限类型做了说明。

表 4-7　文件权限类型说明

权限类型	应用于目录文件	应用于任何其他类型的文件
读(r)	授予读取目录或子目录内容的权限	授予查看文件的权限
写(w)	授予创建、修改或删除文件或子目录的权限	授予写入权限，允许修改文件
执行(x)	授予进入目录的权限	允许用户运行程序
-	无权限	无权限

仍然以下面的记录为例，解释文件/目录的文件类型和访问权限。

```
drwxr-xr--. 2 zhang  zhang  4096 Dec 17 2:23 Desktop
```

将文件记录的第一项分组逐项解释，如图 4-3 所示，这时读者可以对该文件的类型、访问权限有直观、清晰的了解。

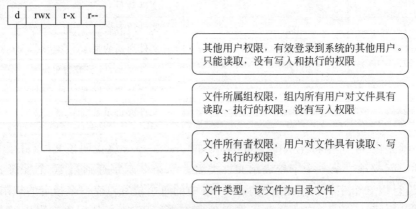

图 4-3　文件类型与用户权限字符串

目前 bash 的 ls 命令可按照文件类型对文件标识不同的颜色。比如,目录文件使用蓝色,普通文件使用反白色、可执行文件使用绿色等。如果用户觉得文件类型符不够明显,还可以使用-F 选项。

```
$ls -Fl
```

从以上命令的执行结果可以看到,目录名后面标记"/",可执行文件后面标记"＊",普通文件不做符号标记。

2. 与文件权限相关的用户分类

Linux 系统中与文件权限相关的用户可分为三种不同的类型:文件所有者(owner)、同组用户(group)、系统中的其他用户(other)。

- 文件所有者:建立文件或目录的用户,用 user 的首字母 u 表示。文件的所有者是可以改变的,文件所有者或 root 可以将文件或目录的所有权转让给其他用户,这可以通过使用 chown 命令来实现。文件所有者被改变后,原有所有者将不再拥有该文件或目录的权限。
- 同组用户:为方便管理,多个文件可以同时属于一个用户组,用 group 的首字母 g 表示。当创建一个文件或目录时,系统会赋予它一个所属的用户组,组中的所有成员(即同组用户)都可以访问此文件或目录。chgrp 命令可以改变文件的所属用户组。
- 其他用户:既不是文件所有者,也不是同组用户的其他用户。用 other 的首字母 o 表示。

3. 设置访问权限

(1) chmod

chmod 命令用于改变文件或目录的访问权限。该命令有两种使用方式:符号模式和绝对模式。符号模式,使用字母符号表示文件权限,对大多数新用户来说,这种方式更容易理解;绝对模式,用数字表示文件权限的每一个集合,这种表示方法更加有效,而且系统也是用这种方法查看权限。

① chmod 命令的一般语法格式为:

```
chmod [role] [+|-|=] [mode] filename
```

其中,选项 role 代表了 u、g、o 和 a 等,它们各自的含义为:u 代表用户,g 代表组,o 代表其他用户,a 代表所有用户。操作符"＋"表示添加某个权限,"－"表示取消某个权限,"＝"表示赋予给定权限并取消其他所有权限。mode 所表示的权限可用字母 r(可读)、w(可写)、x(可执行)任意组合。

在以下例子中,TextFile.txt 文件最初的权限为"-rw-r--r--",即文件所有者具有可读可写的权限,组内用户和其他用户具有可读权限。使用 chmod 命令,分别为文件所有者添加可执行的权限,为组内用户设置为可写和可执行权限,为其他用户添加可写权限。最后 TextFile.txt 文件权限设置为"-rwx-wxrw-."。

```
$ls -l TextFile.txt
-rw-r--r--. 1 zhang zhang 0 Dec 22 05:34 TextFile.txt
$chmod u+x TextFile.txt
$chmod g=wx TextFile.txt
$chmod o+w TextFile.txt
$ls -l TextFile.txt
-rwx-wxrw-. 1 zhang zhang 0 Dec 22 05:37 TextFile.txt
```

② chmod 命令绝对模式的一般语法格式为：

```
chmod [mode] filename
```

其中,mode 表示权限设置模式,用数字表示,即 0 表示没有权限,1 表示可执行权限,2 表示可写权限,4 表示可读权限,然后将其相加。表 4-8 列出绝对模式下访问权限的数字标识。mode 的数字属性由 3 个从 0~7 的八进制数组成,其顺序是 u、g、o。例如,若将文件所有者权限设置为可读可写,计算方法为：4(可读)＋2(可写)＝6(读/写)。

表 4-8　绝对模式下八进制权限表示

数字	八进制权限表示	权限引用
0	无权限	---
1	执行权限	--x
2	写入权限	-w-
3	写入和执行权限：2+1=3	-wx
4	读取权限	r--
5	读取和执行权限：4+1=5	r-x
6	读取和写入执行权限：4+2=6	rw-
7	所有权限：4+2+1=7	rwx

延续上面的例子,依然是希望将 TextFile.txt 的权限"-rw-r--r--."设置为"-rwx-wxrw-.",使用绝对模式 chmod 736 直接设置为所需要的权限。

```
#chmod 736 TextFile.txt
#ls -l TextFile.txt
-rwx-wxrw-. 1 zhang zhang 0 Dec 22 05:56 TextFile.txt
```

(2) chgrp

chgrp 命令用于改变文件或目录所属的组。chgrp 命令的一般语法格式为：

```
chgrp [-R] group filename
```

其中,filename 为改变所属组的文件名,可以是多个文件,用空格隔开。-R 选项表示递归地改变指定目录及其子目录和文件的所属组。需要说明的是,更改文件/目录的所属组,需要超级用户或赋予相应权限才可执行有关操作。

通过以下操作,chgrp 命令将 TextFile.txt 的所属组由原来的 zhang 组,改变为 root 组。

```
#ls -l TextFile.txt
-rw-r--r--.  1  zhang  zhang  0  Dec 22 06:23  TextFile.txt
#chgrp root TextFile.txt
#ls -l TextFile.txt
-rw-r--r--.  1  zhang  root  0  Dec 22 06:23  TextFile.txt
```

（3）chown

chown 命令用于将指定文件的所有者改变为指定用户或组。chown 命令的一般语法格式为：

```
chown [-R][user:group] filename
```

其中，filename 为改变所属用户或组的文件名，可以是多个文件，用空格隔开。-R 选项表示递归地改变指定目录及其子目录和文件的所属用户或组。

以下使用 chown 命令将 TextFile.txt 的所有者和所属组由原来的 zhang，改变为 root。可以看出 chown 命令的功能是 chgrp 命令的超集。

```
#ls -l TestFile
-rw-r--r--.  1  zhang  zhang  0  Dec 22 06:37  TestFile
#chown root:root TestFile
#ls -l TestFile
-rw-r--r--.  1  root  root  0  Dec 22 06:37  TestFile
```

（4）umask

umask 命令用来显示或设置限制新文件权限的掩码。当新文件被创建时，其最初的权限由文件创建掩码决定。用户每次注册进入系统时，umask 命令都被执行，并自动设置掩码改变默认值，新的权限将会把旧的覆盖。umask 命令的一般格式为：

```
umask [-S][mode]
```

其中，-S 选项表示以符号的形式显示当前新建目录默认的权限。

umask 是从权限中"拿走"相应的位，且文件创建时不能赋予执行权限。用户登录系统之后创建文件或目录总是有一个默认权限的，那么这个权限是怎么来的呢？umask 设置了用户创建文件或目录的默认权限，它与 chmod 的效果刚好相反，umask 设置的是权限"补码"，而 chmod 设置的是文件权限码。

通常新建文件的默认权限值为 0666，新建目录的默认权值为 0777，与当前的权限掩码 0022 相减，即可得到每个新增加的文件的最终权限值为 0666－0022＝0644，而新建目录的最终权限值为 0777－0022＝0755。例如，新建文件 test，新建目录 TEST，通过 ls 命令可以看到生成的最终权限：

```
#umask                    //显示当前权限掩码
0022
#umask -S                 //以符号形式显示当前目录默认权限
u=rwx  g=rx  o=rx
#touch test
#ls -l test
```

```
-rw-r--r-- 1 root root    0 Dec 26 07:20 test        //test 的权限为 rw-r--r--,即 644
#mkdir TEST
#ls -l
drw-r-xr-x 2 root root 4096 Dec 26 07:24 TEST       //TEST 的权限为 rwxr-xr-x,即 755
#umask 0002                //重设系统默认的权限掩码为 0002
#umask                     //再次查看当前权限掩码
0002
```

4.4.3　文件的压缩与归档

用户在进行数据备份时,需要把若干文件整合为一个文件以便保存。虽然整合成一个文件,但文件的大小没变。若需要网络传输文件时,可将其压缩成较小的文件,以节省在网络传输时的时间。因此,本小节介绍文件的归档与压缩。

1. 文件的压缩和归档概述

归档文件是一个文件和目录的集合,这个集合被存储在一个文件中。归档文件没有经过压缩,它所使用的磁盘空间是其中所有文件和目录的总和。压缩文件也是一个文件和目录的集合,且这个集合也被存储在一个文件中,但是,它的存储方式使其所占用的磁盘空间比其中所有文件和目录的总和要少。如果用户的计算机上的磁盘空间不足,可以压缩不常使用的或不再使用但想保留的文件,也可以创建归档文件,再将其压缩来节省磁盘空间。所以归档文件不是压缩文件,但是压缩文件可以是归档文件。

gzip 是 Linux 中最流行的压缩工具,具有很好的移植性,可以在很多不同架构的系统中使用。bzip2 在性能上优于 gzip,它提供了最大限度的压缩比率。如果用户需要经常在 Linux 系统和 Windows 系统之间交换文件,建议使用 zip。表 4-9 列出了常见的压缩及解压工具。

表 4-9　常见的压缩及解压工具

压缩工具	解压工具	文件后缀
gzip	gunzip	.gz
bzip2	bunzip2	.bz2
zip	unzip	.zip

通常,用 gzip 压缩的文件后缀是.gz,用 bzip2 压缩的文件后缀是.bz2,用 zip 压缩的文件后缀是.zip。

用 gzip 压缩的文件可以使用 gunzip 解压,用 bzip2 压缩的文件可以使用 bunzip2 解压,用 zip 压缩的文件可以使用 unzip 解压。

目前,归档工具使用最广泛的 tar 命令可以把很多文件(甚至磁带)合并到一个称为 tarfile 的文件中,通常文件后缀为.tar,然后使用 zip、gzip 或 bzip2 等压缩工具进行压缩。通常,给由 tar 命令和 gzip 命令创建的文件添加.tar.gz 或.tgz 后缀,给由 tar 命令和 bzip2 命令创建的文件添加.tar.bz2 或.tbz2 后缀,给由 tar 命令和 zip 命令创建的文件添加.tar.z 或.tbz 后缀。

2. 归档和压缩命令

使用归档和压缩命令可以直接完成文档的打包与解包任务。此类 Shell 命令是成对使用的,下面分别对其进行介绍。

（1）zip 与 unzip

zip 命令用于将一个文件或多个文件压缩成一个文件,unzip 命令用于将 zip 压缩文件进行解压。zip 命令的一般语法格式为:

```
zip［选项］zipfile filelist
```

其中,zipfile 表示压缩后的压缩文件名,后缀为.zip;filelist 表示要压缩的文件名列表,各文件名之间用空格分隔。表 4-10 列出了该命令的常见选项。

表 4-10　zip 命令常用选项说明

选　项	描　述
-c	给每个被压缩的文件加上注释
-d	从压缩文件内删除指定的文件
-F	尝试修复已损坏的压缩文件
-g	将文件压缩后附加在既有的压缩文件之后,而非另行建立新的压缩文件
-q	不显示指令执行过程
-m	在文件被压缩之后,删除原文件
-r	依次将要压缩的文件夹下所有内容全部压缩,包括子目录及其文件
-j	不压缩文件夹下的子目录及其文件
-k	使用 MS DOS 兼容格式的文件名称
-S	包含系统和隐藏文件
-n suffixes	不压缩具有特定后缀名的文件,直接归档保存
-t date	指定压缩某一日期后创建的文件,日期格式为: mmddyy
-X	不保存额外的文件属性
-y	只压缩软链接文件本身,不包括链接目标文件的内容
-num	指定压缩比率,num 为 1～9 个等级

unzip 命令的一般语法格式为:

```
unzip［选项］［文件］［参数］
```

表 4-11 列出了该命令的常见选项。

表 4-11　unzip 命令选项说明

选　项	描　述
-Z	查看压缩文件内的信息,包括文件数、大小、压缩比等参数,并不进行文件解压
-c	将解压缩的结果显示到屏幕上,并对字符做适当的转换
-l	查看压缩文件中实际包含的文件内容

续表

选 项	描 述
-f	更新现有的文件
-t	检查压缩文件是否正确
-d exdir	指定文件解压缩后所要存储的目录
-x xfile	指定不要处理.zip 压缩文件中的哪些文件

【例 3】

```
$zip -k filegroup file1 file2 file3 file4 file5 //将 5 个文件压缩到 filegroup.zip 中
adding: FILE1(deflated 45%)                      //文件名转为大写且压缩了 45%
adding: FILE 2(deflated 45%)
adding: FILE 3(deflated 45%)
adding: FILE 4(deflated 45%)
adding: FILE 5(deflated 45%)
```

【例 4】

```
$zip -r dir1 dir1                    //将 dir1 目录及子目录压缩到 dir1.zip 文件中
adding: dir1/ (stored 0%)           //存储了 0%
adding: dir1/dir2/ (stored 0%)
adding: dir1/dir2/dir3/ (stored 0%)
```

【例 5】

```
$unzip -Z filegroup              //列出了 filegroup.zip 文件中的详细信息
Archive: filegroup.zip
Zip file size: 1570 bytes 5 files, number of entries: 5
-rw----2.0 fat 247 tx defN Dec 23 23:00 FILE1
-rw----2.0 fat 247 tx defN Dec 23 23:00 FILE2
-rw----2.0 fat 247 tx defN Dec 23 23:00 FILE3
-rw----2.0 fat 247 tx defN Dec 23 23:00 FILE4
-rw----2.0 fat 247 tx defN Dec 23 23:00 FILE5
5files, 1482 bytes uncompressed, 816 bytes compressed: 44.9%
```

【例 6】

```
$unzip filegroup -x FILE[^135]   //只解压出 FILE1、FILE3、FILE5 文件
Archive: filegroup.zip
inflating: FILE1
inflating: FILE3
inflating: FILE5
```

(2) gzip 与 gunzip

gzip 命令用于将一个文件进行压缩,gunzip 命令用于将 gzip 压缩文件进行解压。与 zip 明显区别在于只能压缩一个文件,无法将多个文件压缩为一个文件。

① gzip 命令符号模式的一般语法格式为:

```
gzip [-ld | -num] filename
```

其中,filename 表示要压缩的文件名,gzip 会自动在这个文件名后添加后缀.gz,作为压缩文件的文件名。在执行 gzip 命令后,它将删除旧的未压缩的文件并只保留已压缩的版本。表 4-12 列出了该命令的常见选项。

表 4-12　gzip 命令选项说明

选　项	描　述
-l	查看压缩文件内的信息,包括文件数、大小、压缩比等参数,并不进行文件解压
-d	将文件解压,功能与 gunzip 相同
-t	测试,检查压缩文件是否完整
-num	指定压缩比率,num 为 1～9 个等级

② gunzip 命令符号模式的一般语法格式为:

gunzip [-f] file.gz

其中,-f 选项用于解压文件时,对覆盖同名文件不做提示;-l 选项可以查看压缩的相关信息。

例如:

```
$gzip -9 file1                          //以最大的压缩率对 file1 文件进行压缩
$gzip -l file1.gz                       //查看压缩文件内信息
compressed uncompressed ratio uncompressed_name 1200 4896 76.0%file_1
$gunzip file1.gz                        //解压缩文件 file1.gz
```

(3) bzip2 与 bunzip2

bzip2 命令比 gzip 命令具有更高的压缩效率,但是没有 gzip 使用得广泛。bzip2 命令的使用方法与 gzip 命令基本相同,命令格式可以参照 gzip 的命令格式。通常,bzip2 压缩的文件以.bz、.bz2、.bzip2、.tbz 为后缀。如果遇到带有其中任何一个后缀的文件,该文件就有可能是使用 bzip2 压缩处理。

(4) tar

tar 命令主要用于将若干文件或目录合并为一个文件,以便备份和压缩。当然,tar 程序的改进版本可以实现在合并归档的同时进行压缩。tar 命令符号模式的一般语法格式为:

tar [-txucvfjz] tarfile filelist

其中,tarfile 表示压缩后的压缩文件名,后缀为.zip;filelist 表示要压缩的文件名列表,各文件名之间用空格隔开。表 4-13 列出了该命令的常见选项。

表 4-13　tar 命令选项说明

选　项	含　义
-c	创建一个新的归档文件
-r	增加文件,把要增加的文件追加在压缩文件的末尾
-t	显示归档文件中的内容

续表

选　项	含　义
-x	释放(解压)归档文件
-u	更新归档文件,即用新增的文件取代原备份文件
-f	用户指定归档文件的文件名,否则使用默认名称
-v	显示归档和释放的过程信息
-j	由 tar 生成归档,然后由 bzip2 压缩
-z	由 tar 生成归档,然后由 gzip 压缩

例如:

```
$tar -cf mydir.tar mydir          //将 mydir 目录下的所有文件归档打包到 mydir.tar 中
$tar -cjf mydir.tar.bz mydir      //将 mydir 目录下的所有文件归档并使用 bzip2 压缩到
                                    mydir.tar.bz
$tar -czf mydir.tar.gz mydir       //将 mydir 目录下的所有文件归档并使用 gzip 压缩到
                                    mydir.tar.gz
$ls -lh mydir.tar *
-rw-r--r--1 zhang zhang 9.3MB Dec 23 00:42 mydir.tar
-rw-r--r--1 zhang zhang 8.6MB Dec 23 00:43 mydir.tar.bz
-rw-r--r--1 zhang zhang 8.5MB Dec 23 00:44 mydir.tar.gz
$tar -tvf mydir.tar               //查看归档文件中的详细内容
$tar -xvf mydir.tar               //释放 tar 文件
$tar -xvjf mydir.tar.bz           //释放 tar 生成的.bz 文件
$tar -xvzf mydir.tar.gz           //释放 tar 生成的.gz 文件
```

实　　训

1. 实训目的

(1) 熟练掌握硬盘分区的方法。
(2) 熟练掌握挂载和卸载外部设备的操作。
(3) 熟练掌握文件权限的分配。
(4) 掌握文件的压缩和归档。

2. 实训内容

(1) 查看 Linux 文件系统结构。
(2) 使用 parted 命令对个人计算机进行查看分区、添加分区、修改分区类型以及删除分区的操作。
(3) 对磁盘分区创建基本逻辑卷、映像卷、快照卷等。
(4) 用 mkfs 创建文件系统并进行挂载使用。
(5) 选定分区或逻辑卷,给指定用户设置磁盘配额。

（6）挂载和卸载光盘，挂载和卸载 U 盘。

（7）设置文件的权限。

① 在用户的主目录下创建目录 test，在该目录下创建 file1。查看该文件的权限和所属的用户和组。

② 设置 file1 的权限，使其他用户可对其进行写操作，并查看设置结果。

③ 取消同组用户对该文件的读取权限，查看设置结果。

④ 设置 file1 文件的权限，所有者可读、可写、可执行；其他用户和所属组用户只有读和执行的权限，查看设置结果。

⑤ 查看 test 目录的权限。

⑥ 为其他用户添加对该目录的写权限。

（8）将 test 目录压缩并归档。

3. 实训总结

通过本次实训，掌握硬盘的分区，并对操作系统的合理管理；掌握挂载和卸载外部设备，并有效进行资源和数据的共享与传输；掌握文件权限的分配，对文件系统进行合理管理，保证文件数据的安全。

习　　题

一、选择题

1. 执行 chmod o＋rw file 命令后，file 文件的权限变化为（　　　）。

　　A. 同组用户可读写 file 文件　　　　　B. 所有用户可读写 file 文件

　　C. 其他用户可读写 file 文件　　　　　D. 文件所有者可读写 file 文件

2. 若要改变一个文件的拥有者，可通过（　　　）命令来实现。

　　A. chmod　　　　B. chown　　　　C. usermod　　　　D. file

3. 一个文件权限为 drwxrwxrw-，则下列说法错误的是（　　　）。

　　A. 任何用户皆可读取、可写入　　　　B. root 可以删除该目录的文件

　　C. 给普通用户以文件所有者的特权　　D. 文件所有者有权删除该目录的文件

4. 下列关于链接描述，错误的是（　　　）。

　　A. 硬链接就是让链接文件的 inode 指向被链接文件的 inode

　　B. 硬链接和符号链接都是产生一个新的 inode

　　C. 链接分为硬链接和符号链接

　　D. 硬链接不能链接目录文件

5. 某文件的组外成员的权限为只读，所有者有全部权限，组内的权限为读与写，则该文件的权限为（　　　）。

　　A. 467　　　　　B. 674　　　　　C. 476　　　　　D. 764

6. ( )目录存放着 Linux 系统管理的配置文件。

    A. /etc   B. /usr/src   C. /usr   D. /home

7. 文件 exerl 的访问权限为 rw-r--r--,现要增加所有用户的执行权限和同组用户的写权限,下列命令正确的是( )。

    A. chomd a＋x g＋w exerl   B. chmod 765 exerl

    C. chmod o＋x exerl   D. chmod g＋w exerl

8. 以下设备文件中,代表第 2 块 SCSI 硬盘的第 1 个逻辑分区的设备文件是( )。

    A. /dev/sdb   B. /dev/sda   C. /dev/sdb5   D. /dev/sdbl

9. 光盘所使用的文件系统类型为( )。

    A. EXT2   B. EXT3   C. SWAP   D. ISO9600

10. 以下设备文件中,代表第 1 块 IDE 硬盘的第 1 个主分区的设备文件是( )。

    A. /dev/hdbl   B. /etc/hdal   C. /etc/hdb5   D. /dev/hda1

11. CentOS 8 所提供的安装软件包,默认的打包格式为( )。

    A. .tar   B. .tar.gz   C. .rpm   D. .bz2

12. 将光盘 CD ROM 安装到文件系统的/mnt/cdrom 目录下的命令是( )。

    A. mount /mnt/cdrom   B. mount /mnt/cdrom /dev/cdrom

    C. mount /dev/cdrom /mnt/cdrom   D. mount /dev/cdrom

13. tar 命令可以进行文件的( )。

    A. 压缩、归档和解压缩   B. 压缩和解压缩

    C. 压缩和归档   D. 归档和解压缩

14. 若要将当前目录中的 myfile.txt 文件压缩成 myfile.txt.tar.gz,则可实现的命令为( )。

    A. tar -cvf myfile.txt myfile.txt.tar.gz

    B. tar -zcvf myfile.txt myfile.txt.tar.gz

    C. tar -zcvf myfile.txt.tar.gz myfile.txt

    D. tar cvf myfile.txt.tar.gz myfile.txt

15. CentOS 8 的默认文件系统为( )。

    A. VFAT   B. XFS   C. EXT4   D. ISO9660

16. 要删除/home/user/subdir 目录及其下级的目录和文件,不需要依次确认,正确的命令是( )。

    A. rmdir -P /home/user/subdir   B. rmdir -pf /home/user/subdir

    C. rm -df /home/user/subdir   D. rm -rf /home/user/subdir

二、简答题

1. 在 Linux 中有一文件信息格式如下:

```
lrwxrwxrwx. 1 myopia users 6 Jul 18 09:41 nurse2 ->nurse1
```

(1) 要完整显示如上文件列表信息,应该使用什么命令?请写出完整的命令行。

（2）上述文件信息的第一列内容 lrwxrwxrwx 中的 l 是什么含义？对于其他类型的文件或目录等还可能会出现什么字符？它们分别表示什么含义？

（3）上述文件信息的第一列内容 lrwxrwxrwx 中的第一至三个 rwx 分别代表什么含义？其中的 r、w、x 分别表示什么含义？

（4）上述文件信息的第二列内容 1 是什么含义？

（5）上述文件信息的第三列内容 myopia 是什么含义？

（6）上述文件信息的第四列内容 users 是什么含义？

（7）上述文件信息的第五列内容 6 是什么含义？

（8）上述文件信息中的 Jul 18 09：41 是什么含义？

（9）上述文件信息的最后一列内容 nurse2->nurse1 是什么含义？

2．Linux 支持哪些常用的文件系统？

3．硬链接文件与符号链接文件有何区别与联系？

4．简述标准的 Linux 目录结构及其功能。

5．Linux 中如何使用 U 盘？

6．简述 Linux 中常用的归档/压缩文件类型。

第 5 章　系统高级管理

要熟练驾驭服务器操作系统,只掌握其基本操作、基本管理是远远不够的,在日常工作中还要进行更为深入的系统管理。

本章学习任务:

(1) 掌握 Linux 系统进程管理;

(2) 掌握系统服务启动、停止等管理;

(3) 掌握软件的安装、卸载等管理;

(4) 掌握网络组件的基本配置。

5.1　系统进程管理

Linux 是一个多用户、多任务的操作系统,这就意味着多个用户可以同时使用一个操作系统,而每个用户又可以同时运行多个命令。在这样的系统中,各种计算机资源(如文件、内存、CPU 等)的分配和管理都以进程为单位。为了协调多个进程对这些共享资源的访问,操作系统要跟踪所有进程的活动,以及它们对系统资源的使用情况,实施对进程和资源的动态管理。

5.1.1　进程的概念

1. 进程

通常人们把保存在磁盘或者内存地址空间中的静态的指令和数据的集合叫作程序;而进程是指 Linux 系统对正在运行中的应用程序,通过它可以管理和监视程序对内存、处理器时间和 I/O 资源的使用。进程是动态的,有生命周期及运行态、就绪态或封锁态(或阻塞态)等运行状态。

默认情况下,用户创建的进程都是前台进程,前台进程从键盘读取数据,并把处理结果输出到显示器。后台进程在后台运行,与键盘没有必然的关系,它可以不必等待程序运行结束就输入其他命令。创建后台进程最简单的方式就是在命令的末尾加 & 符号。守护进程(daemon)在系统引导过程中启动进程,也是跟终端无关的进程。

在 Linux 系统中,进程(Process)和任务(Task)是同一个意思,所以在很多资料中,这两个名词常常混用。

2. 线程

线程是和进程紧密相关的概念。一般来说,Linux 系统中的进程应具有一段可执行的程序、专用的系统堆栈空间、私有的进程控制块(即 task_struct 数据结构)和独立的存储空间。Linux 系统中的线程只具备前三个组成部分,缺少的是自己的存储空间。

线程可以看作是进程中指令的不同执行路线。例如,在文字处理程序中,主线程负责用户的文字输入,其他线程负责文字加工的一些任务。通常也把线程称作轻型进程。Linux 系统支持内核空间的多线程,但它与大多数操作系统不同,后者单独定义线程,而Linux 则把线程定义为进程的"执行上下文"。

3. 作业

正在执行的一个或多个相关进程成为一个作业,即一个作业可以包含一个或多个进程,比如,在执行使用了管道和重定向操作的命令时,该作业就包含了多个进程。使用作业控制,可以同时运行多个作业,并在需要时在作业之间进行切换。作业控制是指控制正在运行的进程的行为。

4. 信号

信号是 Linux 中进程间通信的一种有限制的方式。它是一种异步的通知机制,用来提醒进程一个事件已经发生。收到信号的进程对各种信号处理方法可以分为三类:第一类是类似中断的处理程序,对于需要处理的信号,进程可以指定处理函数,由该函数来处理。第二类是忽略某个信号,对该信号不做任何处理,就像未发生过一样。第三类是对该信号的处理保留系统的默认值,这种默认操作,对大部分的信号的默认操作是使得进程终止。进程通过系统调用 signal 来指定进程对某个信号的处理行为。

5.1.2　进程管理

1. 查看进程

(1) top 命令

功能:实时显示系统中各个进程的资源占用状况,类似于 Windows 的任务管理器。通过提供的互动式界面,可用热键管理。

格式:

```
top [选项]
```

常用选项说明如下。

-b 选项表示使用批处理模式;-c 选项表示列出程序时,显示每个程序的完整指令,包括指令名称,路径和参数等相关信息;-d 选项表示设置 top 监控程序执行状况的间隔时间,以秒为单位;-i 选项表示忽略闲置或僵死的进程;-n 选项表示设置监控信息的更新次数;-q 选项表示持续监控程序执行的状况;-s 选项表示使用保密模式,消除互动模式下的

潜在危机;-S 选项表示使用累计模式,其效果类似 ps 指令的-S 选项。例如:

```
$top
top -11:06:48 up 3:18, 2 user, load average: 0.06, 0.60, 0.48
Tasks: 209 total, 1 running, 208 sleeping, 0 stopped, 0 zombie
Cpu(s):0.3%us, 1.0%sy,0.0%ni,98.7%id,0.0%wa,0.0%hi,0.0%si,0.0%st
MiB Mem:   1086 total,   613 used,   413 free,    800 buff/cache
MiB Swap:  2096 total,   0k used,   2096 free,   1001 avail Mem

PID    USER  PR NI  VIRT    RES   SHR   S  %CPU  %MEM  TIME+    COMMAND
1379   root  16  0  7976    2456  1980  S  0.7   1.3   0:11.03  sshd
1474   wang  16  0  2128    980   796   R  0.7   0.5   0:02.72  top
1      root  20  0  178980  7632  9072  S  0.0   0.4   0:17.02  systemd
...
```

① 统计信息区。前五行是系统整体的统计信息。第一行是任务队列信息,同 uptime 命令的执行结果;第二、三行为进程和 CPU 的信息,当有多个 CPU 时,这些内容可能会超过两行;第四、五行为内存信息。

② 进程信息区。统计信息区域的下方显示了各个进程的详细信息。各列的含义如表 5-1 所示。

表 5-1　top 命令各个焦虑进程及其含义

列　名	含　义
PID	进程 id
PPID	父进程 id
RUSER	任务属主的真正用户名
UID	进程所有者的用户 id
USER	进程所有者的用户名
GROUP	进程所有者的组名
TTY	启动进程的终端名。不是从终端启动的进程则显示为"?"
PR	优先级
NI	nice 值。负值表示高优先级,正值表示低优先级
P	最后使用的 CPU,仅在多 CPU 环境下有意义
%CPU	运行该进程占用 CPU 的时间与该进程总的运行时间的比例
TIME	进程使用的 CPU 时间总计,单位为秒
TIME+	进程使用的 CPU 时间总计,单位为 1/100 秒
%MEM	该进程占用内存和总物理内存的比例
VIRT	进程使用的虚拟内存总量,单位为 KB。VIRT=SWAP+RES
SWAP	进程使用的虚拟内存中,被换出的大小,单位为 KB
RES	进程使用的、未被换出的物理内存大小,单位为 KB。RES=CODE+DATA
CODE	可执行代码占用的物理内存大小,单位为 KB
DATA	可执行代码以外的部分(数据段+栈)占用的物理内存大小,单位为 KB

续表

列　名	含　义
SHR	共享内存大小,单位为 KB
n FLT	页面错误次数
n DRT	最后一次写入到现在被修改过的页面数
S	进程状态。D 为不可中断的睡眠;R 为运行;S 为睡眠;T 为跟踪/停止;Z 为僵尸进程
COMMAND	命令名/命令行
WCHAN	若该进程在睡眠,则显示睡眠中的系统函数名
Flags	任务标识

默认情况下仅显示比较重要的 PID、USER、PR、NI、VIRT、RES、SHR、S、%CPU、%MEM、TIME+、COMMAND 列。可以通过相应的快捷键来更改显示内容。

③ 交互命令。top 命令执行过程中可以使用一些交互命令,以更方便查询相关信息。按 h 键或"?"键将显示帮助画面,给出一些命令的简短说明,读者可照此操作。执行完毕后按 q 键退出 top 命令。

(2) ps 命令

功能:静态查看当前进程中的多种信息。尤其用于查看不与屏幕键盘交互的后台进程。显示结果字段含义与 top 命令中的相同。

格式:

ps[选项]

常用选项说明如下。

-e 选项表示显示所有进程信息;-f 选项表示全格式显示进程信息;-l 选项表示长格式显示进程信息;-w 选项表示宽输出;-a 选项表示显示终端上的所有进程,包括其他用户的进程;h 选项表示不显示标题;r 选项表示只显示正在运行的进程;x 选项表示显示所有非控制终端上的进程信息;u 选项表示显示面向用户的格式(包括用户名、CPU 及内存使用情况等信息)。

例如:

```
$ps -ef                //显示系统中所有进程的详细信息
UID   PID  PPID  C  STIME  TTY  TIME      CMD
root  1    0     0  20:42  ?    00:00:05  /usr/lib/system/systemd
root  2    1     0  20:42  ?    00:00:00  [kthreadd]
...
```

部分标题项的含义如下。

• C:进程最近使用 CPU 的估算。

• STIME:进程开始时间,以"小时:分:秒"的形式给出。

```
$ps -aux               //显示所有终端上所有用户有关进程的所有信息
USER  PID  %CPU  %MEM  VSZ   RSS  TTY  STAT  START  TIME  COMMAND
root  1    0.1   0.1   1276  468  ?    S     20:42  0:05  systemd
root  2    0.0   0.0   0     0    ?    SW    20:42  0:00  [kthreadd]
...
```

部分标题项的含义如下。

- VSZ：虚拟内存的大小，以 KB 为单位。
- RSS：占用实际内存的大小，以 KB 为单位。
- STAT：表示进程的运行状态，与 top 命令中的 S 字段相同。
- START：开始运行的时间。

（3）pstree 命令

功能：查看进程树之间的关系，即哪个进程是父进程，哪个是子进程，可以清楚地看出是谁创建了谁。

格式：

```
pstree[选项]
```

常用选项说明如下。

-a 选项表示显示该行程的完整指令及参数，如果是被置换出去的行程则会加上括号；-A 选项表示各进程树之间的连接以 ASCII 码字符来连接；-l 选项表示采用长列格式显示树状图；-U 选项表示各进程树之间的连接以 UTF-8 字符来连接；-p 选项表示同时列出每个进程的 PID；-u 选项表示同时列出每个进程的所属账号名称；-c 选项表示如果有重复的行程名，则分开列出（预设值是会在前面加上 *）。

例如：

```
$pstree -p                    //以树状图显示进程,同时显示进程名和进程 ID
```

2. 终止进程

中断前台进程可以使用 Ctrl+C 组合键；终止后台进程可以使用 kill 命令。kill 命令是通过向进程发送指定的信号来结束进程的。

kill 命令的语法格式如下：

```
kill[-s信号|-p][-a]进程号 ...
kill -l[信号]
```

常用选项说明如下。

-s 选项指定需要发送的信号，既可以是信号名（如 kill），也可以是对应信号的号码（如 9）；-p 选项指定 kill 命令只是显示进程的 PID（进程标识号），并不真正发出结束信号；-l 选项显示信号名称列表。

使用 kill 命令时应注意：

（1）kill 命令可以带信号号码选项，也可以不带。如果不带号码，kill 命令就会发出终止信号（TERM）。这个信号可以"杀掉"没有捕获到该信号的进程。

（2）kill 命令可以带有进程 ID 号作为参数。当用 kill 命令向这些进程发送信号时，必须是这些进程的主人。

（3）可以向多个进程发信号，或者终止它们。

（4）信号使进程强行终止常会带来一些副作用，比如数据丢失或终端无法恢复到正常状态,因此只有在万不得已时才用 kill 命令信号。

(5) 要撤销所有的后台作业,可以输入 kill 0 命令。因为有些在后台运行的命令会启动多个进程,跟踪并找到所有要杀掉的进程的 PID 是件很麻烦的事。这时,使用 kill 0 命令来终止所有由当前 Shell 启动的进程是一个有效的方法。

3. 暂停进程运行

使进程暂停执行一段时间可以使用 sleep 命令。其语法格式是:

sleep 时间值

其中,"时间值"参数以秒为单位,即使进程暂停由时间值所指定的秒数。此命令大多用于 Shell 程序设计中,使两条命令执行之间停顿指定的时间。

例如:

$sleep 100;who | grep 'mengqc' //使进程先暂停 100 秒,然后查看用户 mengqc 是否在系统中

4. 调度进程

输入命令并执行,也就是启动了一个进程。启动一个进程有两个主要途径:手动启动和调度启动,后者是事先指定任务运行的时间或者场合,到时候系统会自动启动。自动启动进程的命令如下。

(1) at 命令

用户使用 at 命令在指定时刻执行指定的命令序列。其对应的服务是 atd,atd 守护进程每 60 秒检查一次作业序列来运行作业。at 命令可以只指定时间,也可以将时间和日期一起指定。at 命令的语法格式如下:

at [选项] 时间

常用选项说明如下。

"-f 文件名"选项用于指定计划执行的命令序列存放在哪一个文件中;-m 选项表示作业结束后发送邮件执行 at 命令用户;-l 选项是 atq 的别名,用于检查命令序列;-d 选项是 atrm 别名,用于删除命令序列。若选项缺省,执行 at 命令后,将出现"at>"提示符,此时用户可在该提示符下输入所要执行的命令,输入完每一行命令后按 Enter 键输入下一行命令,所有命令序列输入完毕后,按 Ctrl+D 组合键结束 at 命令的输入,按 Ctrl+Z 组合键挂起本次操作。

at 命令中的"时间"包括以下方面。

① 能够接受标准小时时间,可以是 hh:mm(小时:分钟)式的时间指定。假如该时间已过去,那么就放在第二天执行。例如,13:12。

② 可用特定命名时间,例如 now、noon、teatime(一般是下午 4 点)等比较模糊的词语来指定时间。

③ 可用 AM/PM 指示符,采用 12 小时计时制,例如,10:10 AM。

④ 标准日期格式,比如 MMDDYY、MM/DD/YY 等,例如,12/31/16。

⑤ 时间增量,例如,now+25min,10:17+7 天。

⑥ 可以使用 today、tomorrow 来指定时间。

在任何情况下,超级用户都可以使用 at 命令。对于其他用户来说,是否可以使用取决于/etc/at.allow 和/etc/at.deny 两个文件。

（2）crontab 命令

at 命令会在一定时间内完成一定任务,但是它只能执行一次。若需要周期性重复执行一些命令,就需要用到 cron 进程的支持了。cron 进程每分钟搜索一次/var/spool/cron 目录,检查有无对应/etc/passwd 文件中的用户名文件,若找到这种文件,将载入内存执行/etc/crontab 文件。crontab 命令用于创建、删除或者列出保存在/var/spool/cron 下用于启动 cron 后台进程的配置文件,每个用户可以创建自己的 crontab 文件。其命令格式为:

```
crontab [选项]
```

常用选项说明如下。

-e 选项用于创建、编辑配置文件;-l 选项用于显示配置文件的内容;-r 选项用于删除配置文件。

在 crontab 文件中需按一定格式输入需要执行的命令和时间。该文件中每行包括六项,其中前五项是指定命令被执行的时间,最后一项是要被执行的命令。每项之间使用空格或者制表符分隔。格式如下:

```
minute hour day-of-month month-of-year day-of-week commands
```

第一项是分钟,第二项是小时,第三项是一个月的第几天,第四项是一年的第几个月,第五项是一周的星期几,第六项是要执行的命令。这些项都不能为空,必须填入。如果用户不需要指定其中的几项,那么可以使用通配符"*"代替,代表任意时间。可以使用"-"符号表示一段时间,例如在"月份"字段中输入"3-12",表示在每年的 3—12 月都要执行指定的进程或命令。也可以使用","符号来表示特定的一些时间,例如在"日期"字段中输入"3,5,10",表示每个月的 3、5、10 日执行指定的进程或命令。也可以使用"*/"后跟一个数字表示增量,当实际的数值是该数字的倍数时就表示匹配。

例如:

```
0 * * * * echo "Runs at the top of ervery hour."    //每个整点时运行事件
0 1,2 * * * echo "Runs at 1am and 2am."             //每天早上 1 点、2 点整时运行事件
0 0 1 1 * echo "Happy New Year!"                    //新年到来时运行事件
```

5. 进程的挂起及恢复命令 bg、fg

利用 bg 命令和 fg 命令可实现前台作业和后台作业之间的相互转换。

（1）bg 命令

功能:将挂起的前台作业切换到后台运行。若未指定作业号,则将挂起作业队列中的第一个作业切换到后台。

格式:

```
bg [作业号或者作业名]
```

（2）fg 命令

功能：把后台作业调入前台执行。

格式：

```
fg [作业号或者作业名]
```

（3）jobs 命令

功能：查看系统当前的所有作业。

格式：

```
jobs [选项]
```

作业控制允许将进程挂起并可以在需要时恢复进程的运行，被挂起的作业恢复后将从中止处开始继续运行。只要按 Ctrl+Z 组合键，即可挂起当前的前台作业。

例如：

```
$cat>text.file                      //创建 text.file 文件
<Ctrl+Z>
[1]+   stopped    cat>text.file
$jobs                               //查看系统中用户的作业
[1]+   stopped    cat>text.file
$bg 1                               //切换到后台运行
$ps -x|grep cat                     //查看 cat 进程
$fg1                                //切换到前台运行
```

5.2　系统服务管理

Linux 的进程分为独立运行的服务和受超级守护进程管理的服务两类。每种网络服务器软件安装配置后通常由运行在后台的守护进程（daemon）来执行，这个守护进程又被称为服务，它在被启动之后就在后台运行，时刻监听客户端的服务请求。一旦客户端发出服务请求，守护进程就为其提供相应的服务。

5.2.1　CentOS 8 启动流程

CentOS 8 的系统启动过程有别于之前的版本，不仅由现在的 systemd 取代了过去的 upstart、init，而且 Linux 启动由文件控制转变为由单元控制。CentOS 8 启动流程如下。

（1）计算机接通电源后系统固件（UEFI 或更 BIOS）运行开机自检（POST），并开始初始化部分硬件。

（2）自检完成后，系统的控制权将移交给启动管理器的第一阶段，它存储在一个硬盘的引导扇区（对于使用 BIOS 和 MBR 的系统而言）或存储在一个专门的 EFI 分区上。

(3)启动管理器的第一阶段完成后,接着进入启动管理器的第二阶段,通常大多数使用的是 GRUB(GRand Unified Boot Loader)。在 CentOS 8 中,通常采用 GRUB2,它保存在/boot 中。

(4)启动加载器从磁盘加载 GRUB 配置,然后向用户显示用于启动的可能配置的菜单。在用户做出选择后,启动加载器会从磁盘加载配置的内核及初始化文件系统 initramfs,并将它们置于内存中。initramfs 是经过 gzip 的 cpio 归档,其中包含启动时所有必要的硬件的内核模块、初始化脚本等。在 CentOS 8 中,initramfs 包含自身可用的整个系统。

```
#ls /boot
config-4.18.0-80.el6.x86_64  //系统 kernel 的配置文件,内核编译完成后保存的就是这
                               个配置文件
efi  //Extensible Firmware Interface(EFI,可扩展固件接口)是 Intel 为全新类型的 PC
      固件的体系结构、接口和服务提出的建议标准
grub2  //开机管理程序 grub 相关数据目录
initramfs-0-rescue-5432ed36136748ec9908ee36871afb20.img  //应急模式系统文件
initramfs-4.18.0-80.el6.x86_64.img  //虚拟系统文件(CentOS 8 用 initramfs 代替了
                                      initrd,它们的目的是一样的,只是本身处理的
                                      方式不同)
initramfs-4.18.0-80.el6.x86_64kdump.img  //系统用来转存内存中运行的文件
initrd-4.18.0-80.el6.x86_64.img  //这是 Linux 系统启动时的模块供应主要来源,
                                   initrd 的目的就是在 kernel 加载系统识别 CPU
                                   和内存等内核信息后,让系统进一步知道还有哪
                                   些硬件是启动所必须使用的
loader  //存放系统加载文件
lost+found  //存放由 fsck 产生的零散文件
System.map-4.18.0-80.el6.x86_64  //这是系统 kernel 中的变量对应表(或称索引文件)
vmlinuz-0-rescue-5432ed36136748ec9908ee36871afb20  //应急模式内核文件
vmlinuz-4.18.0-80.el6.x86_64  //系统使用 kernel,用于启动的压缩内核映像,它也是
                               /arch/<arch>/boot 中的压缩映像
```

(5)启动加载器将系统控制权交给内核,从而传递启动加载器的内核命令行中指定任何选项,以及 initramfs 在内存中的位置。

(6)对于内核可在 initramfs 中找到驱动程序的所有硬件,内核会初始化这些硬件,然后作为 PID 1。

(7)从 initramfs 执行/sbin/init。在 CentOS 8 中,initramfs 包含 systemd 的工作副本作为/sbin/init,并包含 udev 守护进程。

(8)initramfs 中 systemd 的实例会执行 initrd.target 目标的所有单元,这包括在根目录上实际挂载的 root 文件系统。

(9)内核 root 文件系统从 initramfs root 文件系统切换到之前挂载于根目录上的 root 文件系统,即内存文件系统切换到硬盘文件系统。随后,systemd 会使用系统中安装的 systemd 副本自动重新执行。

(10)systemd 会查找从内核命令行传递或系统中配置的默认目标,然后启动(或者

停止)单元,以符合该目标的配置,从而自动解决单元间的依赖关系。本质上,systemd 目标是一组应在激活后达到所需系统状态的单元。这些目标通常至少包含一个生成的基本文本的登录或图形登录屏幕。

systemd 把初始化的每一项工作作为一个 unit(单元),每一个 unit 对应一个配置文件,unit 文件保存于/etc/systemd/system、/run/systemd/system 或/usr/lib/systemd/system 目录。systemd 又将 unit 分成不同的类型,每一种类型的 unit 其配置文件具有不同的后缀名,常见的 unit 类型如表 5-2 所示。

表 5-2　unit 类型

后缀名	含　义
service	对应一个后台服务进程,如 httpd、mysqld 等
socket	对应一个套接字,之后对应到一个 Service(服务),类似于 xinetd 的功能
device	对应一个用 udev 规则标记的设备
mount	对应系统中的一个挂载点,systemd 据此进行自动挂载。为了与 SysVinit 兼容,目前 systemd 自动处理/etc/fstab 并转化为 mount
automount	自动挂载点
swap	配置交换分区
target	配置单元的逻辑分组,包含多个相关的配置单元,相当于 SysVinit 中的运行级
timer	定时器,用来定时触发用户定义的操作,可以用来取代传统的 atd、crond 等

5.2.2　服务管理

CentOS 8 采用 systemd 启动服务管理机制,使用 systemctl 命令控制 systemd 系统和管理系统上运行的服务。systemctl 命令语法格式为:

```
systemctl［选项］命令［服务名］
```

常用选项说明如下。

-t 选项表示只列出指定类型的单元,否则将列出所有类型的单元;-p 选项表示在使用 show 命令显示属性时,仅显示参数中列出的属性;-a 选项表示列出所有已加载的单元;-l 选项表示在输出时显示完整的单元名称、进程树项目、日志输出、单元描述等。

命令:主要有 start、stop、restart、reload、status、enable、disable、list-units、halt、reboot、suspend(挂起)、hibernate(休眠)、daemon-reload 等。

例如:

```
#systemctl is-active network.service      //查看网络服务是否启动
#systemctl status cups.service            //查看 cups 服务状态
#systemctl enable named.service           //设置 named 服务为开机启动
#systemctl                                //列出所有的系统服务
#systemctl list-units                     //列出所有启动的 unit
```

注意:当新添加 unit 配置文件或有 unit 的配置文件发生变化时,需要先执行

daemon-reload 子命令,以重新生成依赖树(也就是 unit 之间的依赖关系),否则当修改了 unit 配置文件中的依赖关系后则不执行 daemon-reload 命令,即使是 restart 相关服务或 reload 配置文件也不会生效。

CentOS 8 是有运行级别的,运行级别就是操作系统当前正在运行的功能级别,级别 是 0~6,其脚本文件保存于/lib/systemd/system//runlevel ＊ 中。每个级别对应的功能 如表 5-3 所示。

表 5-3　运行级别

级别	systemctl 目标	含　义
0	shutdown.target	系统停机状态,设为 0 不能正常启动
1	emergency.target	单用户工作状态,用于系统维护,禁止远程登录
2	rescure.target	多用户状态(没有 NFS)
3	multi-user.target	完全的多用户状态(有 NFS),登录后进入控制台命令行模式
4		系统未使用,保留
5	graphical.target	X11 控制台,登录后进入图形 GUI 模式
6	reboot. target	系统正常关闭并重启,设为 6 则不能正常启动

使用 systemctl 命令可以对系统的运行级别进行管理。例如:

```
#systemctl get-default                          //获得当前的运行级别
#systemctl set-default multi-user.target        //设置默认的运行级别为 mulit-user
#systemctl isolate multi-user.target            //切换到运行级别 mulit-user 下
#systemctl isolate graphical.target             //切换到图形界面下
```

5.3　软 件 管 理

在系统的使用和维护过程中,安装和卸载软件是经常会做的工作。为了便于软件的 维护更新,Red Hat Linux 提供了 RPM 软件包管理器。

5.3.1　RPM

1. 简介

几乎所有的 Linux 发行版本都使用某种形式的软件包管理器安装、更新和卸载软件。 与直接从源代码安装相比,软件包管理器易于安装和卸载软件,易于更新已安装的软件 包,易于保护配置文件,易于跟踪已安装软件。

RPM 全称是 Red Hat Package Manager(Red Hat 包管理器)。RPM 本质上就是一 个文件包,包含编译好的二进制文件、所依赖的动态库文件、配置文件等,可以在特定机器 体系结构上安装和运行的 Linux 软件。大多数 Linux RPM 软件包的命名有一定的规律, 它遵循"名称-版本.平台类型.rpm"的格式,如 MYsoftware-1.2.3-1.el6.x86_64.rpm。

2. 安装 RPM 包软件

命令格式：

rpm - i［选项］软件包名

常用选项说明如下。

- v 选项表示在安装过程中显示相应的安装信息；- h 选项表示在安装过程中通过一串
"♯"来表示安装进度；--force 选项表示强制安装。

例如：

#rpm - ivh cpio-2.12-8.el8.x86_64.rpm

软件安装与卸载

3. 升级 RPM 包软件

命令格式：

rpm - u［选项］软件包名

例如：

#rpm - uvh cpio-2.12-8.el8.x86_64.rpm

4. 卸载软件

命令格式：

rpm - e 软件名

说明：命令后的是软件名，而不是软件包名。

例如：

#rpm - e cpio

5. 强行卸载 RPM 包

当需要卸载有依赖关系的 RPM 软件时，必须强制卸载，否则会出现如下错误信息：

#rpm - e cpio
error:Failed dependencies:
…

在这种情况下，可以用--nodeps 选项强制卸载。例如：

#rpm - e - -nodeps cpio

6. 查询软件包

命令格式：

rpm - q［选项］［软件包名］

常用选项说明如下。

-a 选项查询所有安装过的包;-l 选项表示查询软件包中的安装文件；-c 选项表示只查询配置文件;-d 选项表示只查询说明文件;-i 选项表示查询软件包的信息;-s 选项表示查询软件包中的文件状态;-f file 选项表示查询文件所属的软件包。

例如：

```
#rpm -qa                        //查询所有安装过的包
#rpm -q prated                  //查询某个已安装软件包的文件全名
parted-3.2-36.el8.x86_64
#rpm -ql rpcbind                //rpm 包中的文件安装的位置
/etc/sysconfig/rpcbind
/usr/bin/rpcbind
/usr/lib/.build-id
/usr/sbin/rpcbind
/usr/share/doc/rpcbind
...
#rpm-qf /run/rpcbind            //查询文件所属的软件包
rpcbind-1.2.5-3.el8.x86_64
```

7. 安装.src.rpm 类型的文件

目前 RPM 有两种格式,一种是 RPM 格式,如 * .rpm,表示的是已经经过编译且包装完成的 rpm 文件;另一种是 SRPM 格式,如 * .src.rpm,表示的是包含了源代码的 rpm 包,在安装时需要进行编译。SRPM 采用源代码的格式,可以通过修改 SRPM 内的参数配置项,重新编译生成能适合相应 Linux 环境的 RPM 文件,方便用户选择安装。这类软件包有多种安装方法,下面以安装 nginx-1.15.12-1.el8.ngx.src.rpm 为例介绍其中一种方法。

(1) # mount /dev/cdrom /mnt   //挂载光驱
(2) # dnf -y install rpm-build   //安装 rpmbuild 命令
(3) # dnf -y install gcc pcre-devel openssl * //安装依赖包
(4) # useradd builder   //创建 builder 用户
(5) # su -builder   //切换到普通用户
(6) $ rpm -i nginx-1.15.12-1.el8.ngx.src.rpm
(7) $ cd /home/builder/rpmbuild/SPECS
(8) $ rpmbuild -bb nginx.specs   //编译软件包同名的 specs 文件
(9) $ su   //切换到管理员用户
(10) # cd /home/builder/rpmbuild/RPMS/x86_64
(11) # rpm -ivh nginx-1.15.12-1.el8.ngx.rpm   //安装 rpm 包

在 CentOS 8 中,rpmbuid 的默认工作目录为 builder 用户家目录下的 rpmbuild 目录,即/home/builder/rpmbuild。在制作 rpm 软件包时尽量不要以 root 身份进行操作,因为在制作 RPM 包的过程中,会把软件编译和安装到系统中,这样可能会破坏系统。

5.3.2   DNF

1. 简介

DNF 是新一代的 RPM 软件包管理器,它能够从指定的服务器自动下载 RPM 软件包并且安装,可以自动处理软件包的依赖性关系,并且一次安装所有依赖的软件包,无须烦琐地一次次下载、安装。DNF 克服了 YUM 软件包管理器的一些瓶颈,提升了包括用户体验、内存占用、依赖分析、运行速度等多方面的内容。DNF 已取代 YUM 正式成为 CentOS 8 的软件包管理器。考虑到版本的兼容性,原有的 yum 命令仅为 dnf 的软链接。

2. DNF 配置

DNF 的配置文件分为两部分:main 和 repository。main 部分定义了全局配置选项,整个 DNF 配置文件应该只有一个 main,位于/etc/yum.conf 文件中;repository 部分定义了每个源/服务器的具体配置,可以为 1 个或多个,均位于/etc/yum.repo.d 目录下并以 .repo 为后缀的文件中。

(1) /etc/yum.conf 主配置文件

```
[main]                          //通用主配置段
gpgchkeck=1
//有 1 和 0 两个选择,分别代表是否进行 gpg 校验。如果没有这一项,默认也会校验
installonly_limit=3              //允许同时安装多个软件包。设置为 0 将禁用此功能
clean_requirements_on_remove=True
//当删除软件包时,遍历每个软件包的依赖项。如果任何其他软件包不再需要它们中的任何一
    个,则还应将它们标记为要移除
best=True                       //升级软件时,总是安装最高版本
```

(2) 创建本地 repository

在 CentOS 8 中有两个存储库:BaseOS 和 AppStream。BaseOS 中的软件包旨在提供底层操作系统功能的核心集,为所有类型的安装提供基础;AppStream 中的软件包包括用户空间应用程序、运行时语言和数据库,以支持各种工作负载和用例等。

把光盘作为本地资源库可以按照如下操作步骤:

```
#mount /dev/cdrom /media/cdrom          //挂载光驱
#vi /etc/yum.repos.d/CentOS-Media.repo  //修改.repo 文件
[c8-media-BaseOS]        //用于区别不同的 repository,名称必须唯一
name=CentOS-BaseOS-$releaserver -Media  //对 repository 的描述
baseurl=file:///media/cdrom/BaseOS
//指定 baseurl,其中 url 支持的协议有 http://、ftp://、file://;baseurl 后可以有多个
    url,但 baseurl 后只能有一个
gpgcheck=1      //将 RPM 包进行 gpg 校验,以确定 RPM 包的来源有效和安全
enabled=1       //表示软件源是启用的。设置为 0 将禁用此功能
gpgkey=file:///etc/pki/rpm-gpg/RPM-GPG-KEY-centosofficial
                //定义用于校验的 gpg 密钥
[c8-media-APPStream]
name=CentOS-BaseOS-$releaserver -Media
baseurl=file:///media/cdrom/AppStream
gpgcheck=1
enabled=1
gpgkey=file:///etc/pki/rpm-gpg/RPM-GPG-KEY-centosofficial
```

3. 常用的 dnf 指令

```
#dnf repolist                        //查看系统中可用的 DNF 软件库
#dnf repolist all                    //查看系统中可用的和不可用的所有的 DNF 软件库
#dnf list                            //列出所有 RPM 包
#dnf list installed                  //列出所有安装了的 RPM 包
#dnf list available                  //列出所有可供安装的 RPM 包
#dnf search vsftpd                   //搜索软件库中的 vsftpd 包
#dnf provides /bin/bash              //查找某一文件的提供者
#dnf info vsftpd                     //查看 vsftpd 软件包详情
#dnf install vsftpd                  //安装 vsftpd 软件包
#dnf remove vsftpd                   //删除 vsftpd 软件包
#dnf autoremove                      //删除孤立的无用软件包
#dnf clean all                       //删除缓存的无用软件包
#dnf help clean                      //获取有关某条命令的使用帮助
#dnf history                         //查看 DNF 命令的执行历史
#dnf grouplist                       //查看所有的软件包组
#dnf groupinstall 'setup'            //安装 setup 软件包组
#dnf -enablerepo=epel install nginx  //从特定的软件包库安装特定的软件(nginx)
#dnf reinstall nano                  //重新安装特定软件包
```

5.4　TCP/IP 配置与管理

网络的基本配置一般包括配置主机名、配置网卡和设置客户端名称解析服务等。

5.4.1　配置主机名

网络配置

主机名用于标识一台主机的名称,在网络中主机名具有唯一性。在 CentOS 8 中有三种定义的主机名:静态(Static)、瞬态(Transient)和灵活(Pretty)。静态主机名又称为内核主机名,是系统在启动时从 /etc/hostname 内自动初始化的主机名。瞬态主机名是在系统运行时临时分配的主机名。灵活主机名则允许使用特殊字符的主机名。

在安装系统时已初次确定了主机名。要查看或修改当前主机的名称,可使用 hostnamectl 命令,其命令格式如下:

```
hostnamectl [options] [command]
```

例如:

```
#hostnamectl                                 //显示本主机的名称
Static hostname: localhost.localdomain       //静态主机名,也称内核主机名
Icon name: computer-vm                        //图标名,用户的某些图形应用程序
Chassis: vm                                   //设备类型
```

```
Machine ID: 43935aa3ac364abc9d53d727e045eac9
Boot ID: ce34sbdc5s78dhsbcddvs8dbdhsv8b7
Virtualization: vmware
Operating System: CentOS Linux 8(core)
CPE OS Name: cpe: /o: centos: centos: 8        //CPE 操作系统命名
Kernel: Linux 4.18.0-80.el8.x86_64
Architecture: x86-64
#hostnamectl set-hostname wlos              //修改本主机名称为 wlos
```

5.4.2　配置网卡

在 CentOS 8 中，NetworkManager(NM)服务对网络连接进行管理，其以后台服务的形式完成各种网络及 IP 管理，例如有线网络、无线网络、以太网络、非以太网络、物理网卡、虚拟网卡、动态 IP、静态 IP 等，同时也支持传统的 ifcfg 类型的配置文件。

NM 对网卡(网络接口卡)TCP/IP 的设置可通过两种途径完成：一种是由网络中的 DHCP 服务器动态分配后获得；另一种是通过 CLI 工具(nmcli 命令)配置。

在命令行方式下，可以直接利用文本编辑器编辑修改网卡的配置文件，也可以使用 nmcli、ifconfig、ip 命令查看或设置当前网络接口的配置情况、设置网卡的 IP 地址、子网掩码、激活或禁用网卡等。下面介绍 nmcli 命令的功能和用法。

命令语法：

```
nmcli [OPTIONS] {help | general | networking | radio | connection |device |agent |
monitor} [COMMAND] [ARGUMENTS...]
```

说明：nmcli 是用于控制 NetworkManager 和报告网络状态的命令行工具。它可以用来替代 nm-applet 或其他图形软件。nmcli 用于创建、显示、编辑、删除、激活和停用网络连接，以及控制和显示网络设备状态。nmcli 操作的对象及子命令可以简写。

其中，-t 选项表示用简洁方式输出；-p 选项表示用人类易读的方式输出；-m 选项表示在 tabular(表格输出)和 multiline(多行输出)之间切换；-c 选项用于控制颜色输出；-a 选项表示停下来等待输入必需的参数，例如连入网络时是否需要密码；-w 选项表示设置了一个超时时间，等待 NM 完成操作；-v 选项用于显示版本号；-h 选项表示用户显示帮助信息。

(1) general 命令

使用 general 命令显示 NetworkManager 状态和权限。还可以获取和更改系统主机名，以及 NetworkManager 日志记录级别和域。

命令语法：

```
nmcli general {status | hostname | permissions | logging} [ARGUMENTS...]
```

(2) networking 命令

使用 networking 命令可以查询 NetworkManager 网络状态，启用和禁用网络。

命令语法：

```
nmcli networking {on | off | connectivity} [ARGUMENTS...]
```

（3）radio 命令

使用 radio 命令可以显示无线传输的开关状态,启用和禁用无线开关。

命令语法:

```
nmcli radio {all | wifi | wwan} [ARGUMENTS...]
```

（4）connection 命令

使用 connection 命令可以进行连接管理。NetworkManager 将所有网络配置作为连接,这些连接是描述如何创建或连接到网络的数据集合(第 2 层详细信息、IP 地址等)。当设备使用该连接的配置来创建或连接到网络时,连接是"活跃的"。可能有多个连接应用于设备,但在任何给定时间,只有一个连接可以在该设备上活跃。附加连接可用于允许在不同网络和配置之间快速切换。

考虑到一台计算机通常会连接到支持 DHCP 的网络,但有时使用静态 IP 地址连接来测试网络,因此为了避免每次建立网络连接时都手动重新配置网卡,可以将设置保存为两个同时适用于网卡的连接,一个用于 DHCP(称为默认),另一个用于静态 IP 地址的网络。当连接到启用了 DHCP 的网络时,用户可运行 nmcli con up default 命令;当连接到静态 IP 地址的网络时,用户可运行 nmcli con up testing 命令。

命令语法:

```
nmcli connection {show | up | down | modify | add | edit | clone | delete | monitor |
reload | load | import | export} [ARGUMENTS...]
```

（5）device 命令

使用 device 命令可以显示和管理网络接口。多个连接可以应用到同一个设备,但同一时间只能启用其中一个连接,即针对一个网络接口,可以设置多个网络连接。连接有活跃(表示当前该连接生效)和非活跃(表示当前该连接不生效)两种状态。设备有已连接(表示已被 NM 管理,并且当前有活跃的连接)、断开连接(表示已被 NM 管理,但是当前不活跃的连接)、未管理(表示未被 NM 管理)和不可用(表示 NM 无法管理,通常出现于网卡连接为断开的时候)四种状态。

命令语法:

```
nmcli device {status | show | set | connect | reapply | modify | disconnect |
delete | monitor | wifi | lldp} [ARGUMENTS...]
```

（6）agent 命令

使用 agent 命令可以 NetworkManager secret 代理或 polkit 代理的身份运行 nmcli。

命令语法:

```
nmcli agent {secret | polkit | all}
```

（7）monitor 命令

使用 monitor 命令可以观察 NetworkManager 的活动,监视连接状态、设备或连接配置文件中的更改。

命令语法：

```
nmcli monitor
```

（8）应用实例

```
#nmcli -t -f running general                //查看 NetworkManager 是否正在运行
#nmcli -t -f state general                  //显示 NetWorkManager 的总体状态
#nmcli radio wifi off                       //关闭 Wi-Fi
#nmcli connection show                      //列出 NetworkManager 具有的所有连接
#nmcli -p -m multiline -f all connection show      //以多行模式显示所有配置的连接
#nmcli connection show -active              //列出所有当前活动的连接
#nmcli -f name,autoconnect connection show      //显示所有连接名及其自动连接属性
#nmcli con add con-name "My default" type Ethernet ifname ens33
//创建新连接 My default
#nmcli -p connection show "My default"      //显示 My default 连接的详细信息
#nmcli -s connection show "My Home Wi-Fi"
//显示 My Home Wi-Fi 连接详细信息(含密码)。如果没有 -s 选项,则不会显示密码
#nmcli -f active connection show "My default em1"
//显示 My default em1 活动连接的详细信息,如 IP、DHCP 信息等
#nmcli -f profile con s "My wired connection"
//显示名为 My wired connection 连接的静态配置详细信息
#nmcli -p con up "My wired connection" ifname ens33
//在接口 ens33 上用 My wired connection 激活连接。-p 选项表示显示激活的过程
#nmcli con up 6b028a27-6dc9-4411-9886-e9ad1dd43761 ap 00:3A:98:7C:42:D3
//绑定 Wi-Fi 连接
#nmcli device status                        //显示所有设备的状态
#nmcli dev connect ens33                    //激活接口 ens33 上的连接
#nmcli dev disconnect ens33                 //断开接口 ens33 上的连接,并标记该设备不可自动连接
#nmcli -f general,wifi-propertiles dev show wlan0
//显示 wlan0 接口的详细信息,仅显示 general 和 wifi-properties 部分
#nmcli -f CONNECTIONS device show wlp3s0    //显示 Wi-Fi 接口 wlp3s0 的所有可用连接
#nmcli dev wifi                             //列出可用 Wi-Fi 访问点
#nmcli dev wifi con "Cafe Hotspot" password caffeine name "My Cafe"
//创建名为 My Cafe 的新连接,然后使用密码 caffeine 将其连接到 Cafe Hotspot
#nmcli -s dev wifi hotspot con-name QuickHotspot
//创建连接名为 QuickHotspot 的热点并连接
#nmcli dev modify ens33 ipv4.method shared      //使用 ens33 设备启动 IPv4 连接共享
#nmcli dev modify ens33 ipv4.address 202.206.90.100   //给网卡设置一个临时地址
#nmcli connection add type ethernet autoconnect no ifname ens33
//添加一个绑定到 ens33 接口的以太网连接和自动 IP 配置(DHCP),并禁用自动连接
#nmcli connection modify ens33 ipv4.method auto         //设置 IP 地址为 DHCP 获取
#nmcli c a ifname fik type vlan dev eth0 id 55
//添加 id 为 55 的 VLAN 连接。连接将使用 eth0 接口,VLAN 将被命名为 fik
#nmcli c a ifname eth0 type ethernet ipv4.method disabled ipv6.method link-
```

```
local                      //将使用 eth0 以太网接口且仅配置了 ipv6 link-local 地址的连接
#nmcli connection edit ethernet-2              //用交互方式编辑已有的 ethernet-2 连接
#nmcli connection edit type ethernet con-name "Ethernet connection"
//用交互方式添加连接名为 Ethernet connection 的以太网连接
#nmcli con mod ethernet-2 connection.autoconnect no
//修改 ethernet-2 连接的自动连接属性为 no
#nmcli con mod "Home Wi-Fi" wifi.mtu 1350       //修改 Wi-Fi 连接的最大传输单元值
#nmcli con mod ens33 ipv4.method manual ipv4.addr "192.168.1.23/24,192.168.1.1,
10.10.1.5/8,10.0.0.11"                          //手动在 ens33 上设置地址
#nmcli con modify ens33 +ipv4.dns 8.8.8.8       //在 ens33 上添加 DNS 服务器地址
#nmcli con modify ens33 -ipv4.addresses "192.168.100.25/24 192.168.1.1"
//在 ens33 上删除 IP 地址
#nmcli con import type openvpn file ~/Downloads/frootvpn.ovpn
//将 OpenVPN 配置从文件中导入
#nmcli con export corp-vpnc /home/joe/corpvpn.conf         //将 VPN 配置导出
```

（9）nmtui 工具的使用

CentOS 8 提供了一个文本用户界面工具 nmtui,可用于在终端窗口中配置 NM。下面介绍其操作步骤。

① 启动 nmtui。

```
#nmtui
```

执行命令后将出现如图 5-1 所示的用户界面,提供了三个选项：Edit a connection(编辑连接)、Activate a connection(激活连接)、Set system hostname(设置主机名)。在此可以通过上下箭头键进行选择。

② 选择网卡。选择 Edit a connection 选项后按 Enter 键,将出现如图 5-2 所示的界面,显示出 Ethernet(以太网)和 Bridge(网桥)两种连接及两种连接中具体的连接名列表,例如,以太网卡连接名为 ens33。在此可以用上下箭头键选择后按 Enter 键进行编辑,也可以选择后用左右箭头键选择 Add(添加)、Edit(编辑)或 Delete(删除)选项进行相应操作。若选择 Add 选项,可添加一个 DSL、Ethernet、Bond 等连接,这里可选择要配置的网卡名称(ens33),然后按 Enter 键。

图 5-1　nmtui 启动界面

图 5-2　选择网卡

③ 编辑连接。选择要编辑的网卡后按 Enter 键,将出现如图 5-3 所示的网络参数配置界面,在此界面中可以修改连接名、设备名及 MAC 地址,显示(Show)或隐藏(Hide)ETHERNET(以太网)和 IPv4 CONFIGURATION(IP 配置)的详细信息等。

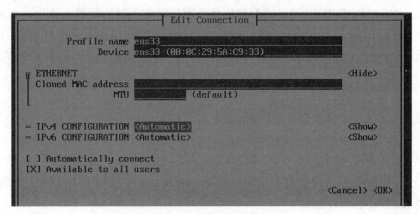

图 5-3　网络参数配置界面

④ 配置网络参数。如果要给系统设置静态 IP,可以将光标移至 IPv4 CONFIGURATION 后的 Automatic 选项并按 Enter 键,选择 Manual(手动)后再将光标移至 Show 上并按 Enter 键,将出现如图 5-4 所示界面,可以选择 Add 选项分别添加 Addresses(IP 地址)、Gateway(网关)、DNS servers 等参数。

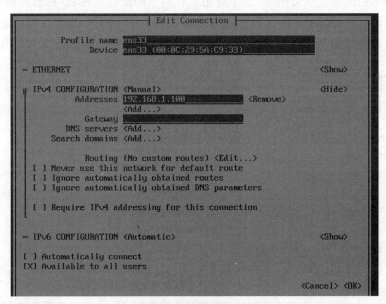

图 5-4　配置网络参数

⑤ 保存配置。若要保存编辑完后的网络参数,需在图 5-4 所示界面中选择 OK 选项,在图 5-2 所示界面中选择 Back 选项,在图 5-1 所示界面中选择 OK 选项,然后重启网卡后生效。

5.4.3　常用网络配置文件

在 CentOS 8 中,TCP/IP 网络的配置信息分别存储在不同的配置文件中。相关的配置文件有/etc/hostname、/etc/sysconfig/network-scripts/ifcfg-ensX、/etc/hosts、etc/host.conf 以及/etc/resolv.conf 等文件。下面分别介绍这些配置文件的作用和配置方法。

1. /etc/hostname

如果用 hostname 命令修改主机名,则主机名临时有效,重启系统后将失效。若想让主机名永久有效,则需要修改/etc/hostname 文件中的内容。修改方法有两种,一种是使用 hostnamectl 命令修改主机名后,/etc/hostname 文件内容也会修改,重启或注销系统后生效;另一种是使用 vi 命令直接编辑/etc/hostname 文件,在文件内容中直接输入主机名保存即可,重启系统后生效。

2. /etc/sysconfig/network-scripts/ifcfg-ensX

网卡的设备名、IP 地址、子网掩码以及默认网关等配置信息保存在网卡的配置文件中,一块网卡对应一个配置文件,该配置文件位于/etc/sysconfig/network-scripts 目录中,其配置文件名一般采用"ifcfg-网卡名"的形式。

新增网卡的配置文件可用 cp 命令复制原有网卡的配置文件获得,然后根据需要进行适当的修改即可。Linux 支持一块物理网卡设置多个 IP 地址,也支持增设虚拟网卡,该虚拟网卡的设备名为 $ensX:N$,对应的配置文件名的格式为 $ifcfg-ensX:N$,其中 X 和 N 均为数字。

在网卡配置文件中,每一行为一个配置项目,左边为项目名称,右边为当前设置值,中间用"="连接。例如查看其中一个配置文件:

```
#cat /etc/sysconfig/network-scripts/ifcfg-ens33
TYPE=Ethernet                    //网卡的类型,Ethernet 代表以太网卡
PROXY_METHOD=none                //代理方式为关闭
BROWSER_ONLY=no                  //仅是浏览器
DEFROUTE=yes                     //默认路由
NAME=ens33                       //网卡名称
UUID=7159d291-7333-4360-8f20-cba79f9691c2
//通用唯一识别码。每块网卡都有,不能重复,否则只有其中一块网卡可用
DEVICE=ens33                     //代表当前网卡设备的名称
NM_CONTROLLED=yes                //表示是否受 NetworkManager 服务的控制
ONBOOT=yes      //用于设置在系统启动时,是否启用该网卡设备。若为 yes,则启用
HWADDR=00:0C:29:2B:9A:93         //本网卡的 MAC 地址
BOOTPROTO=static                 //设置 IP 地址的获得方式,static 代表指定静态
IPv4_FAILURE_FATAL=no            //表示是否开启 IPv4 致命错误检测
IPADDR=202.206.83.100            //本网卡的 IP 地址
```

```
NETMASK=255.255.255.0                //子网掩码
PREFIX=24                            //掩码前缀为 24 位
IPv6INIT=yes                         //表示是否启用 IPv6 配置
IPv6_AUTOCONF=yes                    //表示是否使用 IPv6 地址的自动配置
IPv6_FAILURE_FATAL=no                //表示是否开启 IPv6 致命错误检测
IPv6_ADDR_GEN_MODE=stable-privacy
//IPv6 地址生成模式。stable-privacy 是一种生成 IPv6 的策略
USERCTL=no                           //非 root 用户是否可以控制该设备
GATEWAY=202.206.83.4                 //网卡的默认网关地址
DNS1=202.206.80.33                   //DNS 服务器的地址
```

根据需要可重新对其进行配置和修改,然后重新启动网络管理器服务以使上述更改生效。若要在 ens33 网卡上再增设一块地址为 192.168.1.80 的虚拟网卡,可采用以下方法:

```
#cd /etc/sysconfig/network-scripts
#cp ifcfg-ens33 ifcfg-ens33:0        //复制生成网卡配置文件
#vim ifcfg-ens33:0                   //编辑网卡配置文件
DEVICE=ens33:0
ONBOOT=yes
BOOTPROTO=static
IPADDR=192.168.1.80
NETMASK=255.255.255.0
#systemctl restart NetworkManager    //重启网络管理服务
#nmcli device reapply ens33          //重置设备
```

3. /etc/hosts

/etc/hosts 配置文件用来把主机名字(hostname)映射到 IP 地址,这种映射一般只是本地有效,也就是说每台机器都是独立的,互联网上的计算机一般不能相互通过主机名来访问。/etc/hosts 文件一般有如下类似的内容:

```
127.0.0.1   localhost localhost.localdomain localhost4 localhost4.localdomain4
::1         localhost localhost.localdomain localhost6 localhost6.localdomain6
```

一般情况下,hosts 的内容是关于主机名(hostname)的定义,每行对应一条主机记录,它由三部分内容组成,每部分内容由空格隔开。第一部分的内容是网络 IP 地址;第二部分的内容是主机名;第三部分的内容是"主机名.域名",主机名和域名之间有个半角的点,比如 localhost.localdomain。

当然每行也可以由 2 个字段组成,即主机 IP 地址和主机名,比如 192.168.1.180 debian。

127.0.0.1 是回环地址,用户不想让局域网的其他机器看到测试的网络程序,就可以用回环地址来测试。

既然 hosts 文件本地有效,为什么还需要定义域名呢? 道理其实很简单,比如有 3 台主机,每台主机提供不同的服务,一台作 E-mail 服务器,一台作 FTP 服务器,一台作 SMB 服务器,就可以这样来设计 hostname:

```
127.0.0.1  localhost localhost.localdomain
192.168.1.2 ftp ftp.localdomain
192.168.1.3 mail mail.localdomain
192.168.1.4 smb smb.localdomin
```

把上面这个配置文件的内容分别写入每台机器的/etc/hosts 内容中,这样,这 3 台局域网的机器既可以通过主机名来访问,也可以通过域名来访问。

4. /etc/host.conf

/etc/host.conf 文件用来指定如何进行域名解析。该文件的内容通常包含以下几行。

(1) order:设置主机名解析的可用方法及顺序。可用方法包括 hosts(利用/etc/hosts 文件进行解析)、bind(利用 DNS 服务器解析)和 NIS(利用网络信息服务器解析)。

(2) multi:设置是否从/etc/hosts 文件中返回主机的多个 IP 地址,取值为 on 或者 off。

(3) nospoof:取值为 on 或者 off。当设置为 on 时,系统会启用对主机名的欺骗保护以提高 rlogin、rsh 等程序的安全性。

下面是一个/etc/host.conf 文件的实例:

```
#vi /etc/host.conf
order hosts,bind
```

上述文件内容设置主机名称解析的顺序为:先利用/etc/hosts 进行静态名称解析,再利用 DNS 服务器进行动态域名解析。

5. /etc/resolv.conf

/etc/resolv.conf 配置文件用于配置 DNS 客户端,该文件内容可自动形成或手动添加,包含了主机的域名搜索顺序和 DNS 服务器的 IP 地址。在配置文件中,使用 nameserver 配置项来指定 DNS 服务器的 IP 地址,查询时就按 nameserver 在配置文件中的顺序进行,且只有当第一个 nameserver 指定的域名服务器没有反应时,才用下面一个 nameserver 指定的域名服务器进行域名解析。

```
#cat /etc/resolv.conf
nameserver  202.206.80.33
```

若还要添加可用的 DNS 服务器地址,则利用 vi 编辑器在其中添加即可。假如还要再添加 219.150.32.132 和 202.99.160.68 这两个 DNS 服务器,则在配置文件中添加以下两行内容:

```
nameserver 219.150.32.132
nameserver 202.99.160.68
```

6. /etc/services

/etc/services 文件用于保存各种网络服务名称与该网络服务所使用的协议及默认端

口号的映射关系。文件中的每一行对应一种服务,一般由 4 个字段组成,分别表示服务名称、使用端口、协议名称和别名。一般情况下不用修改此文件。该文件内容较多,以下是该文件的部分内容。

```
#cat /etc/services
tcpmux  1/tcp                    #TCP port service multiplexer
tcpmux  1/udp                    #TCP port service multiplexer
rje     5/tcp                    #Remote Job Entry
rje     5/udp                    #Remote Job Entry
echo    7/tcp
echo    7/udp
discard 9/tcp  sink null
discard 9/udp  sink null
…
```

5.4.4　常用网络调试命令

在网络的使用过程中,经常会出现由于某些原因而导致网络无法正常通信的情况。为便于查找网络故障,Linux 提供了一些网络诊断测试命令,以帮助用户找出故障原因并最终解决问题。本小节将学习一些常用的网络调试诊断命令,以提高排错能力。

1. ip 命令

功能:ip 是一个功能强大的网络配置工具,它可以查看或维护路由表、网络设备、接口和隧道,能够替代一些传统的网络管理工具,例如 ifconfig、route 等,使用权限为超级用户。几乎所有的 Linux 发行版本都支持该命令。

语法:

```
ip [OPTIONS] OBJECT {COMMAND | help}
```

各选项说明如下。

OPTIONS:-V 选项用于显示 ip 工具的版本号;-d 选项用于输出更为详尽的信息;-f 选项后面接协议种类,包括 inet、inet6 或 link,用于强调使用的协议种类;-4 选项是 -family inet 的简写;-6 选项是-family inet6 的简写;-0 选项是-family link 的简写;-o 选项表示对每行记录都使用单行输出,换行用字符"\"代替;-r 选项表示查询域名解析系统,用获得的主机名代替主机 IP 地址。

OBJECT:主要包括 link(网络设备)、address(IP 或者 IPv6 地址)、neighbour(ARP 或者 NDISC 缓冲区记录)、route(路由表条目)、rule(路由策略数据库中的规则)、maddress(多播地址)、mroute(多播路由缓冲区条目)、tunnel(IP 上的通道)等。

COMMAND:设置针对指定对象执行的操作,它和对象的类型有关。一般情况下,ip 命令支持对象的增加(add)、删除(delete)和显示(show 或 list)。有些对象不支持这些操作,或者有其他的一些命令。对于所有的对象,用户可以使用 help 命令获得帮助。这个命令会列出这个对象支持的命令和参数的语法。如果没有指定对象的操作命令,ip 命令会使用默认的命令。一般情况下,默认命令是 list,如果对象不能列出,就会执行 help 命令。

示例:

```
#ip addr                                    //显示配置到所有网络接口的地址
#ip addr add 192.168.4.2/24 devens33        //在网卡 ens33 上增加一个 IP 地址
#ip neigh                                   //显示在内核中现存的邻居表
#ip link set x up                           //启动 x 接口设备
#ip route                                   //显示路由表
#ip tunnel add sit remote 20.0.0.1 local 10.0.0.1 ttl 32
                                            //建立一个点对点通道,TTL 最大是 32
```

2. ping 命令

功能:检测主机之间的连通性。

语法:

```
ping [OPTIONS][-c count][-i interval][-I interface][-l preload][-p pattern]
[-s packetsize][-t ttl][-W timeout] destination
```

提示:执行 ping 指令会使用 ICMP 协议,发出要求回应的信息。若远端主机的网络功能没有问题,就会回应相应信息,因而得知该主机运作正常。

各选项说明如下。

OPTIONS:-a 选项表示在执行时发出警报声;-b 选项允许 ping 广播地址;-f 选项表示极限检测;-n 选项只输出数值;-q 选项表示不显示指令执行过程,只显示开头和结尾的相关信息;-r 选项忽略普通的路由表,直接将数据包通过网卡送到远端主机上;-R 选项记录路由过程;-v 选项详细显示指令的执行过程。

-c count:用于指定向目的主机地址发送多少个报文,count 代表发送报文的数目。默认情况下,ping 命令会不停地发送 ICMP 报文,若要让 ping 命令停止发送 ICMP 报文,可按 Ctrl+C 组合键来实现,最后还会显示一个统计信息。

-i interval:指定发送分组的时间间隔。默认情况下,每个数据包的间隔时间是 1 秒。

-I interface:使用指定的网络接口送出数据包。可以是 IP 地址或设备名。

-l preload:若设置此选项,则在没有等到响应之前,就先行发出数据包。

-p pattern:设置填满数据包的范本样式。

-s packetsize:该选项用于指定发送 ICMP 报文的大小,以字节(B)为单位。默认情况下,发送的报文数据大小为 56B,加上每个报文头的 8B,共 64B。有时网络会出现 ping 较小的数据包时正常,而 ping 较大的数据包时严重丢包现象,此时就可利用该参数选项来发送一个较大的 ICMP 包,以检测网络在大数据流量的情况下工作是否正常。

-t ttl:设置数据包存活数值 TTL 的大小。

-W timeout:定义等待响应的时间。

例如:

```
#ping -c 3 -i 1 www.sjzpt.edu.cn            //发送 5 次信息,每次间隔为 1 秒
PING www.sjzpt.edu.cn(202.206.80.35)56(84)bytes of data.
64 bytes from 202.206.80.35: icmp_seq=1 ttl=246 time=1.2ms
64 bytes from 202.206.80.35: icmp_seq=1 ttl=246 time=1.2ms
64 bytes from 202.206.80.35: icmp_seq=1 ttl=246 time=1.2ms

---www.sjzpt.edu.cn statistics ---
3 packets transmitted, 3 received, 0%packet loss, time 1047ms
rtt min/avq/max/mdev=0.377/1.397/2.145/0.803 ms
```

3. netstat 命令

功能:netstat 命令可用来显示网络连接、路由表和正在侦听的端口等信息。通过网络连接信息,可以查看了解当前主机已建立了哪些连接,以及有哪些端口正处于侦听状态,从而发现一些异常的连接和开启的端口。"木马"程序通常会建立相应的连接并开启所需的端口,有经验的管理员通过该命令,可以检查并发现一些可能存在的"木马"等后门程序。

语法:

```
netstat [选项]
```

提示:利用 netstat 指令可让用户得知整个 Linux 系统的网络情况。该命令的选项较多,执行 man netstat 命令时可查看详细的帮助说明。

常用选项说明如下。

-a 选项显示所有连接中的 socket,包括 TCP 端口和 UDP 端口,以及当前已建立的连接和正在侦听的端口;-c 选项持续列出网络状态,每隔 1 秒更新 1 次;-e 选项显示网络其他相关信息;-g 选项显示多播群组成员信息;-h 选项表示在线帮助;-i 选项显示网卡的相关信息;-l 选项表示只显示处于侦听模式的 socket;-n 选项表示端口和地址均采用数字显示;-N 选项显示网络硬件外围设备的符号连接名称;-o 选项显示计时器;-p 选项显示正在使用 socket 的程序识别码和程序名称;-r 选项显示核心路由表;-s 选项显示每个协议的汇总统计;-t 选项显示使用 TCP 协议的连接状况;-u 选项显示使用 UDP 协议的连接状况;-v 选项显示指令执行过程;-V 选项显示版本信息;-w 选项显示使用 RAW 协议的连接状况。

例如:

```
#netstat -lpe     //显示所有监控中的服务器的 Socket 和正在使用 Socket 的程序信息
Active Internet connections(only servers)
Proto  Recv-Q  Send-Q  Local Address  Foreign Address  State   User  Inode
tcp    0       0       0.0.0.0:ssh    0.0.0.0:*        LISTEN  root  32417
PID/Program name
1057/sshd
...
```

4. tracepath 命令

功能:可以追踪数据到达目标主机的路由信息,同时还能够发现 MTU 值。

语法：

```
tracepath[OPTIONS][-l pktlen][-m max_hops][-p port]destination
```

常用选项说明如下。

-n 选项表示只显示 IP 地址;-b 选项表示既显示主机名又显示 IP 地址;-l 选项设置初始的数据包长度,默认为 65535 字节;-m 选项设置最大跳数值,默认为 30 跳;-p 选项设置初始目的端口。

例如：

```
#tracepath -n 202.206.80.125
1?:[LOCALHOST]                 pmtu  1500
1: 202.206.85.254                          0.24ms
2: 202.206.80.125                          1.10ms
    Resume: pmtu  1500 hops 2 back 2      1.12ms reached
```

5. arp 命令

功能：配置并查看 Linux 系统的 ARP 缓存,包括查看 ARP 缓存、删除某个缓存条目、添加新的 IP 地址和 MAC 地址的映射关系等。

语法：

```
arp[-v][-n][-H type][-i if][-a][-d][-s][-f][hostname][hw_addr]
```

提示：本地主机向"某个 IP 地址(目标主机 IP 地址)"发送数据时,先查找本地的 ARP 表。如果在 ARP 表中找到"目标主机 IP 地址"的 ARP 表项,将把"目标主机 IP 地址(hostname)"对应的"MAC 地址(hw_addr)"填充到数据帧的"目的 MAC 地址字段"再发送出去。

各选项说明如下。

-v：在详细模式下显示当前 ARP 项。所有无效项和环回接口上的项都将显示。

-n：以数字地址形式显示。

-H type：设置和查询 ARP 缓存时检查指定类型的地址。

-i if：选择指定的接口。

-d：删除 hostname 指定的主机。hostname 可以是通配符"*",以删除所有主机。

-s：手动添加 Internet 地址 inet_addr 与物理地址 eth_addr 的关联。物理地址是用冒号分隔的 6 个十六进制数。

-a：用 BSD 格式输出(没有固定栏)。

-f [filename]：从指定文件中读取新的记录项。如果没有指定文件,则默认使用 /etc/ethers 文件。

例如：

```
#arp -s202.206.90.4 00:19:56:6F:87:D2        //添加静态项
#arp                                          //显示 ARP 表
```

126

注意：arp -s 设置的静态项在用户注销或重启之后会失效,如果想要任何时候都不失效,可以将 IP 和 MAC 的对应关系写入 ARP 命令默认的配置文件/etc/ethers 中。

实　　训

1. 实训目的

(1) 了解 Linux 系统的启动和初始化过程。

(2) 掌握 Linux 服务的启动、关闭及运行状态管理等。

(3) 掌握软件的安装卸载。

(4) 掌握 Linux 系统的 TCP/IP 配置。

2. 实训内容

(1) 观察 Linux 正在运行的进程,并进行分析。

(2) 绘制进程树。

(3) 用 kill 命令删除进程。

(4) 设置和更改进程的优先级。

(5) 设置进程调度。编写一个每天晚上 12 点(即 0 点 0 分)向所有在线用户广播提醒大家注意休息和晚安的消息的自动进程。

提示：是周期性执行的任务。

(6) 修改系统引导配置文件,在系统提示用户登录前显示 Welcome To Login In Linux 和当前系统的日期与时间。

(7) 检查系统是否安装了 SSH 服务,如果没有则安装 OpenSSH。

(8) 给系统配置 IP,试着使用 SSH 登录系统。

(9) 试着下载.src.rpm 包并安装。

3. 实训总结

通过本次实训,用户可以掌握 Linux 系统的进程管理、服务管理、软件及服务管理方法,对 Linux 的后续内容的学习打下基础。

习　　题

一、选择题

1. 下列选项中控制了引导顺序的第一部分的是(　　　)。

　　A. BIOS　　　　　　　B. Linux 内核　　　　　　C. /sbin/init　　　　　D. 引导程序

2. CentOS 8 内核启动的第一个进程是(　　　)。

    A. /sbin/init   B. BIOS   C. systemd   D. /sbin.login

3. systemctl enable httpd.service 命令的作用是(　　　)。

    A. 启动 HTTPD 服务   B. 开机时自动启动 HTTPD 服务

    C. 禁用 HTTPD 服务   D. 立即激活 HTTPD 服务

4. 终止一个前台进程可能用到的命令和操作是(　　　)。

    A. kill   B. 按 Ctrl+C 组合键

    C. shutdown   D. halt

5. 正在执行的一个或多个相关(　　　)组成一个作业。

    A. 作业   B. 进程   C. 程序   D. 命令

6. 在 Linux 中,(　　　)是系统资源分配的基本单位,也是使用 CPU 运行的基本调度单位。

    A. 作业   B. 进程   C. 程序   D. 命令

7. Linux 中进程优先级范围为(　　　)。

    A. 20～-19   B. -20～19   C. 0～20   D. -20～0

8. 桌面环境的终端窗口可表示为(　　　)。

    A. pts/0   B. tty/1   C. tty2   D. pts2

9. 使用(　　　)命令可以取消执行任务调度的工作。

    A. crontab   B. crontab -r   C. crontab -l   D. crontab -e

10. 查询软件包的命令是(　　　)。

    A. rpm -i filename   B. rpm -U filename

    C. rpm -e filename   D. rpm -q filename

11. crontab 文件由(　　　)6个域组成,每个域之间用空格分隔。

    A. min hour day month year command

    B. min hour day month dayofweek command

    C. command hour day month dayofweek

    D. command year month day hour min

12. 在 CentOS 8 中(设备 Device)的状态不可能出现的有(　　　)。

    A. 已连接(connected)   B. 未连接(unconnected)

    C. 未管理(unmanaged)   D. 不可用(unavailable)

13. 在 CentOS 8 系统中,主机名保存在(　　　)配置文件中。

    A. /etc/hosts   B. /etc/modules.conf

    C. /etc/sysconfig/network   D. /etc/hostname

14. 若要激活 ens33 网卡,以下可以实现的命令有(　　　)。

    A. nmcli dev connect ens33   B. nmcli connect up ens33

    C. nmcli connect down ens33   D. nmcli dev disconnect ens33

二、简答题

1. 简述 CentOS 8 系统的启动过程。
2. Linux 系统中进程可以使用哪两种方式启动？
3. Linux 系统中进程有哪几种主要状态？
4. rpm 和 dnf 命令的异同点有哪些？
5. 配置 Linux 的 TCP/IP 网络,需要配置的参数有哪些？
6. 如何使用 nmcli 命令手动配置 IP？

第6章 NFS 服务器配置与管理

在某些情况下,需要将一些文件集中存放在一台机器上,其他机器可以像访问本地文件一样来远程访问集中存放的文件,这就需要一种网络文件系统来满足上述需求。

本章学习任务:

(1) 了解 NFS 的基本工作过程;

(2) 掌握 NFS 服务器的配置方法;

(3) 掌握 NFS 客户机的配置方法。

6.1 概 述

6.1.1 NFS 简介

Linux 中的 EXT、XFS 格式的本地文件系统,都是通过单个文件名称空间来包含很多文件,并提供基本的文件管理和空间分配功能。文件是存放在文件系统中(上述名称空间内)的单个命名对象,每个文件都包含了文件实际数据和属性数据。这些类型的文件系统和其内文件都是存放在本地主机上。

实际上,还有一种网络文件系统,就是跨不同主机的文件系统,将远程主机上的文件系统(或目录)存放在本地主机上,就像它本身就是本地文件系统一样。在 Windows 环境下有 CIFS 协议实现的网络文件系统;在类 UNIX 环境下,最出名是由 NFS 协议实现的 NFS 文件系统。

NFS 是 Network File System 的缩写,即网络文件系统,这是一种使用于分散式文件系统的协议,由 SUN 公司开发,于 1984 年向外公布。其功能是通过网络让不同的机器、不同的操作系统能够彼此分享特定的数据,让应用程序在客户端通过网络访问位于服务器磁盘中的数据,是在类 UNIX 系统间实现磁盘文件共享的一种方法。

NFS 的基本原则是"允许不同的客户端及服务端通过一组 RPC 分享相同的文件系统",它是独立于操作系统,允许不同硬件及操作系统的系统共同进行文件的分享。

NFS 在文件传送或信息传送过程中依赖于 RPC 协议。RPC(Remote Procedure Call,远程过程调用)是能使客户端执行其他系统中程序的一种机制。NFS 本身是没有提供信息传输的协议和功能的,但 NFS 却能通过网络进行资料的分享,这是因为 NFS 使用了一些其他的传输协议,而这些传输协议用到 RPC 功能。可以说 NFS 本身就是使用

RPC 的一个程序,或者说 NFS 也是一个 RPC SERVER,所以只要用到 NFS 的地方都要启动 RPC 服务,不论是 NFS 服务器还是 NFS 服务器。这样服务器和客户端才能通过 RPC 来实现程序端口的对应。可以这么理解 RPC 和 NFS 的关系：NFS 是一个文件系统,而 RPC 是负责信息的传输。

6.1.2　NFS 工作机制

NFS 是通过网络来进行服务器端和客户端之间的数据传输,两者之间要传输数据就要有相对应的网络端口,NFS 服务器到底使用哪个端口来进行数据传输呢？ NFS 基本服务的端口使用 2049,由 NFS 支持的功能很多,而不同的功能都会使用不同的程序来启用,每启用一个功能就会相应有一些端口来传输数据,因此 NFS 功能对应的端口并不固定,而客户端要知道 NFS 服务器端的相关端口才能建立连接进行数据传输,因此 NFS 客户端就需要通过远程过程调用(RPC)与 NFS 服务器的随机端口实现连接。

RPC 是用来统一管理 NFS 端口的服务,并且统一对外的端口是 111。PRC 最主要的功能是指定每个 NFS 功能所对应的端口号,并且通知客户端,让客户端可以连接到正常端口,这样用户就能够通过 RPC 实现服务端和客户端沟通端口信息。

那么 RPC 又是如何知道每个 NFS 功能的端口呢？ 首先当 NFS 启动后,就会随机地使用一些端口,然后 NFS 会向 RPC 注册这些端口,RPC 就会记录下这些端口。并且 RPC 会开启 111 端口,等待客户端 RPC 的请求,如果客户端有请求,那么服务器端的 RPC 就会将之前记录的 NFS 端口信息告知客户端。这样客户端会获取 NFS 服务器端的端口信息,就会以实际端口进行数据的传输了,如图 6-1 所示。

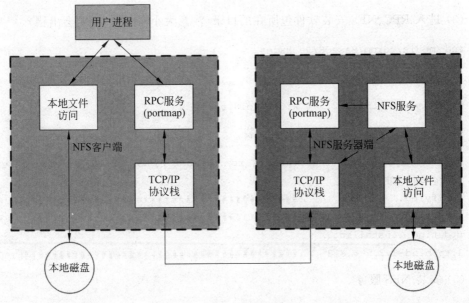

图 6-1　NFS 工作机制

131

6.2 NFS 的安装与启动

1. 安装 NFS

由于 NFS 服务的运行需要 RPC 服务的支持,在进行 NFS 服务的操作之前,首先需要验证是否已安装了 RPC 和 NFS 服务器组件。RPC 服务器由 rpcbind 程序实现,该程序由 rpcbind 包提供。NFS 本身是很复杂的,它由很多进程组成,这些进程的启动程序由 nfs-utils 包提供。可执行如下命令:

```
#rpm -qa|grep rpc          //查询是否安装了含有 rpc 字符串的软件包
rpcbind-1.2.5-4.el8.x86_64
#rpm -qa|grep nfs          //查询是否安装了含有 nfs 字符串的软件包
nfs-utils-2.3.3-26.el8.x86_64
```

命令执行结果表明系统已安装了 RPC 和 NFS 服务器。如果未安装,超级用户(root)可以用命令来安装或卸载 NFS 服务。由于 NFS 是使用 RPC 框架实现的,所以需要先安装好 rpcbind。有时使用 DNF 安装 nfs-utils 时会自动安装 rpcbind。具体步骤如下:

(1) 创建挂载目录

```
#mkdir /media/cdrom
```

(2) 把光盘挂载到/media/cdrom 目录下面

```
#mount /dev/cdrom /media/cdrom
```

(3) 进入 RPC、NFS 安装软件包所在的目录(注意大小写字母,否则会出错)

```
#cd /media/cdrom/BaseOS/Packages
```

(4) 安装 RPC 服务

```
#rpm -ivh rpcbind-1.2.5-4.x86-64.el8.rpm
```

如果出现如下提示,则证明被正确安装。

```
warning: rpc-1.2.5-4.el8.x86_64.rpm: Header V3 RSA/SHA256 Signature,key ID
8483c65d: NOKEY
Verifying...          #####################################[100%]
Preparing...          #####################################[100%]
Updating / installing...
1:rpcbind-1.2.5-4.el8  #####################################[100%]
```

(5) 安装 NFS 服务

```
#rpm -ivh nfs-utils-2.3.3-26.el8.x86_64.rpm
```

或者挂载光驱、配置 DNF 源后,使用 dnf install nfs-utils 命令直接安装。

（6）查看安装生成的配置文件名称及路径

安装完成后可以查看安装生成的配置文件名称及路径，以便后续配置。

```
#rpm -qc nfs-utils
/etc/gassproxy/24-nfs-server.conf
/etc/modprobe.d/locked.conf
/etc/nfs.conf
/etc/nfsmount.conf
/etc/request-key.d/id_resolver.conf
/var/lib/nfs/etab
/var/lib/nfs/rmtab
```

2. 启动、停止 NFS 服务器

在启动 NFS 服务时，系统会先启动 RPC 服务，否则 NFS 无法向 RPC 注册。如果 RPC 服务重新启动，其保存的信息将丢失，需重新启动 NFS 服务以注册端口信息，否则客户端将无法访问 NFS 服务器。NFS 服务使用 nfs-server 进程，其启动、停止或重启可以使用如下命令：

```
#systemctl start nfs-server          //启动 NFS 服务
#systemctl status nfs-server         //查看 NFS 服务运行状态
#systemctl restart nfs-server        //重启 NFS 服务
#systemctl stop nfs-server           //停止 NFS 服务
```

6.3　配置 NFS 服务

1. 配置 NFS 导出目录

在将服务端的目录共享或者说导出给客户端之前，需要先配置好要导出的目录。一般要指定哪些地址可访问该目录、该目录是否可写、以什么身份访问和导出目录等。

配置导出目录的配置文件为/etc/exports 文件，这是 NFS 的主要配置文件，不过系统并没有默认值，需要使用 vim 命令手动在文件里面写入配置内容。在 NFS 服务启动时，会自动加载这些配置文件中的所有导出项。/etc/exports 文件内容的书写格式为：

NFS 服务配置

共享目录 [客户端 1(参数)] [客户端 2(参数)] …

（1）共享目录：指定服务器共享目录的绝对路径。

（2）客户端：指定客户端时可以使用 IP 地址、网络号地址、FQDN、DNS 区域等。可以指定多个客户端，客户端之间用空格分隔。客户端匹配条件表示方法如表 6-1 所示。

（3）参数：对满足客户端匹配条件的客户端进行相关配置。参数必须紧跟在客户端的圆括号中，括号与客户端之间无空格。可用参数如表 6-2 所示。

表 6-1 客户端示例及其含义

客 户 端	示　　例	含　　义
指定单一主机 IP	192.168.1.70	客户端 IP 地址为 192.168.1.70
指定某一网段	192.168.1.0/24	客户端所在网段为 192.168.1.0/24
指定单一主机域名	nfs.example.com	客户端 FQDN 为 nfs.example.com
指定域名范围	*.example.com	客户端 FQDN 的 DNS 后缀为.example.com
所有主机	*	任何访问 NFS 服务器的客户端

表 6-2 可用参数及含义

参　　数	含　　义
ro	设置共享为只读,这是默认选项
rw	设置共享为可读写
root_squash	当 NFS 客户端使用用户是 root 时,将被映射为 NFS 服务器的匿名用户
no_root_squash	当 NFS 客户端当前用户是 root 时,将被映射为 NFS 服务器的 root 用户
all_squash	将所有用户映射为 NFS 服务器的匿名用户,这是默认选项
anonuid	设置匿名用户的 UID
anongid	设置匿名用户的 GID
sync	保持数据同步,同时将数据写入内存和硬盘,这是默认选项
async	先将数据保存在内存,然后写入硬盘,效率更高,但可能造成数据丢失
secure	NFS 客户端必须使用 NFS 保留端口(1024 以下的端口),这是默认选项
insecure	允许 NFS 客户端不使用保留端口(1024 以下的端口)
wdelay	如果 NFS 服务器认为有另一个相关的写请求正在处理或马上就要达到,NFS 服务器将延迟提交写请求到磁盘,这就允许使用一个操作提交多个写请求到磁盘,可以改善性能,这是默认选项
nowdelay	NFS 服务器将每次写操作写入磁盘,设置了 async 时该选项无效
subtree_check	若输出目录是一个子目录,则 NFS 服务器将检查其父目录的权限,这是默认选项
no_subtree_check	即使输出目录是一个子目录,NFS 服务器也不检查其父目录的权限,这样可以提高效率

例如,将/data 作为共享目录共享给 192.168.1.0 网段的主机,客户端对该目录可读可写并要求数据同步。若输出目录是一个子目录,则 NFS 服务器将检查其父目录的权限(默认设置)。

```
#mkdir /data                    //创建/data 目录
#vim /etc/exports               //修改配置文件内容
/data 192.168.1.0/24(rw,sync,subtree_check)
```

在配置文件中配置好要导出的目录后,直接重启 NFS 服务即可,它会读取配置文件的内容。随后就可以在客户端执行 mount 命令进行挂载。

2. 管理维护 NFS 导出列表

在生产环境中如果使用了 NFS 服务器,会遇到修改 NFS 服务器配置的情况。如果想重新让客户端加载上修改后的配置,但是又不能重启 rpcbind 服务,则需要使用 export 命令让新修改的配置生效。

NFS 服务端维护着一张可被 NFS 客户端访问的本地物理文件系统的表。表中的每个文件系统都被称为导出的文件系统,或简称为导出项。exportfs 命令维护 NFS 服务端当前的导出表。其中导出主表存放在/var/lib/nfs/etab 文件中。当客户端发送一个 NFS 挂载请求时,rpc.mountd 进程会读取该文件。

一般来说,导出主表是用 exportfs -s 命令读取/etc/exports 和/etc/exports.d/ * . exports 文件来初始化的。但是,系统管理员可以使用 exportfs 命令直接向主表中添加或删除导出项,而不需要去修改/etc/exports 或/etc/exports.d/ * .exports 文件。

语法:

```
exportfs [选项][client:/path...]
```

常用选项说明如下。

-d kind:开启调试功能。有效的 kind 值为 all、auth、call、general 和 parse。

-a:导出或卸载所有目录。

-o options,...:指定一系列导出选项(如 rw、async、root_squash)。

-i:忽略/etc/exports 和/etc/exports.d 目录下文件,此时只有命令行中给定选项和默认选项会生效。

-r:重新导出所有目录,并同步修改/var/lib/nfs/etab 文件中关于/etc/exports 和/etc/exports.d/ * .exports 的信息(即还会重新导出/etc/exports 和/etc/exports.d/ * 等配置文件中的项,移除 var/lib/nfs/etab 中已经被删除和无效的导出项)。

-u:卸载(即不再导出)一个或多个导出目录。

-f:如果/prof/fs/nfsd 或/proc/fs/nfs 已被挂载,即工作在新模式下,该选项将清空内核中导出表中的所有导出项。客户端下一次请求挂载导出项时会通过 rpc.mountd 将其添加到内核的导出表中。

-v:输出详细信息。

-s:显示适用于/etc/exports 的当前导出目录列表。

例如:

```
#exportfs -arv            //不用重启 NFS 服务,配置文件就会生效
#exportfs -o async 192.168.1.17:/home/share
//192.168.1.17 可只读访问该目录,且允许匿名访问
```

3. 检查 NFS 服务器挂载情况

使用 showmount 命令可以查看某一台主机的导出目录情况。因为涉及 PRC 请求,所以如果 RPC 出问题,showmount 命令将会默默地等待。

语法：

```
showmount [选项] [主机]
```

常用选项说明如下。

-a：以 host:dir 格式列出客户端名称/IP 以及所挂载的目录。但需注意，该选项是读取 NFS 服务端/var/lib/nfs/rmtab 文件，而该文件很多时候并不准确，所以 showmount -a 的输出信息很可能并非是准确无误的。

-e：显示 NFS 服务端所有导出列表。

-d：仅列出已被客户端挂载的导出目录。

例如：

```
#showmount -e 192.168.1.70
```

4. 挂载 NFS 文件系统

服务器配置完毕，在客户端测试时，客户机也需要安装 NFS 和 RPCBIND 服务，才能将 NFS 服务器共享的目录挂载至客户机的本地目录下来使用服务器指向的共享目录中的文件。例如：

```
#mount -t nfs 192.168.1.70:/data /mnt
```

挂载时-t nfs 可以省略，因为对于 mount 而言，只有挂载 NFS 文件系统才会写成"host:/path"格式。当然，除了 mount 命令，nfs-utils 包还提供了独立的 mount.nfs 命令，它其实和 mount -t nfs 命令是一样的。

5. 相关命令

（1）nfsstat

功能：显示有关 NFS 客户端和服务器活动的统计信息。

语法：

```
nfsstat [选项]
```

常用选项说明如下。

-s 选项表示仅列出 NFS 服务器端状态；-c 选项表示仅列出 NFS 客户端状态；-n 选项表示仅列出 NFS 状态，默认显示 NFS 客户端和服务器的状态；-m 选项表示列出以加载的 NFS 文件系统状态；-r 选项表示仅显示 RPC 状态。

例如：

```
#nfsstat -r              //显示客户机和服务器与 RPC 调用相关的信息
```

（2）rpcinfo

功能：查看 RPC 信息，用于检测 RPC 运行情况。

语法：

```
rpcinfo [选项] [host]
```

常用选项说明如下。

-p：列出所有在 host 中用 portmap 注册的 RPC 程序。如果没有指定 host，就查找本机上的 RPC 程序。

-n port：根据-t 选项或者-u 选项，使用编号为 port 的端口，而不是由 portmap 指定的端口号。

-u：用 UDP 协议 RPC 调用 host 上程序的指定版本（如果已经指定），并报告是否接收到响应。

-t：用 TCP 协议 RPC 调用 host 上程序的指定版本（如果已经指定），并报告是否接收到响应。

-b：向程序的指定版本进行 RPC 广播，并列出响应的主机。

-d：将程序的指定版本从本机的 RPC 注册表中删除。只有具有 root 特权的用户才可以使用这个选项。

例如：

```
#rpcinfo -p                    //查看 RPC 开启的端口所提供的程序
```

（3）rpcdebug

功能：设置或清除 NFS 和 RPC 内核调试标识。设置这些标识会导致内核向系统日志发送消息以响应 NFS 活动。调试信息通常存放在/var/log/messages 中。

语法：

```
rpcdebug［选项］
```

常用选项说明如下。

-c 选项表示清除调试标识；-h 选项表示显示帮助信息；-s 选项表示设置调试标识；-v 选项表示以详细方式输出；-m 选项表示指定要设置或清除哪个模块（NFSD、NFS、NLM、RPC 之一）的标识。

例如：

```
#rpcdebug -m nfs -s all        //设置调试 NFS 客户端的信息
```

在很多时候 NFS 客户端或者服务端出现异常，例如连接不上、锁状态丢失、连接非常慢等问题，都可以对 NFS 进行调试来发现问题出在哪个环节。NFS 有不少进程都可以直接支持调试选项，但最直接的调试方式是调试 RPC，因为 NFS 的每个请求和响应都会经过 RPC 封装。显然，调试 RPC 比直接调试 NFS 更难分析出问题所在。

实　　训

1. 实训目的

掌握 Linux 系统之间资源共享和互访方法，掌握 NFS 服务器和客户端的安装与配置。

2. 实训内容

某企业的销售部现有一个局域网,域名为 nfs.com。网内有一台 Linux 的共享数据服务器 shareserver,域名为 shareserver.nfs.com。现要在 shareserver 上配置 NFS 服务器,使用销售部内的所有主机都可以访问 shareserver 服务器中的/share 共享目录中的内容,但不允许客户机更改共享文件的内容,同时,让主机 host1 在每次系统启动时自动挂载 shareserver 的/share 共享目录。

3. 实训总结

通过本次实训,掌握在 Linux 上安装与配置 NFS 服务器,从而实现了操作系统之间的资源共享的方法。

习　　题

一、选择题

1. NFS 工作站要挂载远程 NFS 服务器上的一个目录的时候,服务器端必需的选项是(　　)。

A. portmap 启动

B. NFS 服务启动

C. 共享目录加在/etc/exports 文件里

D. 以上全部都需要

2. 正确加载 NFS 服务器 svr.sjzpt.edu.cn 的/home/nfs 共享目录到本机/home2 中的命令是(　　)。

A. mount -t nfs svr.sizpt.edu.cn:/home/nfs /home2

B. mount -t -s nfs svr.sjzpt.edu.cn./home/nfs /home2

C. nfsmount svr.sjzpt.edu.cn:/home/nfs /home2

D. nfsmount -s svr.sjzpt.edu.cn /home/nfs /home2

3. 通过 NFS 使磁盘资源被其他系统使用的命令是(　　)。

A. share　　　　　　B. mount　　　　　　C. export　　　　　　D. exportfs

4. 以下 NFS 系统中关于用户 ID 映射正确的描述是(　　)。

A. 服务器上的 root 用户默认值和客户端的一样

B. root 被映射到 nfsnobody 用户

C. root 不被映射到 nfsnobody 用户

D. 默认情况下,anonuid 不需要密码

5. 假设在你的公司中有 10 台 Linux 服务器,你想用 NFS 在这些 Linux 服务器之间共享文件,则应该修改的文件是(　　)。

  A. /etc/exports   B. /etc/crontab

  C. /etc/named.conf   D. /etc/smb.conf

6. 查看 NFS 服务器 192.168.12.1 中的共享目录的命令是(　　)。

  A. show -e 192.168.12.1   B. show //192.168.12.1

  C. showmount -e 192.168.12.1 D. showmount -l 192.168.12.1

7. 装载 NFS 服务器 192.168.12.1 的共享目录/tmp 到本地目录/mnt/share 的命令是(　　)。

  A. mount 192.168.12.1/tmp /mnt/share

  B. mount -t nfs 192.168.12.1/tmp /mnt/share

  C. mount -t nfs 192.168.12.1:/tmp /mnt/share

  D. mount -t nfs //192.168.12.1/tmp /mnt/share

二、简答题

1. 简述 NFS 服务的工作流程。

2. 简述 NFS 服务各组件及其功能。

第 7 章　Samba 服务器配置与管理

Windows 基于 SMB 协议来实现文件、打印机以及其他资源的共享；而 Samba 是 SMB 协议的一种实现方法，是 Linux 系统文件和打印共享服务器，可以让 Linux 和 Windows 客户机实现资源共享。

本章学习任务：

(1) 了解 Samba 服务的功能；

(2) 掌握安装和启动 Samba 服务；

(3) 掌握 Samba 服务配置方法，实现文件和打印共享。

7.1　了 解 Samba

7.1.1　SMB 协议

在 NetBIOS 出现之后，Microsoft 就使用 NetBIOS 实现了网络文件/打印服务系统，这个系统基于 NetBIOS 设定了一套文件共享协议，Microsoft 将其称为 SMB(Server Message Block)协议。这个协议被 Microsoft 用于它们局域网管理和 Windows NT 服务器系统中，而 Windows 系统均带有使用此协议的客户软件，因而这个协议在局域网系统中影响很大。

随着 Internet 的流行，Microsoft 希望将这个协议扩展到 Internet 上，成为 Internet 上计算机之间相互共享数据的一种标准。因此，它将原有的几乎没有多少技术文档的 SMB 协议进行整理，重新命名为 CIFS(Common Internet File System)，并打算将它与 NetBIOS 相脱离，试图使它成为 Internet 上的一个标准协议。为了让 Windows 和 UNIX 计算机相集成，最好的办法是在 UNIX 中安装支持 SMB/CIFS 协议的软件，这样 Windows 客户就不需要更改设置，就能如同使用 Windows NT 服务器一样，使用 UNIX 计算机上的资源了。

与其他标准的 TCP/IP 协议不同，SMB 协议是一种复杂的协议，因为随着 Windows 计算机的开发，越来越多的功能被加入协议中，很难区分哪些概念和功能应该属于 Windows 操作系统本身，哪些概念应该属于 SMB 协议。其他网络协议由于是先有协议，再实现相关的软件，因此结构上更清晰简洁，而 SMB 协议一直是与 Microsoft 的操作系统混在一起进行开发的，因而协议中包含了大量的 Windows 系统中的概念。

1. 浏览

在 SMB 协议中,计算机为了访问网络资源,就需要了解网络上存在的资源列表(例如在 Windows 下使用网络邻居查看可以访问的计算机),这个机制就被称为浏览(Browsing)。虽然 SMB 协议中经常使用广播的方式,但如果每次都使用广播的方式了解当前的网络资源(包括提供服务的计算机和各个计算机上的服务资源),就需要消耗大量的网络资源和浪费较长的查找时间,因此最好在网络中维护一个网络资源的列表,以方便查找网络资源。只有必要的时候,才重新查找资源,例如使用 Windows 下的查找计算机功能。但没有必要每台计算机都维护整个资源列表,维护网络中当前资源列表的任务由网络上的几台特殊计算机完成的,这些计算机被称为浏览服务器(Browser),这些浏览服务器通过记录广播数据或查询名字服务器来记录网络上的各种资源。浏览服务器并不是事先指定的计算机,而是在普通计算机之间通过自动推举产生的。不同的计算机可以按照其提供服务的能力,设置在推举时具备的不同权重。为了保证一个浏览服务器停机时网络浏览仍然正常,网络中常常存在多个浏览服务器,一个为主浏览服务器,其他的为备份浏览服务器。

2. 工作组和域

在进行浏览时,工作组和域的作用是相同的,都是用于区分并维护同一组浏览数据的多台计算机。事实上它们的不同在于认证方式上,工作组中每台计算机基本上都是独立的,即独立对客户访问进行认证,而域中将存在一个(或几个)域控制器,保存对整个域有效的认证信息,包括用户的认证信息以及域内成员计算机的认证信息。浏览数据的时候,并不需要认证信息,Microsoft 将工作组扩展为域,只是为了形成一种分级的目录结构,将原有的浏览和目录服务相结合,以扩大 Microsoft 网络服务范围的一种策略。工作组和域都可以跨越多个子网,因此网络中就存在两种浏览服务器,一种为域主浏览器(Domain Master Browser),用于维护整个工作组或域内的浏览数据;另一种为本地主浏览器(Local Master Browser),用于维护本子网内的浏览数据,它和域主浏览器通信以获得所有可浏览的数据。划分这两种浏览器主要是由于浏览数据依赖于本地网广播来获得资源列表,不同子网之间只能通过浏览器之间的交流能力,才能互相交换资源列表。但是,为了浏览多个子网的资源,必须使用 NBNS(NetBIOS Name Service,名称服务器)的解析方式,没有 NBNS 的帮助,计算机将不能获得子网外计算机的 NetBIOS 名称。本地主浏览器也需要查询 NetBIOS 名字服务器以获得域主浏览器的名称,以相互交换网络资源信息。由于域控制器在域内的特殊性,因此域控制器倾向于被用作浏览器,主域控制器应该被用作域主浏览器,它们在被推举时设置的权重较大。

3. 认证方式

在低版本的 Windows 系统中,习惯使用共享级认证的方式互相共享资源,主要原因是在这些 Windows 系统上不能提供真正的多用户功能。一个共享级认证的资源只有一个口令与其相联系,而没有用户数据。这种方法适合于小组人员相互共享很少的文件资源的情况,一旦需要共享的资源变多,需要进行的限制复杂化,那么针对每个共享资源都设置一个口令的做法就不再合适了。因此对于大型网络来讲,更适合的方式是用户级的认证方式,区分并认证每个访问的用户,并通过对不同用户分配权限的方式共享资源。对于工作组方式的计算机,认证用户是通过本机完成的,而域中的计算机通过域控制器进行认证。当 Windows 计算机通过域控制器的认证时,它可以根据设置执行域控制器上的相应用户的登录脚本及桌面环境来描述文件。每台 SMB 服务器对外提供文件或打印服务,每个共享资源需要被给予一个共享名,这个名字将显示在这个服务器的资源列表中。然而,如果一个资源的名字的最后一个字母为$,则这个名字就为隐藏名字,不能直接显示在浏览列表中,但可以通过直接访问这个名字来进行访问。在 SMB 协议中,为了获得服务器提供的资源列表,必须使用一个隐藏的资源名字 IPC$ 来访问服务器,否则客户无法获得系统资源的列表。

7.1.2 Samba 服务

Samba 是一个工具套件,在 UNIX 上实现 SMB 协议,或者称为 NETBIOS/LanManager 协议。Samba 作为一个网络服务器,用于 Linux 和 Windows 共享文件之用。Samba 既可以用于 Windows 和 Linux 之间的共享文件,也可以用于 Linux 和 Linux 之间的共享文件。不过对于 Linux 和 Linux 之间共享文件,有更好的网络文件系统 NFS。

大家知道,在 Windows 网络中的每台机器既可以作为文件共享的服务器,也可以同时作为客户机;Samba 也是一样的,比如一台 Linux,如果作为了 Samba 服务器,它既能充当共享服务器,也能作为客户机来访问其他网络中的 Windows 共享文件系统,或其他 Linux 的 Samba 服务器。

用户在 Windows 网络中利用共享文件功能,直接就可以把共享文件夹当作本地硬盘来使用。在 Linux 中,可以通过 Samba 向网络中的机器提供共享文件系统,也可以把网络中其他机器的共享挂载在本地机上使用,这与 FTP 的使用方法是不一样的。

7.2 安装 Samba 服务器

1. 安装 Samba

在进行 Samba 服务的操作之前,首先可使用下面的命令验证是否已安装了 Samba 组件。

```
#rpm -qa|grep samba
samba-client-4.9.1-8.el8.x86_64       //Samba 客户端软件
samba-4.9.1-8.el8.x86_64              //Samba 服务器端软件
samba-winbind-4.9.1-8.el8.x86_64      //提供基本的配置文件以及相关的支持工具
samba-common-4.9.1-8.el8.noarch       //Samba 的支持软件包
```

命令执行结果表明系统已经安装了 Samba 服务器。如果未安装,可以用命令来安装或卸载 Samba 服务或相关的软件包,具体步骤如下:

(1) 创建挂载目录

```
#mkdir /media/cdrom
```

(2) 把光盘挂载到/media/cdrom 目录

```
#mount /dev/cdrom /media/cdrom
```

(3) 配置好 YUM 源

详见 5.3.2 小节。

(4) 安装 Samba 服务

```
#dnf -y install samba
```

如果出现如下提示,则证明 Samba 服务端组件被正确安装。

```
Installed:
samba-4.9.1-8.el8.x86_64 samba-common-tools-4.9.1-8.el8.x86_64 samba-libs-
4.9.1-8.xl8.x86_64
Complete!
```

(5) 查询配置文件及位置

```
#rpm -qc samba
```

2. 启动、停止 Samba 服务器

Samba 服务使用 smb 进程,其启动、停止或重启可以使用如下命令:

```
#systemctl start smb          //启动 Samba 服务
#systemctl status smb         //查看 Samba 服务运行状态
#systemctl restart smb        //重启 Samba 服务
#systemctl stop smb           //停止 Samba 服务
```

7.3　配 置 Samba

配置 Samba 服务器的主要内容是定制 Samba 的配置文件以及建立 Samba 用户账号。安装了 Samba 服务器所需要的程序包后,就会自动生成 Samba 服务主配置文件 smb.conf,默认存放在/etc/samba 目录中。它用于设置工作群组、Samba 服务器工作模式、NetBIOS 名称以及共享目录等相关设置。Samba 服务器在启动时会读取这个配置文件,以决定如何启动、提供哪些服务以及向网络上的用户提供哪些资源。

smb.conf 文件包含 Samba 程序的运行时配置信息,该文件由节和参数组成,文件包含多个小节,每个节以方括号中节的名称(如[global])开头,一直持续到下一节开始。节中包含如下形式的多个参数:

```
name=value
```

该文件是基于行的,每行终止行表示注释、节名或参数,内容不区分大小写,例如,参数 writable=yes 与 writable=YES 等价。文件中以"#"和";"开头的行表示注释行,不会影响服务器的工作。参数中的第一个等号很重要,服务运行时将忽略第一个等号之前或之后的空格。等号之后的值主要是字符串(不需要引号)或布尔值,可以是 yes/no、1/0 或 true/false。可以借助文件编辑器 vim 查看 smb.conf 文件的内容,命令如下:

```
#vim /etc/samba/smb.conf
```

配置文件中的每个小节([global]小节除外)描述共享资源(称为"共享")。小节名称是共享资源的名称,小节中的参数定义共享属性。默认有三个特别小节,即[global]、[homes]和[printers],用户可以根据自己的需要添加普通共享小节,共享包括文件共享和打印共享,目的在于定义向其授予访问权限的目录以及授予服务用户访问权限的说明。

7.3.1 特殊小节

1. 全局设置

在[global]小节中的设置是关于 Samba 服务整体运行环境的选项,包括工作群组、主机的 NetBIOS 名称、字符编码的显示、登录文件的设定、是否使用密码以及使用密码验证的机制等。

2. 主目录设置

如果配置文件中包含名为[homes]的部分,服务器可以动态地把客户端连接到其主目录。发出连接请求时,将扫描现有设置。如果找到匹配项,则使用该匹配项;如果未找到匹配项,则请求的节名称将被视为用户名,并在本地密码文件中进行搜索。如果用户名存在且已给出正确的密码,则通过克隆[homes]小节创建共享:

(1) 共享名称从 homes 更改为找出的用户名;

(2) 如果未提供路径,则将路径设置为用户主目录。

如果决定在[homes]小节中使用"path="行,则使用%u 宏可能很有用。例如,如果用户使用用户名 john 连接,则选项"path=/tmp/%u"被解释为"路径=/tmp/john"。

宏的使用可以使大量用户快速而简单地访问其主目录而不用重复设置。在 smb.conf 常用的宏如表 7-1 所示。

表 7-1　宏的含义

宏名	描　　述
%a	远程计算机的操作系统
%d	当前服务器进程 ID
%u	当前服务的用户名
%g	%u 的主组名

续表

宏名	描　　述
%h	运行 Samba 的主机名
%m	客户机的 NetBIOS 名称
%p	自动从 NIS 获取的服务主目录的路径
%j	客户端连接到的本地 IP 地址,冒号/圆点替换为下画线
%t	当前日期和时间,没有冒号的最小格式(YYYYmmdd_HHMMSS)
%i	客户端连接到的本地 IP 地址
%v	Samba 服务版本号
%w	winbind 分隔符
%S	当前服务的名称
%D	当前用户的域或工作组的名称
%U	会话用户名
%G	%U 的主组名
%H	由 %u 给定用户的主目录
%M	客户机的 Internet 名称
%P	当前服务的根路径
%J	客机的 IP 地址,冒号/点替换为下画线
%T	当前的日期和时间
%I	客户机的 IP 地址
%L	服务器的 NetBIOS 名称
%R	协议协商后选定的协议级别

[homes]小节可以指定普通共享小节指定的所有参数。重要的一点是,如果在[homes]部分中指定了来宾访问,则所有主目录都将对所有客户端可见,而无须密码。安全的做法是指定只读访问。

主目录的可浏览标识将自动从全局可浏览标识继承,而不是从[homes]可浏览标识继承。这很有用,因为这意味着在[homes]小节中设置"browseable＝no"将隐藏[homes]共享,但使任何主目录自动可见。

3. 打印机设置

[printers]小节的工作方式与[homes]类似,但共享对象是打印机,这让用户能够连接到本地主机的 printcap 文件中指定的任何打印机。发出连接请求时,将扫描现有小节,请求的节名称将被视为打印机名称,并扫描相应的 printcap 文件以查看请求的节名是否是有效的打印机共享名称。如果找到匹配项,则通过克隆[printers]小节创建新的打印机共享。

145

7.3.2　全局参数

（1）workgroup＝SAMBA

该参数用来设置服务器所处的工作组或域名。但要注意，这里的配置要与下面的 security 语句对应设置，如果设置了 security＝domain，则 workgroup 用来指定域名。

（2）server string＝Samba％v

该参数是用来控制在打印管理器的"打印机注释"框中或在"IPC 连接"视图中显示的字符串。它可以是希望向用户显示的任何字符串。

（3）netbios name＝MYSERVER

该参数是用来设置 Samba 服务器的 NetBIOS 名称。默认情况下，它与主机 DNS 名称的第一个部分相同。如果没有这个语句，则浏览共享时显示的是默认的 hostname 名称。

（4）interfaces＝lo eth0 192.168.12.2/24 192.168.13.2/24

该语句为多网卡的 Samba 服务器使用，用于设置 Samba 服务器需要监听的网卡。可以通过网络接口或 IP 地址进行设置。

（5）hosts allow＝127. 192.168.12. 192.168.13.

该语句设置允许访问 Samba 服务器的 IP 范围或域名，是一个与服务器安全相关的重要参数。默认情况下，该参数被禁用，即表明所有主机都可以访问该 Samba 服务器。若进行设置的参数值有多个时，应使用空格或逗号进行分隔。这与参数 allow hosts 的含义相同。

（6）hosts deny＝205.202.4. badhost.mynet.edu.cn

该语句设置拒绝访问 Samba 服务器的 IP 范围或域名。当 host deny 和 hosts allow 语句同时出现，并且定义的内容中有相互冲突时，hosts allow 语句优先。这与参数 deny hosts 的含义相同。

另外要注意，hosts 语句既可以全局设置，也可以局部设置。如果 hosts 语句是在 [global]小节设置的，就会对整个 Samba 服务器生效，也就是对添加的所有共享目录生效；而如果设置在具体的共享目录部分，则表示只对该共享目录生效。

（7）security＝user

该参数是用来设置用户访问 Samba 服务器的安全模式。在 Samba 服务器中主要有四种不同级别的安全模式：AUTO、USER、DOMAIN、ADS。下面分别介绍这四种模式。

- AUTO(自动模式)：在这种模式下，Samba 将参考服务器角色参数来确定安全模式。如果要设置成该模式，在 smb.conf 文件中只需要把 security 语句设置成 security＝auto。
- USER(用户模式)：如果未指定服务器角色，则这种模式是 Samba 中的默认安全设置。对于用户级安全，客户端在连接时必须首先使用有效的用户名和密码登录(可以使用 username map 参数映射)。加密密码(请参考 encrypted passwords 参数)也可用于此安全模式。如果参数 user 和 guest only 被设置并应用后，会影响

Linux 用户在某一连接上的使用。如果要设置成该模式,在 smb.conf 文件中只需要把 security 语句设置成 security＝user。

- DOMAIN(域模式):这种模式是把 Samba 服务器加入 Windows 域网络中,作为域中的成员。在这种模式中,对 Samba 服务器的访问用户进行身份验证的是域中的 PDC(主域控制器),而不是 Samba 服务器。如果要设置成该模式,在 smb.conf 文件中只需要把 security 语句设置成 security＝domain。
- ADS(活动目录模式):在此模式下,Samba 将在 ADS 域充当域成员。要在此模式下运行,运行 Samba 的计算机将需要安装和配置 Kerberos,Samba 将需要使用网络实用程序加入 ADS 域。如果要设置成该模式,在 smb.conf 文件中只需要把 security 语句设置成 security＝ads。

（8） server role＝AUTO

该参数用来设置 Samba 服务器的角色。如果没有指定,则 Samba 为未连接到任何域的简单文件服务器。Samba 服务器定义了 6 种角色:AUTO、STANDALONE、MEMBER SERVER、CLASSIC PRIMARY DOMAIN CONTROLLER、CLASSIC BACKUP DOMAIN CONTROLLER、ACTIVE DIRECTORY DOMAIN CONTROLLER。下面分别介绍这 6 种角色。

- AUTO(自动):这是 Samba 中的默认服务器角色,会导致 Samba 根据安全设置来确定服务器角色,从而为以前的 Samba 版本提供兼容性。如果要设置成该角色,在 smb.conf 文件中只需要把 server role 语句设置成 server role＝auto。
- STANDALONE(独立服务器):如果还未设置 security 选项,则这是 Samba 中的默认安全设置。采用这种角色时,客户端必须首先用有效的用户名和密码(可以使用用户名映射参数映射)存储在这台机器上。加密密码(参见 encrypted passwords 参数)默认使用在该安全模式中。如果参数 user 和 guest only 被设置并应用后,会影响 Linux 用户在某一连接上的使用。如果要设置成该角色,在 smb.conf 文件中只需要把 server role 语句设置成 server role＝standalone。
- MEMBER SERVER(成员服务器):只有将此计算机添加到 Windows 域中时,此模式才能正常工作。它希望 encrypted passwords 参数设置为 yes。在这种模式下,Samba 把用户名/密码传递给 Windows 或 Samba 域控制器,以与 Windows 服务器完全相同的方式验证用户名/密码。需要注意,有效的 Linux 用户还必须存在于域控制器上的账号上,以允许 Samba 有一个有效的 Linux 账号来映射文件的访问。Winbind 可以提供这种功能。如果要设置成该角色,在 smb.conf 文件中只需要把 server role 语句设置成 server role＝member server。
- CLASSIC PRIMARY DOMAIN CONTROLLER(经典主域控制器):这种操作模式运行一个经典的 Samba 主域控制器,向 Windows 和 Samba 客户机提供类似于 Windows NT 域的登录服务。客户端必须加入域中,以创建跨网络的安全可信路径。每个 NetBIOS 作用域只能有一个 PDC(通常是广播网络或由单个 WINS 服务器提供服务的客户端)。如果要设置成该角色,在 smb.conf 文件中只需要把 server role 语句设置成 server role＝classic primary domain controller。

147

- CLASSIC BACKUP DOMAIN CONTROLLER(经典备份域控制器):这种操作模式运行一个经典的 Samba 备份域控制器,向 Windows 和 Samba 客户机提供类似于 Windows NT 域的登录服务。作为 BDC,允许多个 Samba 服务器为单个 NetBIOS 作用域提供冗余登录服务。如果要设置成该角色,在 smb.conf 文件中只需要把 server role 语句设置成 server role=classic backup domain controller。
- ACTIVE DIRECTORY DOMAIN CONTROLLER(活动目录域控制器):这种操作模式将 Samba 作为活动目录域控制器运行,向 Windows 和 Samba 客户机提供类似于 Windows NT 域的登录服务。如果要设置成该角色,在 smb.conf 文件中需要把 server role 语句设置成 server role=active directory domain controller。另外,还需要其他特殊配置。

(9) passdb backend=tdbsam

该参数允许管理员决定选择哪个后台存储用户和组信息。这允许在不同的存储机制之间进行交换,而无须重新编译。选项值可分为两部分:后台名称和用户数据库文件存放的目录,中间用冒号隔开。passdb backend 就是用户后台的意思,目前有三种后台:smbpasswd、tdsam 和 ldapsam。

- smbpasswd:老式的明文 passdb 后台。如果使用这个 passdb 后台,一些 Samba 特性将不起作用。用户数据库 smbpasswd 文件需要用 smbpasswd 命令手工创建,默认在/var/lib/samba/private 目录下。
- tdbsam:基于 TDB 的密码存储后台。用户数据库 passdb.tdb 文件需要用 smbpasswd 命令手工创建,默认在/var/lib/samba/private 目录下。
- ldapsam:该方式是基于 LDAP 的账号管理方式来验证用户。首先要建立 LDAP 服务,然后在 smb.conf 文件中把此选项设置为"passdb backend = ldapsam:ldap://LDAP Server"。

(10) smb passwd file=

该参数用于设置密码文件 smbpasswd 的路径,即针对 passdb backend=smbpasswd 有效。

(11) guest account=

该参数设置用于指定为 guest ok 访问服务的用户名。此用户拥有的任何权限都将对连接到来宾服务的任何客户端可用,且必须存在于密码文件中,但不需要有效的登录名。对于此参数,用户账号 ftp 通常是一个不错的选择。此参数不接受宏,因为系统的有些地方要求此值为常量才能正确操作。

(12) username map=

该参数用于指定包含从客户端到服务器的用户名映射的文件。

(13) domain master=yes

该参数是将 Samba 服务器定义为域的主浏览器,此选项允许 Samba 跨子网浏览列表。如果已经有一台 Windows 域控制器,不要使用此选项。

(14) domain logons=yes

如果想使 Samba 服务器成为 Windows 等工作站的登录服务器,则使用此选项。设置此选项后,可以设置紧跟其后的登录脚本,如 logon script＝％m.bat 等。

(15) local master＝no

该参数用于设置是否允许 nmdb 守护进程成为局域网中主浏览器服务。将该参数设置为 yes,并不能保证 Samba 服务器成为网络中的主浏览器,只是允许 Samba 服务器参加主浏览器的选举。

(16) os level＝33

该参数用于设置 Samba 服务器参加主浏览器选举的优先级,取值为整数。设置为 0,表示不参加主浏览器选举,默认为 33。

(17) preferred master＝yes

设置这个参数后,preferred master 可以在服务器启动时强制进行本地浏览器选择,同时服务器也会享有较高的优先级。默认不使用此功能。

(18) wins support＝no

该参数用于设置是否使 Samba 服务器成为网络中的 WINS 服务器,以支持网络中 NetBIOS 名称解析。

(19) wins proxy＝no

该参数用于设置 Samba 服务器是否成为 WINS 代理。在拥有多个子网的网络中,可以在某个子网中配置一台 WINS 服务器,在其他子网中各配置一个 WINS 代理,以支持网络中所有计算机上的 NetBIOS 名称解析。

(20) dns proxy＝yes

该参数用来决定是否将服务器作为 DNS 代理,即代表名称查询客户端向 DNS 服务器查找 NetBIOS 名称。

(21) printing＝cups

该参数控制如何在系统上解释打印机状态信息,即定义打印系统。目前支持的打印系统包括 cups、bsd、sysv、plp、lprng、aix、hpux、qnx 和 iprint 九种。

(22) load printers＝yes

该参数用于决定是否自动加载 printcap 中打印机列表。值为 yes 时,表示自动加载,这样就不需要对每台打印机单独进行设置了。

(23) cups options＝raw

该参数仅适用于如果将打印设置为 CUPS 模式。选项字符串将直接传递给 CUPS 库。

(24) printcap name＝/etc/printcap

该参数用来设置开机时自动加载的打印机配置文件及路径,系统默认为/etc/printcap。这与参数 printcap 的含义相同。

(25) max disk size＝0

该参数允许设置使用磁盘空间大小的上限。如果将此选项设置为 100,则所有共享的大小将不会大于 100MB。

(26) log file＝/var/log/samba/log.％m

该参数设置日志文件存放路径,Samba 服务器为每个登录的用户建立不同的日志文件,存放在/var/log/smba 目录下。

（27）max log size＝50

该参数用来设置每个日志文件的最大限制为 50KB。一般来说保持默认设置即可。如果取值为 0,则表示不限制日志文件的存储容量。

7.3.3 普通共享选项

（1）comment＝

共享备注,这是一个文本字段,当客户端通过网络邻居或通过网络视图查询服务器时,可以在共享旁边看到,以列出可用的共享。

（2）path＝

该参数指定将授予用户具有访问权限的共享路径,此路径是共享资源的绝对路径。这与参数 directory 的含义相同。

（3）browseable＝yes

该参数控制共享资源是否显示在网络视图中的可用共享列表和浏览列表中。这与参数 browsable 的含义相同。

（4）browse list＝yes

该参数控制是否将浏览列表提供给运行 NetServerEnum 调用的客户端。通常设置为 yes。用户一般不要改变此参数。

（5）read only＝yes

该参数与 writeable 相反,如果该参数为 yes,则使用 Samba 服务的用户不能创建或修改服务目录中的文件。

（6）read list＝

该参数授予对服务的只读访问权限的用户列表。如果连接用户在此列表中,则无论只读选项设置成什么,都不会授予它们写访问权限。列表可以使用 invalid users 参数中描述的语法格式的组名。

（7）writeable＝no

该参数与 read only 相反,如果此参数为 no,则使用 Samba 服务的用户不能创建或修改服务目录中的文件。

（8）write list＝

该参数授予对服务的读/写访问权限的用户列表。如果连接用户在此列表中,则无论只读选项设置成什么,都将授予它们写访问权限。列表可以使用@group 语法格式的组名。需要注意的是,如果用户同时在读列表和写列表中,那么它们将被授予写访问权限。

（9）guest ok＝no

如果该参数设置为 yes,则连接到服务器不需要密码。权限将使用 guest 账号的权限。此设置将使 restrict anonymous＝2 的设置无效。这与参数 pubilc 的含义相同。

（10）guest only＝no

如果该参数设置为 yes,则只允许 guest 用户与服务器连接。如果没有设置 guest ok

选项,则此参数将不起作用。这与参数 only guest 含义相同。

(11) valid users=

该参数设置允许登录到此服务的用户列表。以"@""＋"和"&"开头的名称的使用方法与 invalid users 参数中的规则相同。如果该值为空(默认值),则任何用户都可以登录。如果用户名同时在此列表和 invalid users 列表中,则拒绝该用户的访问。

(12) keepalive=300

参数的值(整数)表示保持活动时间的秒数。如果此参数为 0,则不发送保持活跃的分组。发送 keepalive 包是服务器判断客户端是否仍然存在并响应。一般情况下,只有在遇到问题时才使用这个选项。

(13) max connections=0

该选项的设置将限制同时连接服务器的数量。当设置最大连接数不为 0,则如果达到此服务连接数,将拒绝连接。值为 0 意味着可以建立无限数量的连接。

(14) printable=no

该参数设置是否允许访问用户使用打印机。如要允许打印,则设置为 printable=yes。这与参数 print ok 含义相同。

(15) create mask=0744

设置用户对在此共享目录下创建的文件的默认访问权限。通常是以数字表示,如0604,代表的是文件所有者对新创建的具有可读、可写权限,其他用户具有可读权限,而所属组成员不具有任何访问权限。这与参数 create mode 的含义相同。

(16) directory mask=0755

设置用户对在此共享目录下创建的子目录的默认访问权限。通常是以数字表示,如0765,代表的是目录所有者具有对新创建的子目录可读、可写、可执行权限,所属组成员具有可读、可写权限,其他用户具有可读和可执行权限。这与参数 directory mode 的含义相同。

(17) inherit acls=no

该参数用于确保如果父目录上存在默认 ACL,则在这些父目录中创建新文件或子目录时始终遵循这些 ACL。默认行为是使用创建目录时指定的 unix mode。启用此参数会将 unix mode 设置为 0777,从而保证传播默认目录 ACL。

(18) map archive=no

该参数用来设置是否变换文件的归档属性。默认是 no,以防止把共享文件的属性弄乱影响访问权限。紧跟其后的 hidden、read olny、system 属性也是如此。

(19) force group=

该参数指定一个 UNIX 组名称,该名称将被分配给连接到当前服务的所有用户的默认主组。通过确保对服务上的所有文件的访问都将使用命名组进行权限检查,这对于共享文件非常有用。因此,通过将此组的权限分配给此服务中的文件和目录,Samba 管理员可以限制或允许共享这些文件。如果 force user 参数也被设置,则在 force group 中指定的组将推翻 force user 中的主组。

(20) force user=

该参数将指定一个 UNIX 用户名,该用户名将被指定为连接到此服务的所有用户的默认用户,这对共享文件很有用。不正确使用它会导致安全问题。此用户名仅在建立连接后使用,因此,客户端仍然需要以有效用户身份连接并提供有效密码。无论客户端连接的用户名是什么,一旦连接,所有文件操作都将以"强制用户"的身份执行。该参数还能导致强制用户的主组用作所有文件活动的主组。

7.3.4 管理 Samba 用户

如果采用 Samba 的默认安全级别(sercurity=user),需要为 Samba 添加用户账号才能正常访问。以下介绍涉及的两个文件。

1. 添加 Samba 用户

不论是使用 smbpasswd 后台还是 tdbsam 后台,均需要把系统本地用户添加到 Samba 用户数据库中才能使用。将 Linux 系统账号添加到 Samba 用户数据库的命令格式为:

```
smbpasswd -a Linux 系统用户名
```

例如:

```
#useradd wu              //添加系统账号 wu
#smbpasswd -a wu         //添加为 Samba 账号 wu
```

2. 用户映射

所谓用户映射是将 Windows 系统中使用的用户名映射到 Linux 系统中使用的用户名,或者将多个用户映射到一个用户名,以便更方便地使用共享文件。做了映射后的 Windows 账号,在连接 Samba 服务器时,就可以直接使用 Windows 账号进行访问。

设置用户映射需要先在 Samba 主配置文件中进行修改全局参数 username map=,通过该参数指定一个映射文件,例如 username map=/etc/samba/smbusers。然后编辑 /etc/samba/sambusers 文件,将需要进行映射的用户添加到文件中,格式为:

```
Linux 账号=Windows 账号列表
```

账号列表中的用户名需用空格分隔。该格式表明,多个 Windows 用户账号可以映射为同一个 Samba 账号。例如 root=admin administrator。

7.3.5 配置示例

Samba 服务配置

在本示例中配置了两个共享目录:/usr/share 和/etc/program, Samba 服务器要求进行身份验证,允许 192.168.10.0 网段对/usr/share 共享目录具有只读访问权限,仅允许 root 组成员和 wu 用户对/etc/ program 共享目录具有写入权限,来宾账号需使用 wu 账号。

根据上述要求,Samba 服务器主配置文件 smb.conf 的内容如下:

```
[global]
workgroup=wl                      //设置 Samba 服务器所属工作组为 wl
server string=File Server         //此服务器的描述为 File Server
netbios name=Sambaserver          //设置服务器名字为 Sambaserver
security=user                     //指定 Samba 服务器的工作模式为 user
passdb backend=tdbsam             //指定存储账号的后台
guest account=wu                  //指定 wu 作为 guest 账号

[share]
comment=All user's share directory
path=/usr/share                   //指定共享资源所在的位置
public=no                         //指定该共享目录不允许匿名访问
hosts allow=192.168.10.           //允许来自 192.168.10.0 网段的主机连接
read only=yes                     //指定该共享目录只能以只读方式访问

[program]
comment=Program Files
path=/etc/program
valid users=@root wu              //指定允许访问该共享目录的用户账号为 root 组成员和 wu 账号
guest ok =yes                     //允许以来宾账号访问
writable=yes                      //允许用户对该共享目录具有读取和写入权限
```

把有关选项分别添加到默认的主配置文件 smb.conf 的对应部分,同时用"♯"符号注释掉冲突设置的语句。保存并退出主配置文件后,可以用 testparm 命令测试配置的文件中的语法是否正确,同时将可能出错的地方列出来。其格式为:

testparm [选项] [配置文件] [hostname hostIP]

常用选项说明如下。

-s 选项表示如果没有这个选项,将先列出共享名,按 Enter 键后再列出共享定义项;-v选项表示将包括没有在配置文件中设置的选项及其默认值一起显示出来;-V 选项表示显示此命令的版本信息。

hostname hostIP 需成对出现,用于测试该 IP 地址(hostIP)对应的主机名(hostname)是否可以访问 Samba 服务器。

例如,对以上的配置可以如此测试:

```
#testparm
Load smb config files from /etc/samba/smb.conf
Processing section "[home]"
Processing section "[Printers]"
Processing section "[share]"
Processing section "[program]"
Loaded services file OK.
Server role:ROLE_STANDALONE
...
```

由以上的输出结果中显示"Loaded services file OK.",表示配置文件正确。再按 Enter 键,会显示当前主配置文件中的有效设置。

7.4 Samba 应用实例

7.4.1 Windows 客户机访问 Samba 共享资源

Windows 计算机需要安装 TCP/IP 协议和 NetBIOS 协议,才能访问到 Samba 服务器提供的文件和打印机共享。如果 Windows 计算机要向 Linux 或 Windows 计算机提供文件共享,那么在 Windows 计算机上不仅要设置共享的文件夹,还必须设置 Microsoft 网络的文件和打印机共享。

在 Windows 客户机上访问 Samba 服务器有两种常用的方法:一是通过网上邻居访问;二是通过 UNC 路径访问。

利用网上邻居的方法比较直观。如图 7-1 所示,在 Windows 计算机的桌面上双击"网络"图标,可找到 Samba 服务器。双击 Samba 服务器图标,如果该 Samba 服务器的安全级别为 share,那么将直接显示出 Samba 服务器所提供的共享目录。

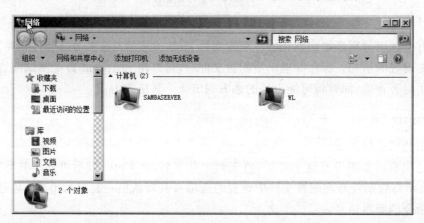

图 7-1 通过网上邻居访问 share 级 Samba 服务器

如果 Samba 服务器的安全级别是 user,那么首先会出现"输入网络密码"对话框,如图 7-2 所示,输入 Samba 用户名和口令后,将显示 Samba 服务器提供的共享目录。

利用网上邻居访问 Samba 资源的方法虽然直观,但是由于网上邻居浏览列表服务器不能及时刷新 Samba 工作组的图标,需要一段时间的延迟,所以有时不能及时在网上邻居中找到 Samba 服务器,在这种情况下,可以通过第二种方法。

利用 UNC 路径访问 Samba 共享的方法是在 Windows 运行窗口、搜索栏或资源管理器地址栏中直接输入"\\Samba 服务器 IP 地址",如\\192.168.10.100,注意此处加两个反斜杠"\\",如图 7-3 所示。

在 Windows 计算机上通过以上两种方法均可对 Samba 共享目录进行各种操作,就

图 7-2　通过网上邻居访问 user 级 Samba 服务器

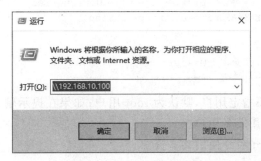

图 7-3　利用 UNC 路径访问 Samba 共享

如同在本地计算机上操作文件和目录一样。

📌**注意**：如果不能正常访问 Linux Samba 服务器中的资源，可能是受到 selinux 或防火墙的影响，可以使用如下命令临时关闭 selinux 和防火墙：

```
#setenforce 0
#systemctl stop firewlled
```

7.4.2　Linux 客户机访问 Samba 共享资源

Linux 客户机在桌面环境下访问 Samba 共享资源的方法与 Windows 客户机相似。但使用桌面环境下的图形方式需安装相应的工具软件，可达到 Windows 中的"网络邻居"的效果，在此不再赘述。

在文本方式下访问 Samba 共享资源时，可以安装使用 Samba 客户端命令 smbclient、smbget、smbstatus 等。

1. smbclient 命令

smbclient 是访问 Samba 服务器资源的客户程序。该程序提供的接口与 FTP 程序类似,访问操作包括在 Samba 服务器上查看共享目录信息、从 Samba 服务器下载文件到本地,或从本地上传文件到 Samba 服务器。

(1) 使用 smbclient 命令查看共享资源

命令格式:

```
smbclient -L 主机名或 IP -U 用户名
```

例如,查看 IP 地址为 192.168.10.100 的 Samba 服务器提供的共享资源的命令如下。

```
#smbclient -L 192.168.10.100 -U wu
Enter wl\wu's password:
        Sharename       Type        Comment
        ---------       ----        -------
        share           Disk        All's user's share directory
        program         Disk        Program Files
        IPC$            IPC         IPC Service (File Server)
        wu              Disk        Home Directories
Reconnecting with SMB1 for workgroup listing.
        Server          Comment
        --------        -------
        Workgroup       Master
        --------        -------
```

如果在命令行中不指定用户,默认为 root 用户;如果在提示输入 root 密码行中不输入密码,则默认尝试使用匿名用户。

(2) 使用 smbclient 命令使用共享资源

命令格式:

```
smbclient //服务器名/共享名 [密码] -U 用户名
```

例如,访问该机器上的某一共享目录(如 share)的命令如下。

```
#smbclient //192.168.10.100/share -U wu
Enter wl\wu's passwd:
Try "help" to get a list of possible commands.
smb:\>?
?           allinfo         altname     archive     backup
cancel      case_sensitive  cd          chmod       chown
...
```

上面的示例进入了 Samba 客户端子命令环境。利用各子命令可对共享目录进行各种操作,如文件的上传、下载等,其用法类似于 FTP 客户端用法。

2. smbget 命令

smbget 命令能够直接将 Samba 服务器或 Windows 上开放的共享资源下载到本地文件系统中。smbget 命令的语法格式为:

```
smbget [选项]  smb 地址 [-U 用户]
```

常用选项说明如下。

-a 选项表示使用 guest 用户;-R 选项表示使用递归下载目录;-r 选项表示自动恢复中断的文件;-U 选项表示使用用户名。

"smb 地址"表示使用 smb：//host/share/path/to/file 的形式。

例如：

```
#smbget -R smb://192.168.10.100/nc -U wu
                            //匿名递归下载服务器 192.168.10.100 上的共享目录 nc
#smbget -Rr smb://sambaserver        //匿名下载服务器 sambaserver 上的所有共享目录
```

3. smbstatus 命令

当 Samba 服务器将资源共享之后,即可在服务器端使用 smbstatus 命令查看 Samba 当前资源被使用情况。例如：

```
#smbstatus
Samba version 4.9.1
PID       Username   Group    Machine            Protocol  Version Encryptin Signing
-------------------------------------------------------------------------------
2984      wu         wu       192.168.10.50 SMB3_11        -         -
Service   pid       machine  connected at      Encryptin  Signing
-------------------------------------------------------------------------------
share     2984      192.168.10.50  Thu Mar 24 00:30:11 2011    -         -
No locked files
```

以上信息显示名为 wu 的用户正在使用机器 IP 地址为 192.168.10.50 的计算机进行连接,屏幕显示的 NO locked files(无锁定文件)信息,说明 wu 未对共享目录中的文件进行编辑,否则显示正在被编辑文件的名称。

7.4.3　Linux 客户机访问 Windows 共享资源

Linux 也可以利用 SMB 访问 Windows 共享资源。在图形桌面环境下访问 Windows 共享资源的方法较为简单,选择"活动\文件\其他位置\Windows 网络"菜单命令,将显示计算机 Linux 所处局域网中的所有计算机,单击要访问的 Windows 主机即可。

也可以采用命令方式来访问 Windows 的共享资源。例如查询 Windows 主机 192.168.10.50 上的共享资源,可以输入命令：

```
#smbclient -L 192.168.10.50 -U administrator
```

实　　　训

1. 实训目的

掌握 Samba 服务器的安装、配置与调试,实现同一网络中 Linux 主机与 Windows 主机、Linux 主机与 Linux 主机之间的资源共享。

2. 实训内容

(1) 安装 Samba 软件包并启动 Samba 服务;使用 smbclient 命令测试 SMB 服务是否正常工作。

(2) 利用 useradd 命令添加 wu、liu 用户,但并不设定密码。这些用户仅用来通过 Samba 服务访问服务器。为了使用户在 shadow 中不含有密码,这些用户的 Shell 可设定为/sbin/nologin。

(3) 利用 smbpasswd 命令为上述用户添加 Samba 访问密码。

(4) 利用 wu 和 liu 用户在 Windows 客户端登录 Samba 服务器,并试着上传文件。观察实验结果。

(5) 在 Linux 中访问 Windows 中共享的资源。

3. 实训总结

通过本次实训,使用户掌握在 Linux 上安装与配置 Samba 服务器,从而实现了不同操作系统之间的资源共享。

习　题

一、选择题

1. Samba 服务器的默认安全级别是(　　)。

    A. share   B. user   C. server   D. domain

2. 编辑修改 smb.conf 文件后,使用以下(　　)命令可测试其正确性。

    A. smbmount   B. smbstatus   C. smbclient   D. testparm

3. Samba 服务器主要由两个守护进程控制,它们是(　　)。

    A. smbd 和 nmbd   B. nmbd 和 inetd   C. inetd 和 smbd   D. inetd 和 httpd

4. 以下可启动 Samba 服务的命令有(　　)。

    A. systemctl status smb   B. /etc/samba/smb start

    C. service smb stop   D. systemctl start smb

5. Samba 的主配置文件是(　　)。

    A. /etc/smb.ini   B. /etc/smbd.conf

    C. /etc/smb.conf   D. /etc/samba/smb.conf

6. 利用(　　)命令可以对 Samba 的配置文件进行语法检查。

    A. smbclient   B. smbpasswd   C. testparm   D. smbmount

二、简答题

1. 简述 smb.conf 文件的结构。

2. Samba 服务器有哪几种安全级别?

3. 如何配置 user 级的 Samba 服务器?

第8章　DNS 服务器配置与管理

域名系统(DNS)在 TCP/IP 网络中是一种很重要的网络服务,其用于将易于记忆的域名和不易记忆的 IP 地址进行转换。承担 DNS 解析任务的网络主机即为 DNS 服务器。本章详细介绍 DNS 服务的基本知识、DNS 服务器的安装、配置及其测试与管理方法。

本章学习任务:

(1) 了解 DNS 功能、组成和类型;

(2) 掌握安装、启动 DNS 服务的方法;

(3) 掌握配置 DNS 服务器的方法。

8.1　DNS 服务器简介

8.1.1　域名及域名系统

任何 TCP/IP 应用在网络层都是基于 IP 协议实现的,因此必然要涉及 IP 地址。但是不论是 32 位二进制的 IP 地址还是 4 组十进制的 IP 地址都很难记忆,所以用户很少直接使用 IP 地址来访问主机。一般采用更容易记忆的 ASCII 串来替代 IP 地址,这种特殊用途的 ASCII 串被称为域名。例如,人们很容易记住代表新浪网的域名 www.sina.com,但是恐怕极少有人知道或者记得新浪网站的 IP 地址。使用域名访问主机虽然方便,但却带来了一个新的问题,即所有的应用程序在使用这种方式访问网络时,首先需要将这种以 ASCII 串表示的域名转换为 IP 地址,因为网络本身只识别 IP 地址。

在为主机标识域名时要解决 3 个问题:一是全局唯一性,即一个特定的域名在整个互联网上是唯一的,它能在整个互联网中通用,不管用户在哪里,只要指定这个名字,就可以唯一地找到这台主机;二是域名要便于管理,即能够方便地分配域名、确认域名以及回收域名;三是高效地完成 IP 地址和域名之间的映射。

域名与 IP 地址的映射在 20 世纪 70 年代由网络信息中心(NIC)负责完成,NIC 记录所有的域名地址和 IP 地址的映射关系,并负责将记录的地址映射信息分发给接入因特网的所有最低级域名服务器(仅管辖域内的主机和用户)。每台服务器上维护一个被称为 hosts.txt 的文件,记录其他各域的域名服务器及其对应的 IP 地址。NIC 负责所有域名服务器上 hosts.txt 文件的一致性。主机之间的通信直接查阅域名服务器上的 hosts.txt

文件。但是,随着网络规模的扩大,接入网络的主机也不断增加,从而要求每台域名服务器都可以容纳所有的域名地址信息就变得极不现实,同时对不断增大的 hosts.txt 文件一致性的维护也浪费了大量的网络系统资源。

为了解决这些问题,1983 年,因特网开始采用层次结构的命名树作为主机的名字,并使用分布式的 DNS(Domain Name System)。因特网的 DNS 被设计成一个联机分布式数据库系统,并采用客户/服务器模式。DNS 使大多数名字都在本地解析,仅少量解析需要在因特网上通信,因此系统效率很高。由于 DNS 是分布式系统,即使单个计算机出了故障,也不会妨碍整个系统的正常运行。人们常把运行主机域名解析为 IP 地址程序的机器称为域名服务器。

8.1.2　域名结构

在因特网上采用了层次树状结构的命名方法,任何连接在因特网上的主机或路由器,都有一个唯一的层次结构的名字,即域名(Domain Name)。

域名的结构由若干个分量组成,各分量之间用点隔开,其格式为:

×××.三级域名.二级域名.顶级域名

各分量分别代表不同级别的域名。每一级的域名都由英文字母和数字组成(不超过63 个字符,并且不区分字母的大小写),级别最低的域名写在最左边,级别最高的顶级域名写在最右边。完整的域名不超过 255 个字符。域名系统既不规定一个域名需要包含多少个下级域名,也不规定每一级的域名代表什么意思。各级域名由其上一级的域名管理机构管理,而最高的顶级域名则由因特网的有关机构管理。用这种方法可使每一个名字都是唯一的,并且也容易设计出一种查找域名的机制。需要注意,域名只是个逻辑概念,并不代表计算机所在的物理节点。

图 8-1 所示为因特网名字空间的结构,它实际上是一个倒过来的树,树根在最上面且没有名字。树根下面一级的节点就是最高一级的顶级域节点。在顶级域节点下面的是二级域节点。最下面的叶节点就是单台计算机。图 8-1 列举了一些域名作为例子。凡是在顶级域名.com 下注册的单位都获得了一个二级域名。例如,图 8-1 中的有 cctv(中央电视台)、ibm、hp(惠普)、mot(摩托罗拉)等公司。在顶级域名.cn 下的二级域名的例子是:3个行政区域名 hk(香港)、bj(北京)、he(河北)以及我国规定的 6 个类别域名。这些二级域名是我国规定的,凡在其中的某一个二级域名下注册的单位就可以获得一个三级域名。图 8-1 中给出的.edu 下面的三级域名有 sjzpt(石家庄职业技术学院)、tsinghua(清华大学)、pku(北京大学)、fudan(复旦大学)等。一旦某个单位拥有了一个域名,它就可以自己决定是否要进一步划分其下属的子域,并且不必将这些子域的划分情况报告给上级机构。图 8-1 画出了在二级域名.cctv.com 下的中央电视台自己划分的三级域名 mail(域名为 mail.cctv.com)。在石家庄职业技术学院下的四级域名 mail 和 www(域名分别为 mail.sjzpt.edu.cn 和 www.sjzpt.edu.cn)等。域名树的树叶就是单台计算机的名字,它不能再继续往下划分子域了。

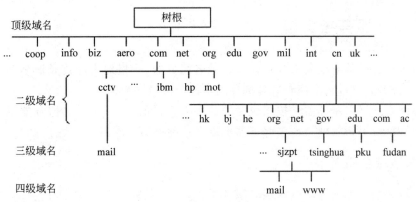

图 8-1　因特网的域名结构

在 1998 年以后,非营利组织 ICANN 成为因特网的域名管理机构。现在顶级域名 TLD(Top Level Domain)有三大类。

(1) 国家顶级域名 nTLD:国家顶级域名又常记为 ccTLD(cc 表示国家代码),现在 使用的国家顶级域名约有 200 个,采用 ISO 3166 的规定。例如,.cn 表示中国,.us 表示美 国,.uk 表示英国,等等。

(2) 国际顶级域名 iTLD:采用.int。国际性的组织可在.int 下注册。

(3) 国际通用顶级域名 gTLD:最早的顶级域名共有 6 个,.com 表示公司企业,.net 表示网络服务机构,.org 表示非营利性组织,.edu 表示教育机构(美国专用),.gov 表示政 府部门(美国专用),.mil 表示军事部门(美国专用)。随着 Internet 用户的激增,域名资源 越发紧张,为了缓解这种状况,加强域名管理,Internet 国际特别委员会在原来的基础上 增加了以下国际通用顶级域名:.aero 用于航空运输企业,.biz 用于公司和企业,.coop 用 于合作团体,.info 适用于各种情况,.museum 用于博物馆,.name 用于个人,.pro 用于会 计、律师和医师等自由职业者,.firm 适用于公司、企业,.store 适用于商店、销售公司和企 业,.web 适用于突出 WWW 活动的单位,.art 适用于突出文化、娱乐活动的单位,.rec 适 用于突出消遣、娱乐活动的单位等。

在国家顶级域名下注册的二级域名均由该国家自行确定。例如,荷兰就不设二级域 名,其所有机构均注册在顶级域名.nl 之下。又如日本,其将教育和企业机构的二级域名 定为.ac 和.co(而不用.edu 和.com)。

在我国将二级域名划分为"类别域名"和"行政区域名"两大类。其中"类别域名"有 6 个:.ac 表示科研机构,.com 表示工业、商业、金融等企业,.edu 表示教育机构,.gov 表示 政府部门,.net 表示互联网络、接入网络的信息中心和运行中心,.org 表示各种非营利性 的组织。适用于我国大陆的各省、自治区、直辖市的"行政区域名"有 34 个,例如,.bj 表示 北京市,.he 表示河北省,等等。在我国,在二级域名.edu 下申请注册三级域名则由中国 教育和科研计算机网网络中心负责。在二级域名.edu 之外的其他二级域名下申请三级 域名的,则应向中国互联网网络信息中心 CNNIC 申请。

8.1.3 域名服务器类型

域名服务器是整个域名系统的核心。域名服务器,严格地讲应该是域名名称服务器(DNS Name Server),它保存着域名称空间中部分区域的数据。

因特网上的域名服务器是按照域名的层次来安排的,每一个域名服务器都只对域名体系中的一部分进行管辖。域名服务器有以下三种类型。

1. 本地域名服务器

本地域名服务器又称为默认域名服务器,当一个主机发出 DNS 查询报文时,这个报文就首先被送往该主机的本地域名服务器。在用户的计算机中设置网卡设置的首选DNS 服务器即为本地域名服务器。本地域名服务器离用户较近,一般不超过几个路由器的距离。当所要查询的主机也属于同一本地 ISP 时,该本地域名服务器立即就将能所查询的主机名转换为它的 IP 地址,而不需要再去询问其他的域名服务器。

2. 根域名服务器

目前因特网上有十几个根域名服务器,大部分都在北美。当一个本地域名服务器不能立即回答某个主机的查询时,该本地域名服务器就以 DNS 客户的身份向某一根域名服务器查询。

若根域名服务器有被查询主机的信息,就发送 DNS 回答报文给本地域名服务器,然后本地域名服务器再回答给发起查询的主机。但当根域名服务器没有被查询主机的信息时,它一定知道某个保存有被查询主机名字映射的授权域名服务器的 IP 地址。通常根域名服务器用来管辖顶级域(如.com)。根域名服务器并不直接对顶级域下面所属的域名进行转换,但它一定能够找到下面的所有二级域名的域名服务器。

3. 授权域名服务器

每一个主机都必须在授权域名服务器处注册登记。通常,一台主机的授权域名服务器就是它的本地 ISP 的一个域名服务器。实际上,为了更加可靠地工作,一台主机最好至少有两个授权域名服务器。许多域名服务器同时充当本地域名服务器和授权域名服务器。授权域名服务器总是能够将其管辖的主机名转换为该主机的 IP 地址。

每个域名服务器都维护一个高速缓存,存放最近用过的名字以及从何处获得名字映射信息的记录。当客户请求域名服务器转换名字时,服务器首先按照标准过程检查它是否被授权管理该名字。若未被授权,则查看自己的高速缓存,检查该名字是否最近被转换过。域名服务器向客户报告缓存中有关名字和地址的绑定信息,并标识为非授权绑定,以及给出获得此绑定的服务器的域名。本地服务器同时也将服务器与 IP 地址的绑定告知客户。因此,客户可以很快收到回答,但有可能信息已经过时。如果强调高效,客户可选择接受非授权的回答信息并继续进行查询;如果强调准确性,客户可与授权服务器联系,并检验名字与地址间的绑定是否仍有效。

　　因特网允许各个单位根据本单位的具体情况将本单位的域名划分为若干个域名服务器管辖区(Zone),一般就在各管辖区中设置相应的授权域名服务器。如图 8-2 所示,abc公司有下属部门 X 和 Y,而部门 X 下面又分为三个分部门 u、v 和 w,而部门 Y 下面还有其下属的部门 T。

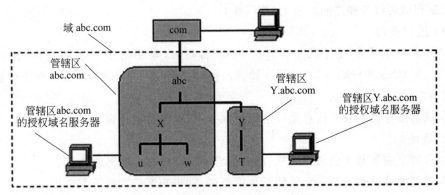

图 8-2　域名服务器管辖区的划分

8.1.4　域名的解析过程

1. DNS 解析流程

　　当使用浏览器阅读网页时,在地址栏输入一个网站的域名后,操作系统会调用解析程序(即客户端负责 DNS 查询的 TCP/IP 软件),开始解析此域名对应的 IP 地址,其运作过程如图 8-3 所示。

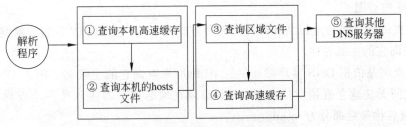

图 8-3　DNS 解析程序的查询流程

　　① 首先解析程序会去检查本机的高速缓存记录。如果从高速缓存内即可得知该域名所对应的 IP 地址,就将此 IP 地址传给应用程序。

　　② 若在本机高速缓存中找不到答案,接着解析程序会去检查本机文件 hosts.txt,看是否能找到相对应的数据。

　　③ 若还是无法找到对应的 IP 地址,则向本机指定的域名服务器请求查询。域名服务器在收到请求后,会先去检查此域名是否为管辖区域内的域名,看是否有相符的数据,反之则进入下一步。

　　④ 在区域文件内若找不到对应的 IP 地址,则域名服务器会去检查本身所存放的高

163

速缓存,看是否能找到相符合的数据。

⑤ 如果还是无法找到相对应的数据,就需要借助外部的域名服务器,这时就会开始进行域名服务器与域名服务器之间的查询操作。

上述 5 个步骤可分为两种查询模式,即客户端对域名服务器的查询(第③、④步)及域名服务器和域名服务器之间的查询(第⑤步)。

(1) 递归查询

DNS 客户端要求域名服务器解析 DNS 名称时,采用的多是递归查询(Recursive Query)。当 DNS 客户端向 DNS 服务器提出递归查询时,DNS 服务器会按照下列步骤来解析名称。

① 域名服务器本身的信息足以解析该项查询,则直接响应客户端其查询的名称所对应的 IP 地址。

② 若域名服务器无法解析该项查询,会尝试向其他域名服务器查询。

③ 若其他域名服务器也无法解析该项查询,则告知客户端找不到数据。

从上述过程可得知,当域名服务器收到递归查询时,必然会响应客户端其查询的名称所对应的 IP 地址,或者是通知客户端找不到数据。

(2) 循环查询

循环查询多用于域名服务器与域名服务器之间的查询方式。它的工作过程是:当第 1 台域名服务器向第 2 台域名服务器(一般为根域服务器)提出查询请求后,如果在第 2 台域名服务器内没有所需要的数据,则它会提供第 3 台域名服务器的 IP 地址给第 1 台域名服务器,让第 1 台域名服务器直接向第 3 台域名服务器进行查询。以此类推,直到找到所需的数据为止。如果到最后一台域名服务器中还没有找到所需的数据,则通知第 1 台域名服务器查询失败。

(3) 反向查询

反向查询的方式与递归型和循环型两种方式都不同,它是让 DNS 客户端利用自己的 IP 地址查询它的主机名称。

反向查询是依据 DNS 客户端提供的 IP 地址来查询它的主机名。由于 DNS 域名与 IP 地址之间无法建立直接对应关系,所以必须在域名服务器内创建一个反向查询的区域,该区域名称最后部分为 in-addr.arpa。

一旦创建的区域进入 DNS 数据库,就会增加一个指针记录,将 IP 地址与相应的主机名相关联。换句话说,当查询 IP 地址为 211.81.192.250 的主机名时,解析程序将向 DNS 服务器查询 250.192.81.211.in-addr.arpa 的指针记录。如果该 IP 地址在本地域之外时,DNS 服务器将从根开始,顺序解析域节点,直到找到 250.192.81.211.in-addr.arpa。

当创建反向查询区域时,系统就会自动为其创建一个反向查询区域文件。

2. 域名解析的效率

为了提高解析速度,域名解析服务提供了两方面的优化,即复制和高速缓存。

复制是指在每个主机上保留一个本地域名服务器数据库的副本。由于不需要任何网络交互就能进行转换,复制使得本地主机上的域名转换非常快。同时,它也减轻了域名服务器的计算机负担,使服务器能为更多的计算机提供域名服务。

高速缓存是比复制更重要的优化技术,它可使非本地域名解析的开销大大降低。网络中每个域名服务器都维护一个高速缓存器,由高速缓存器来存放过的域名和从何处获得域名映射信息的记录。当客户机请求服务器转换一个域名时,服务器首先查找本地域名到 IP 地址映射数据库,若无匹配地址则检查高速缓存中是否有该域名最近被解析过的记录,如果有就返回给客户机,如果没有则应用某种解析方式或算法解析该域名。为保证解析的有效性和正确性,高速缓存中保存的域名信息记录设置有生存时间,这个时间由响应域名询问的服务器给出,超时的记录就将从缓存区中删除。

3. DNS 完整的查询过程

图 8-4 显示了一个包含递归型和循环型两种类型的查询方式,DNS 客户端向指定的 DNS 服务器查询 www.sjzpt.edu.cn 的 IP 地址的过程。查询的具体解析过程如下。

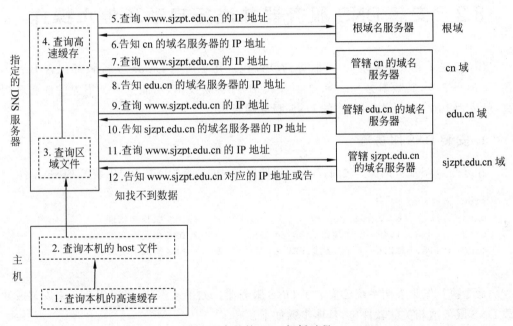

图 8-4 完整的 DNS 解析过程

域名解析使用 UDP 协议,其 UDP 端口号为 53。提出 DNS 解析请求的主机与域名服务器之间采用客户机/服务器(C/S)模式工作。当某个应用程序需要将一个名字映射为一个 IP 地址时,应用程序调用一种名为解析器(参数为要解析的域名地址)的程序,由解析器将 UDP 分组传送到本地 DNS 服务器上,由本地 DNS 服务器负责查找名字并将 IP 地址返回给解析器。解析器再把它返回给调用程序。本地 DNS 服务器以数据库查询方式完成域名解析过程,并且采用了递归查询。

8.1.5　动态 DNS 服务

动态 DNS(域名解析)服务,也就是可以将固定的互联网域名和动态(非固定)IP 地址实时对应(解析)的服务。这就是说相对于传统的静态 DNS 而言,它可以将一个固定的域名解析到一个动态的 IP 地址,简单地说,不管用户何时上网、以何种方式上网、得到一个什么样的 IP 地址、IP 地址是否会变化,它都能保证通过一个固定的域名就能访问到用户的计算机。

动态域名的功能,就是实现固定域名到动态 IP 地址之间的解析。用户每次上网得到新的 IP 地址之后,安装在用户计算机里的动态域名软件就会把这个 IP 地址发送到动态域名解析服务器,更新域名解析数据库。Internet 上的其他人要访问这个域名的时候,动态域名解析服务器会返回正确的 IP 地址给他。

8.2　安装 DNS 服务器并进行启动及停止操作

BIND 是 Linux 中实现 DNS 服务的软件包。几乎所有 Linux 发行版都包含 BIND,在 CentOS 8 中,其版本为 bind-9.11.4,支持 IPv6 等新技术,功能上有了很大的改善和提高,已成为 Internet 上使用最多的 DNS 服务器版本。

1. 安装 DNS 服务器

在进行 DNS 服务的操作之前,首先可以使用下面的命令验证是否已安装了 BIND 组件。

```
#rpm -qa|grep bind
bind-9.11.4-16.p2.el8.x86_64                    //DNS 服务器软件
bind-libs-9.11.4-16.p2.el8.x86_64               //DNS 相关库文件
bind-utils-9.11.4-16.p2.el8.x86_64              //DNS 集成工具软件
...
```

命令执行结果表明系统已安装了 DNS 服务器。如果未安装,可以用命令来安装或卸载 DNS 服务或相关的软件包,具体步骤如下。

(1) 把光盘挂载到/media 目录

```
#mount /dev/cdrom /media
```

(2) 进入 BIND 软件包所在的目录(注意字母的大小写)

```
#cd /media/AppStream/Packages
```

(3) 安装 DNS 服务

```
#rpm -ivh bind-9.11.4-16.p2.el8.x86_64.rpm
```

如果出现如下提示,则证明 DNS 服务被正确安装。

```
Verifying...                       ###################################[100%]
Preparing...                       ###################################[100%]
Updating / installing...
1: bind-32: 9.11.4-16.p2.el8       ###################################[100%]
```

（4）查询配置文件及位置

```
#rpm -qc bind
```

2. 启动、停止 DNS 服务器

DNS 服务使用 named 进程，它的启动、停止或重启可以使用如下命令：

```
#systemctl start named             //启动 DNS 服务
#systemctl status named            //查看 DNS 服务运行状态
#systemctl restart named           //重启 DNS 服务
#systemctl stop named              //停止 DNS 服务
```

8.3　配置 DNS 服务器

配置一台完整的服务器至少需要修改 4 个配置文件，如表 8-1 所示。其中最关键的主配置文件是/etc/named.conf。DNS 服务的 named 守护进程运行时首先从 named.conf 文件获取其他配置文件的信息，然后按照各区域文件的设置内容提供域名解析服务。

表 8-1　DNS 服务器的主要配置文件

配　置　文　件	说　　　　明
/etc/named.conf	主配置文件，用来设置 DNS 服务器的全局参数，并指定区域类型、区域文件名及其保存路径
/var/named/named.ca	缓存文件，指向根域名服务器的区域配置文件
正向区域解析数据库文件	由 named.conf 文件指定，用于实现区域内主机名到 IP 地址的解析
反向区域解析数据库文件	由 named.conf 文件指定，用于实现区域内 IP 地址到主机名的解析

此外，与域名解析有关的文件还有/etc/hosts、/etc/host.conf 和/etc/resolv.conf 等。本节分别介绍各种 DNS 服务器的配置文件以及 DNS 解析相关的文件结构。

8.3.1　主配置文件 named.conf

BIND 件安装时会自动创建一系列文件，其中包含默认配置文件/etc/named.conf，其主体部分及说明如下：

```
options {
  listen-on port 53 {127.0.0.1;};        //服务侦听的 IPv4 地址和端口号，IP 地址可
                                          用关键字 any 或 none 代替
```

```
    listen-on-v6 port 53 {::1;};              //服务侦听的 IPv6 地址和端口号
    directory "/var/named";                   //区域数据库文件及位置
    dump-file "/var/named/data/cache_dump.db";  //转储文件及位置
    statistics-file "/var/named/data/named_stats.txt";  //统计文件及位置
    memstatistics-file "/var/named/data/named_mem_stats.txt";
                                              //内存统计文件及位置
    secroots-file "/var/named/data/named.secroots";  //次根文件及位置
    recursing-file "/var/named/data/named.recursing";  //递归文件及位置
    allow-query {localhost;};                 //允许查询的机器列表,还可以是 IP 地址、any、none
    recursion yes;                            //是否允许递归查询
    dnssec-enable yes;                        //是否返回 dnssec 关联的资源记录
    dnssec-validation yes;                    //是否验证通过 dnssec 的资源记录是权威的
    pid-file "/run/named/named.pid";          //进程文件名及存放位置
    session-keyfile "/run/named/session.key";  //会话密钥文件及位置
};

logging {                                     //服务器日志记录的内容和日志信息存放文件及位置
        channel default_debug{
                file "data/named.run";
                severity dynamic;
        };
};

zone "." IN {                                 //定义".".(根)区域
                type hint;                    //区域类型为提示类型
                file "named.ca";              //该区域的数据库文件为 named.ca
};

include "/etc/named.rfc1912.zones";    //包含区域辅助文件
include "/etc/named.root.key";         //包含用来签名和验证 DNS 资源记录的公共密钥文件
```

/etc/named.conf 文件说明 DNS 服务器的全局参数,由多个 BIND 配置命令组成,每个配置命令是由参数和大括号括起来的配置子句块,各配置子句也包含相应的参数,并以分号结束,其语法与 C 语言的类似。named.conf 文件中最常用的配置语句有两个: options 语句和 zone 语句。

1. options 语句

options 语句定义全局配置选项,在 named.conf 文件中只能使用一次。其基本格式为:

```
options {
        配置子句;
};
```

在 bind 文档中有完整的 options 配置选项清单,其中最常用的有如下几个。

(1) directory "目录路径名": 定义区域数据库文件的保存路径,默认为/var/named, 一般不需要修改。

（2）forwarders {ip 地址表；}：列出本地 DNS 服务器不能解析的域名查询请求被转发给哪些服务器，这对于使用 DNS 服务器连接到 Internet 的局域网很有用。此选项也可以设置在转发区域条目中。

2. zone 语句

zone 语句用于定义 DNS 服务器所服务的区域，其中包括区域名、区域类型和区域文件名等信息。默认配置的 DNS 服务器没有自定义任何区域，主要靠根提示类型的区域来找到 Internet 根服务器，并将查询的结果缓存到本地，进而用缓存中的数据来响应其他相同的查询请求，因此，采用默认配置的 DNS 服务器就被称为 caching-only DNS server（只缓存域名服务器）。

zone 语句的基本格式为：

```
zone "区域名" IN {
    type 子句；
    file 子句；
    其他配置子句；
};
```

注意：以上每条配置语句均以“；”结束。

各选项说明如下。

- 区域名：根域名用“.”表示。除根域名以外，通常每个区域都要指定正向区域名和反向区域名。正向区域名形如 wu.com，为合法的 Internet 域名；反向区域名形如 80.206.202.in-addr.arpa，由网段 IP 地址（202.206.80.0/24）的逆序形式加 in-addr.arpa 扩展名而成，其中 arpa 是反向域名空间的顶级域名，in-addr 是 arpa 的一个下级域名。
- type 子句：说明区域的类型。区域类型可以是 master、slave、stub、forward 或 hint，各类型及说明如表 8-2 所示。

表 8-2　区域类型及说明

类　　型	说　　明
master	主 DNS 区域，指明该区域保存主 DNS 服务器信息
slave	辅助 DNS 区域，指明需要从主 DNS 服务器定期更新数据
stub	存根区域，与辅助 DNS 区域类似，但只复制主 DNS 服务器上的 NS 记录
forward	转发区域，将任何 DNS 查询请求重定向到转发语句所定义的服务器
hint	提示区域，提示 Internet 根域名服务器的名称及对应的 IP 地址

- file 子句：指定区域数据库文件的名称，应在文件名两边使用双引号。

8.3.2　区域数据库文件和资源记录

除根域以外，DNS 服务器在域名解析时对每个区域使用两个区域数据库文件：正向区域数据库文件和反向区域数据库文件。区域数据库文件定义一个区域的域名和 IP 地址信息,主要由若干个资源记录组成。区域数据库文件的名称由 named.conf 文件的 zone 语句指定,它可以是任意的,但通常使用域名作为区域数据库文件名,以方便管理,例如 wu.com 域有一个名为 wu.com.zone 的区域数据库文件。本地主机正向、反向数据库文件也可以采用任意名称,但通常使用 named.localhost 和 named.loopback。

由 named.conf 文件中 options 段的指令 directory "/var/named"可知,区域数据库文件位于该目录下。用户可以根据该目录下的自带模板文件创建相应的区域文件。

1. 正向区域数据库文件

正向区域数据库文件实现区域内主机名到 IP 地址的正向解析,包含若干条资源记录。下面是一个典型的正向区域数据库文件的内容(假定区域名为 wu.com):

```
$TTL 1D
@          IN    SOA@  rname.invalid. (
                  0     ;serial
                  1D    ;refresh
                  1H    ;retry
                  1W    ;expire
                  3H)   ;minimum
           NS    @
           A     127.0.0.1
           AAAA  ::1
computer   A     10.0.0.2
           MX 10 mail.wu.com.
www        CNAME computer.wu.com.
```

该区域文件中包含 SOA、NS、A、CNAME、MX 等资源记录类型,现分述如下。

(1) SOA 记录

区域数据库文件通常以被称为"授权记录开始(Start of Authority,SOA)"的资源记录开始,此记录用来表示某区域的授权服务器的相关参数,其基本格式为:

```
@       IN    SOA@   DNS 主机名   管理员电子邮件地址 (
                                  序列号
                                  刷新时间
                                  重试时间
                                  过期时间
                                  最小生存期)
```

① SOA 记录首先需要指定区域名称,通常使用@符号表示 named.conf 文件中 zone 语句定义的域名,上面文件中的@表示"wu.com"。而第 2 个@表示的是 DNS 主机名,由于@在区域文件中的特殊含义,管理员的电子邮件地址中可以不使用@,而使用"."代替。

② IN 代表 Internet 类,SOA 是起始授权类型。需要注意,其后所跟的授权域名服务器如采用域名,必须是完全标识域名(FQDN)形式,它以点号结尾,管理员的电子邮件地址也是如此。BIND 规定:在区域数据库文件中,任何没有以点号结尾的主机名或域名都

会自动追加@的值,即追加区域名构成 FQDN。

③ 序列号也称为版本号,用来表示该区域数据库的版本,它可以是任何数字,只要它随着区域中记录修改不断增大即可。辅助 DNS 服务器将会使用主 DNS 服务器的此参数。

④ 刷新时间:指定辅助 DNS 服务器根据主 DNS 服务器更新区域数据库文件的时间间隔。

⑤ 重试时间:指定辅助 DNS 服务器如果更新区域文件时出现通信故障,多长时间后重试。

⑥ 过期时间:指定辅助 DNS 服务器无法更新区域文件时,多长时间后所有资源记录无效。

⑦ 最小生存时间:指定资源记录信息存放在缓存中的时间。

以上时间的表示方法有两种。

- 数字形式:用数字表示,默认单位为秒,如 3600。
- 时间形式:可以指定单位为分钟(M)、小时(H)、天(D)、周(W)等,如 3H 表示 3 小时。

(2) NS 记录

NS 记录用来指明该区域中 DNS 服务器的主机名或 IP 地址,是区域数据库文件中不可缺少的资源记录。如果有一个以上的 DNS 服务器,可以在 NS 记录中将它们一一列出,这些记录通常放在 SOA 记录后面。由于其作用于与 SOA 记录相同的域,所以可以不写出域名,以继承 SOA 记录中"@"符号指定的服务器域名。假设服务器 IP 地址为 10.0.0.1、机器名为 dns、域名为 wu.com,则以下语句的功能相同:

```
         IN  NS @
         IN  NS 10.0.0.1.
         IN  NS dns
         IN  NS dns.wu.com.        //需有对应的 A 记录
wu.com.  IN  NS dns.wu.com.        //需有对应的 A 记录
```

(3) A 记录

A 记录指明区域内的主机域名和 IP 地址的对应关系,仅用于正向区域数据库文件。A 记录是正向区域数据库文件中的基础数据,任何其他类型的记录都要直接或间接地利用相应的 A 记录。这里的主机域名通常仅用其完整标识域名的主机名部分表示。如前所述,系统对任何没有使用点号结束的主机名会自动追加域名,因此上面文件中的语句:

```
computer  IN  A  10.0.0.2
```

等价于

```
computer.wu.com.  IN  A  10.0.0.2
```

(4) CNAME 记录

CNAME 记录用于为区域内的主机建立别名,仅用于正向区域数据库文件。别名通常用于一个 IP 地址对应多个不同类型服务器的情况。上文中 www.wu.com 是

computer.wu.com 的别名。

利用 A 记录也可以实现别名功能,可以让多个主机名对应相同的 IP 地址。例如,为了使 www.wu.com 成为 computer.wu.com 的别名,只要为它增加一个地址记录,使其具有 computer.wu.com 相同的 IP 地址即可。

```
computer  A  10.0.0.2
www       A  10.0.0.2
```

(5) MX 记录

MX 记录仅用于正向区域数据库文件,它用来指定本区域内的邮件服务器主机名,这是 sendmail 要用到的。其中的邮件服务器主机名可以 FQDN 形式表示,也可用 IP 地址表示。MX 记录中可指定邮件服务器的优先级别,当区域内有多个邮件服务器时,根据其优先级别决定邮件路由的先后顺序,数字越小,级别越高。前面的正向区域数据库文件中指定邮件服务器名为 mail.wu.com,表明任何发送到该区域的邮件(邮件地址的主机部分是@值)会被路由到该邮件服务器,然后再发送给具体的计算机。

总之,正向区域数据库文件都是以 SOA 记录开始,可以包括 NS 记录、A 记录、MX 记录等。

2. 反向区域数据库文件

反向区域数据库文件用于实现区域内主机 IP 地址到域名的映射。请看下面这个区域名为 0.0.10.in-addr.arpa 的反向区域数据库文件:

```
$TTL 1D
@   IN  SOA  @  rname.invalid. (
                    0       ;serial
                    1D      ;refresh
                    1H      ;retry
                    1W      ;expire
                    3H)     ;minimum
        NS   @
        A    127.0.0.1
        AAAA ::1
        PTR  localhost.
2       PTR  computer.wu.com.
3       PTR  mail.wu.com.
```

将该文件与前面的正向区域数据库文件进行对照就可以发现,它们的前两条记录 SOA 记录与 NS 记录是相同的。所不同的是,反向区域数据库文件中并没有 A 记录、MX 记录和 CNAME 记录,而是定义了新的记录类型——PTR 记录类型。

PTR 记录类型又称为指针类型,它用于实现 IP 地址与域名的逆向映射,仅用于反向区域数据库文件。需要注意的是,该记录最左边的数字不以“.”结尾,系统将会自动在该数字的前面补上@的值,即补上反向区域名称来构成 FQDN。因此,上述文件中的第一条 PTR 记录等价于:

```
2.0.0.10.in-addr.arpa. PTR  computer.wu.com.
```

一般情况下,反向区域数据库文件中除了 SOA 记录和 NS 记录外,绝大多数都是 PTR 记录类型,其第一项是逆序的 IP 地址,最后一项必须是一个主机的完全标识域名,后面一定有一个"."。

8.4　DNS 服务器配置实例

8.4.1　配置主 DNS 服务器

假设需要配置一个符合下列条件的主域名服务器。

(1) 域名为 linux.net,网段地址为 192.168.10.0/24。

(2) 主域名解析服务器的 IP 地址为 192.168.10.10,主机名为 dns.linux.net。

DNS 配置

(3) 需要解析的服务器包括:www.linux.net(192.168.10.11)、ftp.linux.net(192.168.10.12)、mail.linux.net(192.168.10.13)。

配置过程如下。

1. 配置主配置文件/etc/named.conf

在主配置文件中需要修改如下内容:

```
#vim /etc/named.conf
options {
  listen-on port 53 {any;};              //侦听所有 IPv4 地址
  listen-on-v6 port 53 {any;};           //侦听所有 IPv6 地址
  ...
  allow-query {any;};                    //允许所有机器查询
  ...
zone "linux.net." IN {                   //新建一个正向 linux.net 区域
      type master;                       //设置为主 DNS 服务器
      file "linux.net.zone";             //配置区域文件的名称
};

zone "10.168.192.in-addr.arpa." IN {     //新建一个反向 10.168.192.in-addr.arpa 区域
      type master;
      file "10.168.192.zone";            //配置区域文件的名称
};

include "/etc/named.rfc1912.zones";
```

2. 配置正向区域数据库文件

在/var/named 的目录下创建正向区域数据库文件。为了加快创建速度、提高准确性,可以将此目录下的模板文件复制过来。

```
#cp -p /var/named/named.empty /var/named/linux.net.zone
//选项-p是复制后不更改文件的权限,若不加-p,则因权限不够而不能解析
#vim /var/named/linux.net.zone
$TTL 3H
@       IN SOA @   rname.invaild. (
                                    0    ;serial
                                    1D   ;refresh
                                    1H   ;retry
                                    1W   ;expiry
                                    3H)  ;minimum
        NS      @
        A       127.0.0.1
        AAAA    ::1
www     A       192.168.10.11
ftp     A       192.168.10.12
mail    A       192.168.10.13
        MX 10   @            //设置邮件交换器为当前域主机
```

3. 配置反向区域数据库文件

```
#cp -p /var/named/named.loopback /var/named/10.168.192.zone
#vim /var/named/10.168.192.zone
$TTL 3H
@       IN SOA @   rname.invaild. (
                                    0    ;serial
                                    1D   ;refresh
                                    1H   ;retry
                                    1W   ;expiry
                                    3H)  ;minimum
        NS      @
        A       127.0.0.1
        AAAA    ::1
11      PTR     www.linux.net.
12      PTR     ftp.linux.net.
13      PTR     mail.linux.net.
```

4. 重启动 DNS 服务

```
#systemctl restart named
```

5. 测试 DNS 服务

对 DNS 服务的测试即可以在 Windows 客户端进行,也可以在 Linux 的客户端进行,为简化测试环境,也可以在服务器上开启客户端配置。不论在什么环境下,首先应修改 TCP/IP 设置,使客户端指向要测试的 DNS 服务器。以下是在 Linux 客户端进行的测试。

```
#vim /etc/resolv.conf
search linux.net            //指明本机域名后缀为 linux.net
```

```
nameserver   192.168.10.10      //添加 DNS Server 的 IP 地址
```

BIND 软件包为 DNS 服务的测试提供了三种工具：nslookup、dig 和 host，可选择自己熟悉的命令进行测试。

（1）使用 nslookup 命令测试

使用 nslookup 命令可以直接查询指定的域名或 IP 地址，也可以采用交互方式查询任何资源记录类型，并可以对域名解析过程进行跟踪。例如：

```
#nslookup
>mail.linux.net                 //测试正向资源记录
Server:         192.168.10.10   //显示当前采用哪个 DNS 服务器来解析
Address:        192.168.10.10#53

Name:   mail.linux.net
Address: 192.168.10.13
>192.168.10.12                  //测试反向资源记录
12.10.168.192.in-addr.arpa name=ftp.linux.net.
>set type=mx                    //改变要查询的资源记录类型为 mx
>mail.linux.net
Server:         192.168.10.10
Address:        192.168.10.10#53

mail.linux.net  mail exchanger=10 linux.net.
>set debug                      //打开调试开关，将显示详细的查询信息
>mail.linux.net
Server:         192.168.10.10
Address:        192.168.10.10#53

---------------------
QUESTIONS:                      //查询的内容
    mail.linux.net, type=a, class=IN
ANSWERS:                        //回答的内容
->   mail.linux.net
     mail exchanger=10 wu.com.
     ttl=10800
AUTHORITY RECORDS:              //授权记录
->   wu.com
  nameserver=wu.com.
  ttl=10800
ADDITIONAL RECORDS:             //附加记录
->   wu.com
     internet address=127.0.0.1
     ttl=10800
->   wu.com
     has AAAA address ::1
     ttl=10800
---------------------
computer.wu.com mail exchanger=10 wu.com.
>set nodebug                    //关闭调试开关，以不影响正常测试
```

```
>server 192.168.100.1          //使用 server 命令临时更改 DNS Server 地址
Default server: 192.168.100.1
Address: 192.168.100.1#53
>exit                          //退出 nslookup 命令状态
```

在交互方式查询中,可以用 set type 命令指定任何资源记录类型,包括 SOA 记录、MX 记录、NS 记录、PTR 记录等。查询命令中的字符与大小写无关。如果发现错误,就需要修改相应文件,然后重新启动 named 进程进行再次测试。

(2) 使用 dig 命令测试

dig 命令是一个较为灵活的命令行方式的域名信息查询命令,默认情况下 dig 执行正向查询,如需反向查询需要加上选项"-x"。例如:

```
#dig www.linux.net
;<<>>DiG 9.11.4-P2-RedHat-9.11.4-16.p2.el8 <<>>www.linux.net
;;global options: +cmd
;;Got answer:
;;->>HEADER<<-opcode: QUERY, status: NOERROR, id: 60350
;;flags: qr aa rd ra;QUERY: 1, ANSWER: 1, AUTHORITY: 1, ADDITIONAL: 3
;;QUESTION SECTION:
;www.linux.net.  IN  A

;;ANSWER SECTION:
www.linux.net.  10800  IN  A  192.168.10.11

;;AUTHORITY SECTION:
linux.net.  10800  IN  NS  dns.linux.net.

;;ADDITIONAL SECTION:
dns.linux.net.  10800  IN  A  192.168.10.10

;;Query time: 3 msec
;;SERVER: 192.168.10.10#53(192.168.10.10)
;;WHEN: Tue Mar 22 07:09:28 2011
;;MSG SIZE  rcvd: 81
```

(3) 使用 host 命令测试

host 命令可以用来做简单的主机名的信息查询,其用法与 dig 命令类似,以检查服务器配置正确与否。

```
#host ftp.linux.net          //测试正向资源记录
ftp.linux.net has address 192.168.10.12
#host 192.168.10.12          //测试反向资源记录
12.10.168.192.in-addr.arpa domain name pointer ftp.linux.net.
#host -a mail.linux.net      //-a 选项表示显示详细的查询信息
Trying "mail.linux.net"
;;->>HEADER<<-opcode: QUERY, status: NOERROR, id: 2952
;;flags: qr aa rd ra;QUERY: 1, ANSWER: 2, AUTHORITY: 1, ADDITIONAL: 2,
```

```
;;QUESTION SECTION:                  //查询段
;mail.linux.net.  IN  ANY

;;ANSWER SECTION:                    //回答段
mail.linux.net.  10800  IN  A  192.168.10.13
mail.linux.net.  10800  IN  MX  10  linux.net.

::AUTHORITY SECTION:                 //授权段
linux.net.  10800  IN  NS  linux.net.

;;ADDITIONAL SECTION:                //附加段
linux.net.  10800  IN  A  127.0.0.1
linux.net.  10800  IN  AAAA  127.0.0.1

Received 123 bytes from 192.168.1.119#53 in 36 ms
```

8.4.2　配置辅助 DNS 服务器

主 DNS 服务器是特定域中所有信息的授权来源,它是实现域间通信所必需的。为了防止主 DNS 服务器由于各种原因导致停止 DNS 服务而中断提供 DNS 查询,需要在同一网络中提供两台或两台以上的 DNS 服务器,其中一台作为主 DNS,其他的都为辅助 DNS 服务器。主 DNS 服务器保存网络区域信息的主要版本,可以在该服务器上直接修改区域数据库文件的内容;辅助 DNS 服务器没有数据库,它的数据库是由主 DNS 提供,只能提供查询服务,而不能在该服务器上修改该区域信息的内容。主服务器和辅助服务器之间必须能够相互传送区域文件信息。不能在同一台机器上同时配置同一个域的主域名服务器和辅助域名服务器。

辅助 DNS 服务器的配置相对简单,因为它的区域数据库文件是定期从主 DNS 服务器复制过来的,所以无须手工建立,因此,辅助 DNS 服务器只需编辑 DNS 的主配置文件/etc/named.conf 即可。

假设配置 8.4.1 小节例子中的辅助 DNS 服务器,其 IP 地址为 192.168.10.20,主机名为 slave.linux.net。其配置过程如下。

(1) 配置主 DNS 服务器的主配置文件。

(2) 配置主 DNS 服务器的正向区域数据库文件/var/named/linux.net.zone,加入辅助 DNS 服务器的 NS 记录和 A 记录,内容如下:

```
$TTL   3H
@       IN SOA  @  rname.invaild. (
                              0        ;serial
                              1D       ;refresh
                              1H       ;retry
                              1W       ;expiry
                              3H)      ;minimum
        NS      @
        NS      slave.linux.net.
```

```
        A      127.0.0.1
        AAAA   ::1
www     A      192.168.10.11
ftp     A      192.168.10.12
mail    A      192.168.10.13
salve   A      192.168.10.20
```

（3）配置主 DNS 服务器的反向区域数据库文件/var/named/10.168.192.zone，加入辅助 DNS 服务器的 NS 记录和 PTR 记录，内容如下：

```
$TTL    3H
@       IN SOA  @   rname.invaild. (
                            0       ;serial
                            1D      ;refresh
                            1H      ;retry
                            1W      ;expiry
                            3H)     ;minimum
        NS      @
        NS      slave.linux.net.
        A       127.0.0.1
        AAAA    ::1
11      PTR     www.linux.net.
12      PTR     ftp.linux.net.
13      PTR     mail.linux.net.
20      PTR     slave.linux.net.
```

（4）配置辅助 DNS 服务器的主配置文件/etc/named.conf，在文件中添加如下内容：

```
options {
  listen-on port 53 {any;};                       //侦听所有 IP 地址的端口号
  ...
};
...
zone "linux.net." IN {                            //新建一个正向 linux.net 区域
        type slave;                               //设置为辅助 DNS 服务器
        file "salves/linux.net.zone";             //指定复制的区域数据库文件名及存放位置
        masters {192.168.10.10;};                 //指定主 DNS 服务器的 IP 地址
};

zone "10.168.192.in-addr.arpa." IN {  //新建一个反向 10.168.192.in-addr.arpa 区域
        type slave;
        file "slaves/10.168.192.zone";    //配置区域文件的名称
};
```

（5）测试辅助 DNS 服务器。在辅助 DNS 服务器上重启 DNS 进程后，会自动将主 DNS 服务器上的区域数据库文件复制过来，用户可以自行查看辅助 DNS 服务器中区域数据库文件的内容，并与主 DNS 服务器的数据库进行对比。

采用命令测试的方法与在主 DNS 服务器上测试的方法相同，在此不再赘述。

8.4.3　配置转发 DNS 服务器

使用 forward 和 forwarders 选项设置转发。forward 选项用于指定转发方式，forwarders 选项用于指定要转发到的服务器。转发方式有两种，一种是 forward first，这是默认转发方式，当有查询请求时，首先转发到 forwarders 设置的转发器查询，如果查询不到，则到本地服务器上查询；另一种是 forward only，当有查询请求时，只转发到 forwarders 选项设置的转发器查询，查询不到也不在本地查询。forwarders 选项后面跟的是要转发到的服务器地址，如有多个地址，则用分号隔开。

（1）如果要在所有区域上转发，可在主配置文件/etc/named/named.conf 中作如下修改：

```
options {
        listen-on port 53 {any; };
        listen-on-v6 port 53 {::1; };
        forwarders {192.168.100.200; };       //如果有多个地址可用分号隔开
        ...
};
```

（2）如果要在单个区域转发，则需要在主配置文件/etc/named/named.conf 中新建一个转发区域：

```
options {
  listen-on port    53 {any; };
  ...
};
...
zone "rhel.com." IN {                         //添加转发区域
        type forward;
        forwarders {192.168.100.200; };
};
```

修改以上配置文件后可以重启服务，然后采用 nslookup 命令进行测试。

```
#nslookup
>mail.rhel.com
server: 192.168.10.10
Address: 192.168.10.10#53

no-authoritative answer              //非授权的应答，因为不是本机查找到的
name: mail.rhel.com
Address: 192.168.1.100
```

8.4.4　配置只有缓存功能的 DNS 服务器

下面这个例子是一家公司内部的只作缓存使用的域名服务器的例子，它拒绝所有从

外部网络到达的查询。只需修改/etc/named.conf 文件中的以下选项。

```
options {
  listen-on port 53 {any;};                          //允许所有的主机可使用本 DNS 服务器
  listen-on-v6 port 53 {any;};
  allow-query {192.168.4.0/24;192.168.7.0/24;};      //指定只允许从两个子网访问
};
```

8.4.5 配置只有主域名服务功能的 DNS 服务器

本例的服务器将域 example.com 作为主 DNS 服务器,做其子域 eng.example.com 的辅助服务器。只需修改或添加/etc/named.conf 文件中的以下选项。

```
options {
  listen-on port 53 {any;};
  listen-on-v6 port 53 {any;};
  allow-query {any;};
  allow-query-cache {none;};          //不允许访问缓存
  recursion no;                       //不允许递归查询
};

zone "example.com." {                 //设置 example.com 管理域
    type master;                      //设置为主域类型
    file "example.com.zone";          //设置数据库名称
    allow-transfer {                  //设置允许作为此主服务器的辅助服务器的 IP 地址
        192.168.4.14;
        192.168.5.53;
    };
};


zone "eng.example.com." {             //设置成子域 eng.example.com 的辅助服务器
    type slave;                       //设置为辅助域类型
    file "slaves/eng.example.com.zone";
    masters {192.168.4.12;};          //设置子域 eng.example.com 的主服务器地址
};
```

8.4.6 配置 DNS 服务器的负载平衡

简单的负载平衡可以在相应的区域数据库文件中用一个名字使用多个 A 记录来实现。例如,如果有三个 WWW 服务器,地址分别是 10.0.0.1、10.0.0.2 和 10.0.0.3,一组如下的记录表示一个客户机有 1/3 可能性连接到其中一台服务器:

```
Name   TTL   Class   Type   Resource Record (RR) Data
www    600   IN      A      10.0.0.1
www    600   IN      A      10.0.0.2
www    600   IN      A      10.0.0.3
```

当客户机查询时,BIND 将会以不同顺序回应客户机,例如,客户机随机可能得到的顺序是 1、2、3 及 2、3、1 或者 3、1、2。大多数客户机都会使用得到序列的第一个记录,忽略剩余的记录。

8.5　DNS 管理工具

DNS 是一个较复杂的系统,配置 DNS 对于 Linux 新手是一个挑战,一不小心就有可能使系统不能正常运行。DNS 配置出现的许多问题都会引起相同的结果,但大多数问题是由于配置文件中的语法错误而导致的。DNS 是由一组文件构成的,所以可以采用不同的工具检查对应文件的正确性。

1. named-checkconf

功能:通过检查 named.conf 语法的正确性来检查 named 文件的正确性。对于配置正确的 named.conf 文件,named-checkconf 不会显示任何信息。

格式:

```
named-checkconf [选项][文件名]
```

常用选项说明如下。

-h 选项用于显示帮助信息;-p 选项用于列出 named.conf 文件的内容;-v 选项用于显示命令版本。

例如:

```
#named-checkconf
/etc/named.conf:23: unknown option 'flie'
```

上面的信息说明在第 23 行有一个错误,原来是把"file"错误拼写为"flie"。找到错误原因,用 vi 修改配置文件,就可以很快排除故障。

2. named-checkzone

功能:通过检查区域对应的区域文件语法的正确性,来检查区域文件是否有错。named-checkzone 如果没有检查到错误,则返回一个简单的 OK 提示。

格式:

```
named-checkzone [选项] 区域名 区域文件名
```

常用选项说明如下。

-q 选项表示安静模式;-d 选项表示启用调试模式;-c 选项用于指定区域的类别,如果没指定就使用 IN。

例如:

```
#named-checkzone linux.net linux.net.zone
dns_rdata_fromtext: linux.net.zone:11 near '192.168.1.300':bad dotted quad
```

181

```
zone linux.net/IN: loading from master file linux.net.zone failed:bad
    dotted quad
zone linux.net/IN: not loaded due to errors.
```

上面信息说明在第 11 行出现了错误,可能是设定了一个错误 IP 地址。而且由于错误设置没能将 linux.net 区域加载。查看/var/named/linux.net.zone 文件可找出故障并排除。

3. rndc

功能:rndc 是 BIND 安装包提供的一种控制域名服务运行的工具,它可以根据管理员的指令对 named 进程进行远程控制,此时,管理员不需要 DNS 服务器的根用户权限。

使用 rndc 可以在不停止 DNS 服务器工作的情况进行数据的更新,使修改后的配置文件生效。在实际情况下,DNS 服务器是非常繁忙的,任何短时间的停顿都会给用户的使用带来影响。因此,使用 rndc 工具可以使 DNS 服务器更好地为用户提供服务。

rndc 与 DNS 服务器进行连接时,需要通过数字证书进行认证,而不是传统的用户名/密码方式。rndc 和 named 都只支持 HMAC-MD5 认证算法,在通信两端使用共享密钥。rndc 在连接通道中发送命令时,必须使用经过服务器认可的密钥加密。为了生成双方都认可的密钥,可以使用 rndc-confgen 命令产生密钥和相应的配置,再把这些配置分别放入 DNS 主配置文件/etc/named.conf 和 rndc 的配置文件/etc/rndc.conf 中。

格式:

rndc [-c config] [-s server] [-p port] [-y key] command

相关选项作用如下。

- reload zone [class [view]]:重新装入指定的配置文件和区域数据库文件。
- refresh zone [class [view]]:按计划维护指定的区域数据文件。
- reconfig:重新装入配置文件和区域数据文件,但是不装入原来的区域数据文件,即使这个数据文件已经改变。这比完全重新装入要快,当有许多区域数据库文件时,它比较有效,因为它避免了检查区域文件是否改变。
- stats:把服务器统计信息写到统计文件中。
- status:显示服务器运行状态。
- stop:停止域名服务的运行,一定要确定动态更新的内容和 IXFR 已经存入主管理文件。
- dumpdb:将服务器缓存中的内容存成一个 dump 文件。
- querylog:是否记录查询日志。
- halt:立即停止服务运行。最近动态更新的内容和 IXFR 不会存入主文件,但当服务重新开始时,它会从日程文件中继续。
- trace:增加一级服务器的 debug 等级。
- trace level:把服务器的 debug 等级设置成一个数。
- notrace:将服务器的 debug 等级设置为 0。

- flush：清理服务器缓存。

例如：

```
#rndc reload linux.net          //重新加载 linux.net 域
```

实　　训

1. 实训目的

根据提供的环境,学习并掌握 Linux 下主 DNS、辅助 DNS 和转发 DNS 服务器的配置与调试方法。

2. 实训内容

(1) 配置一个主 DNS 服务器,其主机名为 DNS,IP 地址为 192.168.10.1,负责解析的域名为 shixun.com,需要完成以下资源记录的正向与反向解析。

① 主机记录 www,对应 IP 为 192.168.10.3。

② 代理服务器 proxy,对应 IP 为 192.168.10.4。

③ 邮件交换记录 mail,指向 www.shixun.com。

④ 别名记录 ftp,指向 proxy.shixun.com。

(2) 分别在 Windows 和 Linux 中使用 nslookup 命令观察、测试配置的结果。

(3) 试配置上述服务器的辅助 DNS 服务器并进行测试。

3. 实训总结

通过本次实训,用户能够掌握在 Linux 上安装与配置 DNS 服务器。

习　　题

一、选择题

1. 若需检查当前 Linux 系统是否已安装了 DNS 服务器,以下命令正确的是(　　)。

　　A. rpm -q dns　　　　　　　　　　　　B. rpm -q bind

　　C. rpm -aux｜grep bind　　　　　　　D. rpm ps aux｜grep dns

2. 启动 DNS 服务的命令是(　　)。

　　A. service bind restart　　　　　　　B. systemctl start bind

　　C. systemctl start named　　　　　　D. service named restart

3. 以下对 DNS 服务的描述正确的是(　　)。

　　A. DNS 服务的主要配置文件是/etc/named.config/nds.conf

　　B. 配置 DNS 服务时,只需配置/etc/named.conf 即可

C. 配置 DNS 服务时,通常需要配置/etc/named.conf 和对应的区域文件

D. 配置 DNS 服务时,正向区域数据库文件和反向区域数据库文件都必须配置才行

4. 检验 DNS 服务器配置是否成功,解析是否正确,最好采用(　　)命令来实现。

A. ping　　　　　　　　　　　　　　B. netstat

C. ps -aux｜bind　　　　　　　　　D. nslookup

5. DNS 服务器中指针记录标记是(　　)。

A. A　　　　　　B. PTR　　　　　　C. CNAME　　　　　　D. NS

二、简答题

1. Linux 中的 DNS 服务器主要有哪几种类型?

2. 如何启动、关闭和重启 DNS 服务?

3. BIND 的配置文件主要有哪些? 每个文件的作用是什么?

4. 测试 DNS 服务器的配置是否正确主要有哪几种方法?

5. 正向区域数据库文件和反向区域数据库文件分别由哪些记录组成?

第 9 章　Web 服务器配置与管理

Web 服务器是目前 Internet 应用最流行、最受欢迎的服务之一,Linux 平台使用最广泛的 Web 服务器是 Apache,它是目前性能最优秀、最稳定的服务器之一。本章将详细介绍在 CentOS 8 操作系统中利用 Apache 软件架设 Web 服务器的方法。

本章学习任务:

(1) 了解 Apache 软件的技术特点;

(2) 掌握安装和启动 Apache 服务器的方法;

(3) 掌握配置和测试 Apache 服务器的方法。

9.1　Apache 概述

Apache 是一种开放源代码的 Web 服务器软件,其名称源于 A patchy Server(一个充满补丁的服务器)。它起初由伊利诺伊大学厄巴纳-香槟分校的国家高级计算程序中心开发,后来 Apache 被开放源代码团体的成员不断地发展和加强。基本上所有的 Linux、UNIX 操作系统都集成了 Apache,无论是免费的 Linux、FreeBSD,还是商业的 Solaris、AIX,都包含 Apache 组件,所不同的是,在商业版本中对相应的系统进行了优化,并加入了一些安全模块。

1995 年,美国国家计算机安全协会(NCSA)的开发者创建了 NCSA 全球网络服务软件,其最大的特点是 HTTP 守护进程,它比当时的 CERN 服务器更容易由源码来配置和创建,又由于当时其他服务器软件的缺乏,它很快流行起来。但是后来,该服务器的核心开发人员几乎都离开了 NCSA,一些使用者们自己成立了一个组织来管理他们编写的补丁,于是 Apache Group 应运而生。他们把该服务器软件称为 Apache。如今 Apache 已经成为 Internet 上最流行的 Web 服务器软件了。在所有的 Web 服务器软件中,Apache 占据绝对优势,远远领先排名第二的 Microsoft IIS。

Apache 的主要特征:

- 可以运行在所有计算机平台上;
- 支持最新的 HTTP 1.1 协议;
- 简单而强有力的基于文件的配置;
- 支持通用网关接口 CGI;
- 支持虚拟主机;

- 支持 HTTP 认证;
- 集成 Perl 脚本编程语言;
- 集成的代理服务器;
- 具有可定制的服务器日志;
- 支持服务器端包含命令(SSI);
- 支持安全 Socket 层(SSL);
- 用户会话过程的跟踪能力;
- 支持 FastCGI;
- 支持 Java Servlets。

9.2 Apache 服务器的安装与启动

在配置 Web 服务器之前,首先应判断系统是否安装了 Apache 组件。如果没有安装,首先需要进行安装。CentOS 8 自带的 Apache 是最新的 2.4 版。也可以到 Apache 网站下载最新版本,其网址为 http://httpd.apache.org。

1. 安装 Apache

在进行 Apache 服务的操作之前,首先可以使用下面的命令验证是否已安装了 Apache 组件。

```
#rpm -qa|grep httpd
httpd-2.4.37-11.module_el8.0.0+172+85fc1f40.x86_64        //Apache 服务器端软件
httpd-filesystem-2.4.37-11.module_el8.0.0+172+85fc1f40.x86_64
                                                         //支持的文件系统
httpd-tools-2.4.37-11.module_el8.0.0+172+85fc1f40.x86_64
                                                         //提供相关的支持工具
...
```

命令执行结果表明系统已安装了 Apache 服务器。如果未安装,可以用命令来安装或卸载 Apache 服务或相关的软件包,具体步骤如下。

(1) 创建挂载目录

```
#mkdir /media/cdrom
```

(2) 把光盘挂载到/media/cdrom 目录

```
#mount /dev/cdrom /media/cdrom
```

(3) 配置好 YUM 源

详见 5.3.2 小节。

(4) 安装 Apache 服务

```
#dnf -y install Apache
```

如果出现如下提示，则证明 Apache 服务端组件被正确安装。

```
Installed:
  httpd-2.4.37-11.module_el8.0.0+172+85fc1f40.x86_64
  apr-util-bdb-1.6.1-6.el8.x86_64
  apr-util-oprnssl-1.6.1-6.el8.x86_64
  apr-1.6.3-9.el8.x86_64
  centos-logos-httpd-80.5-2.el8.noarch
  httpd-filesystem-2.4.37-11.module_el8.0.0+172+85fc1f40.x86_64
  httpd-tools-2.4.37-11.module_el8.0.0+172+85fc1f40.x86_64

Complete!
```

（5）查询配置文件及存放位置

```
#rpm -qc httpd
```

2. 启动、停止 Apache 服务

Apache 服务使用 httpd 进程，其启动、停止或重启可以使用如下命令：

```
#systemctl start httpd          //启动 Apache 服务
#systemctl status httpd         //查看 Apache 服务运行状态
#systemctl restart httpd        //重启 Apache 服务
#systemctl stop httpd           //停止 Apache 服务
```

由于 Apache 服务器配置了默认站点，在 Web 浏览器的地址栏输入本机的 IP 地址，若出现 Test Page 测试页面，如图 9-1 所示，也能表明 Apache 已安装并已启动。

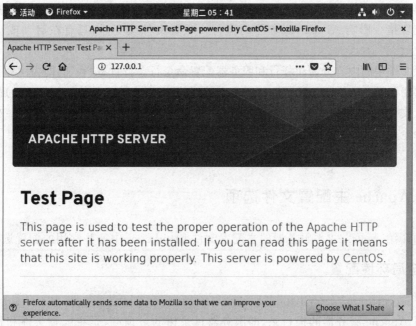

图 9-1　测试页面

9.3 Apache 配置文件

9.3.1 Apache 配置文件简介

Apache 守护进程 httpd 的主要配置文件是/etc/httpd/conf/httpd.conf,主配置文件 (httpd.conf)设置了各种默认值,并包含两个目录(/etc/httpd/conf.modules.d 和/etc/ httpd/conf.d)中的配置文件。包含可加载模块(如 mod_ssl.so)的包使用适当的 loadmodule 指令将文件放置在 conf.modules.d 目录中,以便默认加载模块。常用的配置 文件如表 9-1 所示。

表 9-1　常用的配置文件

配 置 文 件	含　义
/etc/httpd/conf/httpd.conf	Apache 服务器的主配置文件
/etc/httpd/conf.d/ * .conf	include 文件,Apache 服务器扩展功能配置文件,如 userdir.conf
/etc/httpd/conf.modules.d/ * .conf	模块配置文件,文件名通常以两位数字作为前缀,如 00-base.conf
/etc/httpd/modules/ * .so	Apache 服务器的外挂模块,如 PHP、SSL 等
/var/www/html/	网站根目录,默认用于存放网站主页文件,如 index.html
/var/www/cgi-bin/	默认存放可执行的 CGI(网页程序)文件

Apache 的主配置文件 httpd.conf 是包含了若干指令的纯文本文件,分为全局环境设置和 Web 服务控制设置两大部分。在 Apache 启动时,会自动读取该配置文件中的内容,并根据配置指令影响 Apache 服务器的运行。配置文件改变后,只有在启动或重新启动后才会生效。

配置文件中的内容分为注释行和服务器配置命令行。行首有"♯"的即为注释行。注释行不能出现在指令的后面。除了注释行和空行外,服务器会认为其他的行都是配置命令行。

配置文件中的指令不区分大小写,但指令的参数通常是对大小写敏感的。对于较长的配置命令行,行末可使用反斜杠"\"换行,但反斜杠与下一行之间不能有任何其他字符(包括空白)。

9.3.2 Apache 主配置文件选项

下面介绍 Apache 2.4 服务器的主配置文件 httpd.conf 中一些常用的配置选项。

1. 全局环境配置

(1) ServerRoot "/etc/httpd"

这是 Apache 服务器的根目录,即服务器目录树的最顶端,是主配置文件和日志文件的存放位置。

（2）Listen 80

设置服务器默认监听端口。

（3）Include conf.modules.d/ * .conf

Apache 服务器是一个模块化程序，管理员可以通过选择一组模块来选择要包含在服务器中的功能。模块将被编译为与主配置文件分开存在的动态共享对象（DSO），此选项设置可用的功能模块。

（4）User apache

设置用什么用户账号来启动 Apache 服务。

（5）Group apache

设置用什么属组来启动 Apache 服务。

2. 主服务器配置

（1）设置管理员的电子邮件地址，当 Apache 有问题时会自动发 E-mail 通知管理员。

```
ServerAdmin root@ localhost
```

（2）设置 Apache 默认站点的名称和端口号。这里的名称可以用域名或 IP 地址。

```
ServerName www.example.com:80
```

（3）设置 Apache 访问根录时所执行的动作，即对根目录的访问控制。

```
< Directory />
    AllowOverridenone
    Require All denied
</Directory>
```

每个区域间可包含以下选项。

① Options：主要作用是控制特定目录将启用哪些服务器特性。具体含义如表 9-2 所示。

表 9-2　Options 选项的可选参数

Options 参数	功能说明
All	用户可在此目录中做任何操作
ExceCGI	允许在此目录中执行 CGI 程序
FollowSymLinks	服务器可使用符号链接来链接到不在此目录中的文件或目录，此参数若是设在＜Location＞区域中则无效
Includes	提供 SSI 功能
IncludesNOEXEC	提供 SSI 功能，但不允许执行 CGI 程序中的 ♯exec 与 ♯include 命令
Indexes	服务器可生成此目录中的文件列表
MultiViews	使用内容商议功能，经由服务器和 Web 浏览器相互沟通后，决定网页传送的性质
None	不允许访问此目录

续表

Options 参数	功 能 说 明
SymLinksIfOwnerMatch	若符号链接所指向的文件或目录拥有者和当前用户账号相符,则服务器会通过符号链接访问不在该目录下的文件或目录,若此参数设置在<Location>区域中则无效

② AllowOverride:指明 Apache 服务器是否去找.htaccess 文件作为配置文件,如果设置为 None 时,.htaccess 文件将被完全忽略;当此指令设置为 All 时,所有具有".htaccess"作用域的指令都允许出现在.htaccess 文件中。具体含义如表 9-3 所示。

表 9-3　AllowOverride 配置项及其含义

控制项	典型可用指令	功　能
AuthConfig	AuthName、AuthType、AuthUserFile Require	进行认证、授权的指令
FileInfo	DefaultType、ErrorDocument、Sethander	控制文件处理方式的指令
Indexes	AddIcon、DefaultIcon、HeaderName DirectoryIndex	控制目录列表方式的指令
Limit	Allow、Deny、Order	进行目录访问控制的指令
Options	Options、XbitHack	启用不能在主配置文件中使用的各种选项
All	允许全部指令	允许全部指令
None	禁止使用全部指令	禁止处理.htaccess 文件

③ Require:用于设置访问控制。常见的访问控制指令如表 9-4 所示。

表 9-4　Require 用法

示　　例	含　　义
Require all granted	允许所有来源
Require all denied	拒绝所有来源
Require expr expression	允许表达式为 true 时访问
Require user userid [userid] ...	允许特定用户
Require valid-user	允许有效的用户
Require ip 10 172.20 192.168.2	允许特定 IP 或 IP 段,多个 IP 或 IP 段间使用空格分隔
Require host.net example.edu	允许特定主机名或域名,多个对象使用空格分隔

(4) 设置 Apache 放置网站文件的目录路径,除了符号链接和别名可指向其他地方外,默认都放在此目录。

```
DocumentRoot "/var/www/html"
```

(5) 放宽对/var/www 中内容的访问控制。

```
<Directory "/var/www">
    AllowOverridenone               //不使用其他配置文件
    Require All granted             //允许所有
</Directory>
```

（6）进一步放宽对文档根目录的访问控制。

```
<Directory "/var/www/html">
    Options Indexes FollowSymLinks
    AllowOverride None
    Require all granted
</Directory>
```

（7）设置请求目录时 Apache 将提供的文件，即网站主页。

```
<IfModule dir_module>
    DirectoryIndex index.html
</IfModule>
```

（8）设置防止 Web 客户端查看以".ht"开头的文件（.htaccess 和.htpasswd）。

```
<Files ".ht*">
    Require all denied
</Files>
```

（9）设置错误日志文件的存放位置。

```
ErrorLog "logs/error_log"
```

（10）控制记录到 error_log 的消息数，可能的值包括 debug、info、notice、warn、error、crit、alert、emerg。

```
LogLevel warn
```

（11）定义了一些与 CustomLog 指令一起使用的日志格式及存放位置。

```
<IfModule log_config_module>
    LogFormat"%h %l %u %t \"%r\" %>s %b \"%{Referer}i\" \"%{User-Agent}i
\"" combined
    LogFormat"%h %l %u %t \"%r\" %>s %b" common
    <IfModule logio_module>
    LogFormat"%h %l %u %t \"%r\" %>s %b \"%{Referer}i\" \"%{User-Agent}i\" %I %
O" combinedio
    </IfModule>
    CustomLog"logs/assess_log" combined
</IfModule>
```

（12）定义网站重定向、别名和控制哪些目录包含服务器脚本。

```
<IfModule alias_module>
    Redirect permanent /foo http://www.example.com/bar
    Alias /webpath /full/filesystem/path
    ScriptAlias /cgi-bin"/var/www/cgi-bin/"
</IfModule>
```

（13）服务器脚本目录被释放所有权限。

```
<Directory "/var/www/cgi-bin">
    AllowOverride None
    Options None
```

```
    Require all granted
</Directory>
```

（14）TypesConfig 指向包含从文件扩展名到 MIME 类型的映射列表的文件；AddType 允许为特定文件类型添加或否决在 TypesConfig 中指定的 MIME 配置文件。

```
<IfModule mime_module>
    TypesConfig /etc/mime.types
    AddType application/x-compress.Z
    AddType application/x-gzip.gz.tgz
    AddType text/html.shtml
    AddOutputFilter INCLUDES.shtml
</IfModule>
```

（15）设置默认字符集为 UTF-8。

```
AddDefaultCharset UTF-8
```

（16）该模块允许服务器使用来自文件本身内容的各种提示来确定其类型。MIMEMagicFile 指令告诉模块提示定义的位置。

```
<IfModule mime_magic_module>
    MIMEMagicFile conf/magic
</IfModule>
```

（17）这个指令控制 httpd 是否可以使用操作系统内核的 sendfile 支持来将文件发送到客户端。默认情况下，当处理一个请求并不需要访问文件内部的数据时（比如发送一个静态的文件内容），如果操作系统支持，Apache 使用 sendfile 将文件内容直接发送到客户端而并不读取文件。

```
EnableSendfile on
```

（18）指定额外功能的配置文件位置。

```
IncludeOptional conf.d/*.conf
```

9.4　Apache 的配置

本节通过一系列配置示例说明 Apache 2.4 服务器的配置方法。

9.4.1　搭建基本的 Web 服务器

默认情况下，Apache 的基本配置参数在 httpd.conf 配置文件中已经存在。如果仅需架设一个具有基本功能的 Web 服务器，用户使用 Apache 的默认配置参数就能实现。其基本步骤如下。

Web 服务配置

（1）配置 TCP/IP，根据测试环境，需要给服务器规划配置静态 IP 地址、地址掩码、网关等参数，例如配置 IP 地址为 192.168.1.100。

（2）安装 Apache 软件并检查 httpd 服务。

（3）配置 Apache 主配置文件/etc/httpd/conf/httpd.conf，可根据需要对此文件进行一些更改，即可启动并运行一个简单的网站。

① 确定网站侦听的地址及端口。可修改 Listen 配置项，定义 Apache 要监听页面请求的 IP 地址和端口。若使用默认项，则会侦听服务器网络接口所有地址，也可指定侦听地址。例如：

```
Listen 192.168.1.100:80
```

② 确定网站主目录。DocumentRoot 配置项指定组成网站页面的 HTML 文件的位置，可根据需要进行修改。若使用默认地址则此行内容为：

```
DocumentRoot "/var/www/html"
```

③ 确定网站使用的主文档。DirectoryIndex 配置项指定访问网站主目录中默认的文件，即主页文件，也可根据实际情况进行修改。若使用默认文件名，则此行内容为：

```
DirectoryIndex index.html
```

（4）在网站主目录中创建主文档。例如在/var/www/html 目录中创建 index.html 文件并编辑欲显示的内容后保存文件并退出。例如：

```
#vim /var/www/html/index.html
This is the basic website!!!
```

（5）重启 Web 服务器使修改后的配置文件起效。

```
#systemctl restart httpd
```

（6）临时关闭防火墙。

```
#systemctl stop firewalld
```

（7）如果使用的不是默认存放网站的主目录，则需要临时关闭 SELinux 服务。

```
#setenforce 0
```

（8）在能够连通服务器的机器上的浏览器地址栏中输入 Web 服务器的 IP 地址进行测试。如 http://192.168.1.100，则会出现如图 9-2 所示的效果。

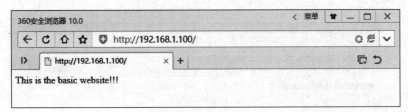

图 9-2　测试效果

9.4.2　配置用户 Web 站点

用户经常会见到某些网站提供个人主页服务,其实在 Apache 服务器上拥有用户账号的每个用户都能架设自己的独立 Web 站点。

如果希望每个用户都可以建立自己的个人主页,则需要为每个用户在其家目录中建立一个放置个人主页的目录。在 Apache 2.4 服务器扩展功能配置文件 userdir.conf 中,UserDir 指令的默认值是 public_html,即为每个用户在其家目录中的网站目录。管理员可为每个用户建立 public_html 目录,然后用户把网页文件放在该目录下即可。下面通过一个实例介绍具体配置步骤。

(1) 建立用户 zhang 的个人站点,首先创建本地用户。

```
#useradd zhang
#passwd zhang
```

(2) 修改用户家目录的权限,并在家目录下建立目录 public_html。

```
#chmod 755 /home/zhang
#mkdir /home/zhang/public_html
```

(3) 编辑用户网站配置文件 userdir.conf,修改如下两条语句。

```
#vim /etc/httpd/conf.d/userdir.conf
<IfModule mod_userdir.c>
    UserDir disabled root        //不允许 root 用户使用自己的站点,或者删除此行
    UserDir public_html          //启用用户 Web 站点目录(去掉注释符号)
</IfModule>
```

(4) 临时关闭 SELinux 服务。

```
#setenforce 0
```

(5) 编辑主页文件 index.html 并保存。

```
#vim /home/zhang/public_html/index.html
welcome to zhang's website !!!
```

(6) 重启 httpd 服务器。

```
#systemctl restart httpd
```

(7) 测试用户个人 Web 站点。在能够连通服务器的机器上的浏览器地址栏中输入"http://服务器 IP 地址/~用户名",如 http://192.168.1.100/~zhang,则会出现如图 9-3 所示的效果。

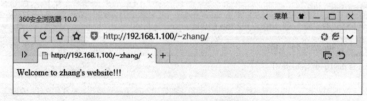

图 9-3　测试个人站点

9.4.3　别名和重定向

1. 别名

别名是一种将 Web 路径映射到文件系统路径，并用于访问不在 DocumentRoot 下的内容的方法。Apache 服务器通过设置别名可以使特定的目录不出现在网站根目录下面，即使网站根目录被改变，也不会影响到特定目录里面的文件。

例如，现需指定/var/opt 目录别名为 temp，其实现的步骤如下。

（1）在/etc/httpd/conf/httpd.conf 文件中的＜IfModule alias_module＞配置段中添加下列配置语句。

```
Alias /temp "/var/opt"
<Directory "/var/opt">
  Optionsnone
  AllowOverride None
  Require all granted
</Directory>
```

（2）重启 httpd 服务。

```
#systemctl restart httpd
```

（3）在/var/opt 目录中编辑网页文件 index.html。

```
#vim /var/opt/index.html
This is a alias test site!!!
```

（4）测试别名站点。在能够连通服务器的机器上的浏览器地址栏中输入"http://服务器 IP 地址/别名"，如 http://192.168.1.100/temp，会出现如图 9-4 所示的效果。

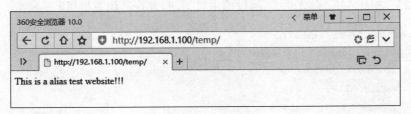

图 9-4　测试别名

2. 重定向

重定向的作用是当用户访问某一 URL 地址时，Web 服务器自动转向另外一个 URL 地址。Web 服务器的重定向功能主要针对原来位于某个位置的目录或文件发生了改变之后，如何找到原来文档，即可以利用重定向功能来指向原来文档的位置。页面重定向的配置也是通过配置/etc/httpd/conf/httpd.conf 文件来完成的，其语法格式如下：

Redirect 关键字 <用户请求的目录> ［重定向的 URL］

其中,关键字：permanent 表示永久改变,temp 表示临时改变。

例如,将 http://192.168.10.100(服务器 IP)/temp 重定向到 http://192.168.10.200/other,并告知客户机该资源已被替换,可在/etc/httpd/conf/httpd. conf 文件的 ＜IfModule alias_module＞容器中添加如下语句：

```
Redirect permanent /temp http://192.168.10.200/other
```

注意：Redirect 指令优先于 Alias 和 ScriptAlias 配置指令。

9.4.4　主机访问控制

Apache 2.4 服务器使用＜RequireAll＞容器或 Require 指令实现允许或禁止主机对指定目录的访问。其中,访问列表形式较为灵活。

(1) all：表示所有主机。

(2) host：可以使用 FQDN 或区域名表示具体主机或域内所有主机,如 wl.net。

(3) IP：表示指定的 IP 地址或 IP 地址段。网段形如 192.168.1.、192.168.1.0/24、192.168.1.0/255.255.255.0 等。

(4) user 或 group：表示指定的用户或用户组。

【例 1】　仅允许 IP 为 192.168.1.1 的主机访问,拒绝其他主机访问。

```
<Directory "/var/www/html">
    Options Indexes FollowSymLinks
    AllowOverride None
    Require ip 192.168.1.1
</Directory>
```

【例 2】　拒绝 192.168.1.0/24 网段的主机访问,允许其他主机访问。

```
<Directory "/var/www/html">
    Options Indexes FollowSymLinks
    AllowOverride None
    <RequireAll>
        Require all granted
        Require not ip 192.168.1.0/24
    </RequireAll>
</Directory>
```

【例 3】　只允许 IP 为 192.168.1.70、主机名为 stu 和 sjzpt.edu.cn 域内的主机访问,拒绝其他主机访问。

```
<Directory "/var/www/html">
    Options Indexes FollowSymLinks
    AllowOverride None
```

```
    <RequireAll>
       Require ip 192.168.1.70
       Require host stu
       Require host sjzpt.edu.cn
    </RequireAll>
</Directory>
```

【例 4】 拒绝所有主机访问网站。

```
<Directory "/var/www/html">
    Options Indexes FollowSymLinks
    AllowOverride None
    Require all denied
</Directory>
```

由此可见，如果仅有一条 Require 指令，可以直接放在＜Directory...＞容器中；如果有多条 Require 指令，则需要把 Require 指令放在＜/RequireAll＞容器中。

9.4.5　用户身份验证

用户在访问 Internet 网站时，有时需要输入正确的用户名和密码才能访问某页面，这就是用户身份验证。Apache 服务器能够在每个用户或组的基础上通过不同层次的验证控制对 Web 站点上的特定目录进行访问。如果要把验证指令应用到某一特定的目录上，可以把这些指令放置在一个 Directory 区域或者.htaccess 文件中。具体使用哪种方式，则通过 AllowOverride 指令来实现。举例如下。

- AllowOverride AuthConfig 或 AllowOverride All：表示允许覆盖当前配置，即允许在文件.htaccess 中使用认证授权。
- AllowOverride None：表示不允许覆盖当前配置，即不使用文件.htaccess 进行认证授权。

这两种方法各有优劣，使用.htaccess 文件可以在不重启服务器的情况下改变服务器的配置，但由于 Apache 服务器需要查找.htaccess 文件，这将会降低服务器的运行性能。无论哪种方式，都是通过以下几个命令来实现用户（组）身份验证。

- AuthName：设置认证名称，可以是任意定义的字符串。它会出现在身份验证的提示框中，与其他配置没有任何关系。
- AuthType：设置认证类型，有两种类型可选，一种是 Basic 基本类型，另一种是 Digest 摘要类型。由于摘要类型较为安全和严格，当前浏览器不支持摘要类型，所以基本类型比较常用。
- AuthUserFile：指定验证时所采用的用户密码文件及位置。
- AuthGroupFile：指定验证时所采用的组文件及位置。
- Require：设置有权访问指定目录的用户。可以采用"Require user 用户名"或"Require group 组名"的形式来表明某特定用户（组）有权访问该目录，也可以采用"Require valid-user"的形式表示 AuthUserFile 指定的用户密码文件中所有用户都有权访问该目录。

下面说明使用用户身份验证站点的具体配置过程。

(1) 在/var/www/html 目录下新建一个名为 index.html 的主页文件。

(2) 编辑 Apache 配置文件/etc/httpd/conf/httpd.conf,内容如下:

```
<Directory "/var/www/html">
    Options Indexes FollowSymLinks
    AllowOverride AuthConfig
    Require all granted
</Directory>
```

(3) 在主目录/var/www/html 下创建一个名为.htaccess 的文件,内容如下:

```
AuthName"department of computer"
AuthType Basic
AuthUserFile /etc/httpd/passwd
Require valid-user
```

(4) 创建用户验证文件。要实现用户身份验证功能,必须建立保存用户名和密码的文件。Apache 自带的 htpasswd 命令提供建立和更新存储用户与密码文件的功能。该账号文件最好存放在 DocumntRoot 以外的地方,否则有可能被网络用户读取而造成安全隐患。例如:

```
#htpasswd -c /etc/httpd/passwd wu          //创建账号文件 passwd,并添加用户 wu
    New password:
    Re-type new password:
    Adding password for user wu
```

其中,-c 选项的作用是,无论/etc/httpd/passwd 文件是否存在,都将重新建立账号文件,原有账号文件中的内容将被删除。若需要继续向该账号文件中添加用户时,则不需要加-c 选项。

(5) 将账号文件的属主改为 apache。

```
#chown apache:apache /etc/httpd/passwd
```

因为在运行 Apache 服务器时是以 apache 的身份运行的,而在进行用户身份验证过程时需要访问账号文件/etc/httpd/passwd,所以需要将账号文件的属主改为 apache。

(6) 重启 Apache 服务。

```
#systemctl restart httpd
```

(7) 测试效果。在能够连通服务器的机器上的浏览器地址栏中输入"http://服务器IP 地址",如 http://192.168.1.100。则会出现用户身份验证窗口,在此窗口中正确输入用户名和密码后才能显示该目录中的文档内容,如图 9-5 所示。

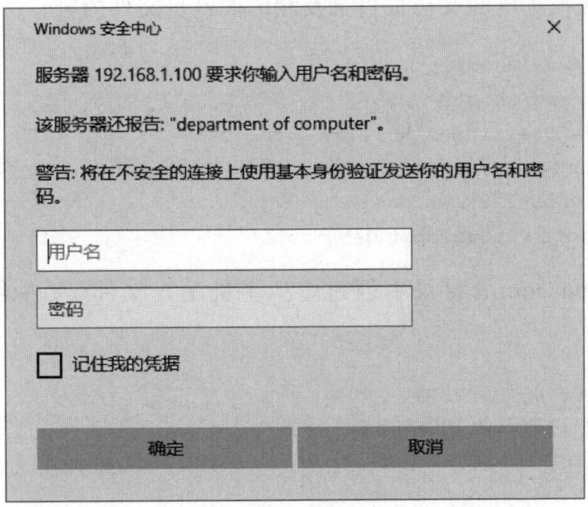

图 9-5　测试用户身份验证

9.5　配置虚拟主机

虚拟主机就是在一台 Apache 服务器中设置多个 Web 站点,在外部用户看来,每一台
Web 服务器都是独立的。Apache 支持两种类型的虚拟主机,即基于 IP
地址的虚拟主机和基于名称的虚拟主机。本节分别介绍这两种虚拟主
机的配置方法。

虚拟主机配置

9.5.1　基于 IP 地址的虚拟主机配置

在配置基于 IP 地址的虚拟主机中,需要在同一台服务器上绑定多
个 IP 地址,然后配置 Apache,为每一台虚拟主机指定一个 IP 地址和端口号。这种主机
的配置方法有两种:一种是 IP 地址不同,但端口号相同;另一种是 IP 地址相同,但端口
号不同。下面分别介绍这两种基于 IP 地址的虚拟主机的配置方法。

1. IP 地址不同,但端口号相同的虚拟主机配置

在一台主机上配置不同的 IP 地址,既可以采用多个物理网卡的方案,也可以采用在
同一网卡上绑定多个 IP 地址的方案。下面的例子采用后一种方案,其配置过程如下。

```
#nmcli connection up ens33          //激活网卡
#nmcli connection modify ens33 +ipv4.addresses 192.168.1.100/24 ipv4.method manul
#nmcli connection modify ens33 +ipv4.addresses 192.168.1.200/24 ipv4.method manul
```

(1) 在一块网卡上绑定多个 IP 地址。

（2）建立两个虚拟主机的文档根目录及相应的网页文件内容。

```
#mkdir -p /var/www/vhost1
#mkdir -p /var/www/vhost2
#vim /var/www/vhost1/index.html
This is the first virtualhost website!!!
#vim /var/www/vhost2/index.html
This is the second virtualhost website!!!
```

（3）在/etc/httpd/conf.d 目录中创建虚拟主机配置文件（文件名只需带有.conf 后缀）并添加相关内容。

```
#vim /etc/httpd/conf.d/vhost.conf
<VirtualHost 192.168.1.100:80>
    ServerAdmin admin@linux.net
    DocumentRoot "/var/www/vhost1"
    <Directory "/var/www/vhost1">
      Options FollowSymLinks
      AllowOverride None
      Require all granted
    </Directory>
    ServerName vhost1.linux.net
    ErrorLog "logs/vhost1-error-log"
    CustomLog "logs/vhost1-access-log" common
</VirtualHost>

<VirtualHost 192.168.1.200:80>
    ServerAdmin admin@linux.net
    DocumentRoot "/var/www/vhost2"
    <Directory "/var/www/vhost2">
        Options FollowSymLinks
        AllowOverride None
        Require all granted
    </Directory>
    ServerName vhost2.linux.net
    ErrorLog "logs/vhost2-error-log"
    CustomLog "logs/vhost2-access-log" common
</VirtualHost>
```

在上述配置语句中，＜VirtualHost…＞容器用来定义虚拟主机，两个 VirtualHost 区域分别定义一个具有不同 IP 地址和相同端口号（采用 Web 服务器的默认端口号 80）的虚拟主机，它们具有不同的文档根目录（DocumentRoot）、服务器名（ServerName）和错误日志（ErrorLog）、访问日志（Customlog）文件名。

（4）重启 Apache 服务，然后在客户机上进行虚拟主机测试。在 Web 浏览器地址栏中分别输入 http://192.168.1.100 和 http://192.168.1.200，观察显示的页面内容，如图 9-6 和图 9-7 所示。至此，具有不同 IP 地址，但端口号相同的虚拟主机配置完成。

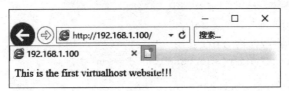

图 9-6　基于 IP 地址的虚拟主机(1)

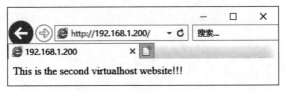

图 9-7　基于 IP 地址的虚拟主机(2)

2. IP 地址相同,但端口号不同的虚拟主机配置

在同一主机上针对一个 IP 地址和不同的端口号来建立虚拟主机,即每个端口对应一个虚拟主机,这种虚拟主机有时也称为"基于端口的虚拟主机"。其配置过程如下。

(1) 为物理网卡配置一个 IP 地址。

```
#nmcli connection modify ens33 ipv4.addresses 192.168.1.100/24
```

(2) 编辑/etc/httpd/conf/httpd.conf 文件,增加侦听端口号。

```
#vim /etc/httpd/conf/httpd.conf
Listen 8080
Listen 8118              //增加监听的端口号 8080 和 8118
```

(3) 为两个虚拟主机建立文档根目录及相应网页文件内容(此步与前例相同,可省略)。

```
#mkdir -p /var/www/vhost1
#mkdir -p /var/www/vhost2
#vim /var/www/vhost1/index.html
#vim /var/www/vhost2/index.html
```

(4) 修改/etc/httpd/conf.d 目录中的虚拟主机配置文件内容。

```
#vim /etc/httpd/conf.d/vhost.conf
<VirtualHost * :8080>
   ServerAdmin admin@linux.net
   DocumentRoot "/var/www/vhost1"
   <Directory "/var/www/vhost1">
     Options FollowSymLinks
     AllowOverride None
     Require all granted
```

201

```
    </Directory>
    ServerName vhost1.linux.net
    ErrorLog "logs/vhost1-error-log"
    CustomLog "logs/vhost1-access-log" common
</VirtualHost>

<VirtualHost * :8118>
    ServerAdmin admin@linux.net
    DocumentRoot "/var/www/vhost2"
    <Directory "/var/www/vhost2">
      Options FollowSymLinks
      AllowOverride None
      Require all granted
    </Directory>
    ServerName vhost2.linux.net
    ErrorLog "logs/vhost2-error-log"
    CustomLog "logs/vhost2-access-log" common
</VirtualHost>
```

在上述配置语句中,利用<VirtualHost 192.168.1.100:端口号>来定义两个自定义端口的虚拟主机,它们的管理员邮箱、文档根目录、错误日志文件名均不相同,但其 IP 地址相同,都是 192.168.1.100。

(5)重启 Apache 服务,然后在客户机上进行虚拟主机测试。在 Web 浏览器地址栏中分别输入 http://192.168.1.100:8080 和 http://192.168.1.100:8118,观察显示的页面内容,如图 9-8 和图 9-9 所示。至此,具有相同 IP 地址,但端口号不同的虚拟主机配置完成。

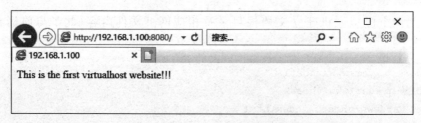

图 9-8 基于端口的虚拟主机(1)

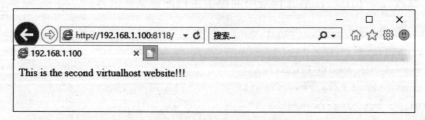

图 9-9 基于端口的虚拟主机(2)

9.5.2　基于名称的虚拟主机配置

使用基于 IP 地址的虚拟主机,用户被限制在数目固定的 IP 地址中,而使用基于名称的虚拟主机,用户可以设置支持任意数目的虚拟主机,不需要额外的 IP 地址。当用户的机器仅仅使用一个 IP 地址时,仍然可以设置支持无限多数目的虚拟主机。

基于名称的虚拟主机就是在同一台主机上针对相同的 IP 地址和端口号来建立不同的虚拟主机。为了实现基于名称的虚拟主机,必须对每台主机执行 VirtualHost 指令和 NameVirtualHost 指令,以向虚拟主机指定用户要分配的 IP 地址。在 VirtualHost 指令中,使用 ServerName 选项为主机指定用户使用的域名。每个 VirtualHost 指令都使用在 NameVirtualHost 中指定的 IP 地址作为参数,用户也可以在 VirtualHost 指令块中使用 Apache 指令独立地配置每一个主机。

下面以一个实例介绍基于名称的虚拟主机的配置过程。

(1) 配置 DNS 服务器,在区域数据库文件中增加两条 A 记录和两条 PTR 记录,实现对不同的域名进行解析。

① 在 DNS 正向区域数据库文件/var/named/linux.net.zone 中增加的记录如下。

```
vhost1  A  192.168.1.100
vhost2  A  192.168.1.100
```

② 在 DNS 反向区域数据库文件/var/named/1.168.192.zone 中增加的记录如下。

```
100  PTR  vhost1.linux.net.
100  PTR  vhost2.linux.net.
```

③ 保存配置后,重启 DNS 服务器。

(2) 为两个虚拟主机建立文档根目录及相应网页文件内容(此步与前例相同,可省略)。

```
#mkdir -p /var/www/vhost1
#mkdir -p /var/www/vhost2
#vim /var/www/vhost1/index.html
#vim /var/www/vhost2/index.html
```

(3) 修改/etc/httpd/conf.d 目录中的虚拟主机配置文件内容。

```
#vim /etc/httpd/conf.d/vhost.conf
<VirtualHost *:80>
   ServerAdmin admin@linux.net
   DocumentRoot "/var/www/vhost1"
   <Directory "/var/www/vhost1">
     Options FollowSymLinks
     AllowOverride None
     Require all granted
```

```
   </Directory>
   ServerName vhost1.linux.net
   ErrorLog "logs/vhost1-error-log"
   CustomLog "logs/vhost1-access-log" common
</VirtualHost>

<VirtualHost *:80>
   ServerAdmin admin@linux.net
   DocumentRoot "/var/www/vhost2"
   <Directory "/var/www/vhost2">
     Options FollowSymLinks
     AllowOverride None
     Require all granted
   </Directory>
   ServerName vhost2.linux.net
   ErrorLog "logs/vhost2-error-log"
   CustomLog "logs/vhost2-access-log" common
</VirtualHost>
```

上述两个基于名称的配置段与前面两种虚拟主机的主要区别在于前两种采用的是 IP 地址,而基于名称的虚拟主机采用的是域名。从上述两个配置段可以看出,实际上这两个虚拟主机的 IP 地址和端口号是完全相同的,应以不同的域名区分二者。

(4)重启 Apache 服务,然后在客户机上进行虚拟主机测试。在 Web 浏览器地址栏中分别输入 vhost1.linux.net 和 vhost2.linux.net,观察显示的页面内容,如图 9-10 和图 9-11 所示。至此,具有相同 IP 地址和端口号,但域名不同的虚拟主机配置完成。

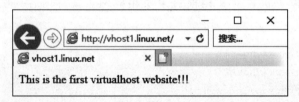

图 9-10　基于名称的虚拟主机(1)

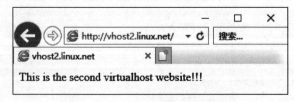

图 9-11　基于名称的虚拟主机(2)

实　　　训

1. 实训目的

掌握 Apache 服务器的配置与应用方法。

2. 实训内容

1）配置 Apache 建立普通的 Web 站点

（1）备份配置文件/etc/httpd/conf/httpd.conf。

（2）编辑该配置文件,进行如下设置：

① ServerAdmin shixun.com。

② ServerName 域名或 IP 地址。

（3）启动 Apache 服务。

（4）启动客户端浏览器,在地址栏中输入服务器的域名或者 IP 地址,然后查看结果。

2）设置用户主页

（1）利用 root 用户登录系统,修改用户主目录权限（♯ chmod 705 /home/～username）,让其他人有权进入该目录浏览。

（2）创建用户 user1,在其主目录创建 public_html 目录,保证该目录也有正确的权限让其他人进入。

（3）修改 httpd.conf 中 Apache 默认的主页文件为 index.html。

（4）在客户端浏览器中输入 http：//servername/～user1,测试配置效果。

3）配置用户认证授权

在/var/www/html 目录下创建一个 members 子目录。配置服务器,使用户 user1 可以通过密码访问此目录的文件,而其他用户不能访问。

（1）创建 members 子目录。

（2）利用 htpasswd 命令新建 passwords 密码文件,并将 user1 用户添加到该密码文件中。

（3）修改主配置文件/etc/httpd/conf/httpd.conf。

（4）重新启动 Apache 服务。

（5）在 members 目录下创建.htaccess 文件。

（6）在浏览器中测试配置的信息。

4）配置基于主机的访问控制

（1）重新编辑.htaccess 文件,对此目录的访问再进行基于客户机 IP 地址的访问控制,禁止从前面测试使用的客户机 IP 地址访问服务器。

（2）在浏览器中再次连接服务器,如果配置正确,则访问被拒绝。

（3）重新编辑.htaccess 文件,使局域网内的用户可以直接访问 members 目录,局域网外的用户可以通过用户认证方式访问 members 目录。

(4) 在客户端浏览器再次连接服务器,观察配置效果。

3. 实训总结

通过本次实训,掌握在 Linux 上如何安装和配置 Apache 服务器。

习　　题

一、选择题

1. 以下( )是 Apache 的基本配置文件。

    A. httpd.conf   B. srm.conf   C. mime.type   D. apache.conf

2. 以下关于 Apache 的描述,正确的是( )。

    A. 不能改变服务端口   B. 只能为一个域名提供服务

    C. 可以给目录设定密码   D. 默认端口是 8080

3. 启动 Apache 服务器的命令是( )。

    A. systemctl start apache   B. server http start

    C. systemctl start httpd   D. service httpd reload

4. 若要设置 Web 站点根目录的位置,应在配置文件中通过( )配置语句来实现。

    A. ServerRoot   B. ServerName

    C. DocumentRoot   D. DirectoryIndex

5. 若要设置站点的默认主页,可在配置文件中通过( )配置项来实现。

    A. RootIndex   B. ErrorDocument

    C. DocumentRoot   D. DirectoryIndex

6. 对于 Apache 服务器,提供的子进程的默认用户是( )。

    A. root   B. apache   C. httpd   D. nobody

7. 在 Apache 基于用户名的访问控制中,生成用户密码文件的命令是( )。

    A. smbpasswd   B. htpasswd   C. passwd   D. password

二、简答题

1. 试述启动和关闭 Apache 服务器的方法。

2. 简述 Apache 配置文件的结构及其关系。

3. Apache 服务器可架设哪几种类型的虚拟主机? 各有什么特点?

第 10 章　FTP 服务器配置与管理

FTP 服务是 Internet 上最早提供的服务之一,应用广泛,至今它仍是最基本的应用之一。FTP 可以在计算机网络上实现任意两台计算机相互上传和下载文件。FTP 操作简单,开放性好,在网络上的文件传递和共享非常方便。本章将介绍 FTP 的基本概念、VSFTP 服务器的实际架设及访问 FTP 服务器的方法等。

本章学习任务:

(1) 了解 FTP 服务;

(2) 掌握安装和启动 VSFTP 服务;

(3) 了解 VSFTP 两种运行模式;

(4) 掌握不同 FTP 服务器的配置方法。

10.1　FTP 简 介

10.1.1　FTP 服务

FTP(File Transfer Protocol,文件传输协议)主要功能是实现文件从一台计算机传送到另一台计算机。该协议使用户可以在 Internet 上传输文件数据,即下载或者上传各种软件和文档等资料。FTP 是 TCP/IP 的一种具体应用,FTP 工作在 OSI 模型的应用层,FTP 使用传输层的 TCP 协议,这样保证客户与服务器之间的连接是可靠的、安全的,为数据的传输提供了可靠的保证。

10.1.2　FTP 工作原理

FTP 也是基于 C/S 模式而设计的。在进行 FTP 操作的时候,既需要客户应用程序,也需要服务器端程序。用户自己的计算机中执行 FTP 客户应用程序,而远程服务器中运行 FTP 服务器应用程序,这样就可以通过 FTP 客户应用程序和 FTP 服务进行连接。连接成功后,可以进行各种操作。在 FTP 中,客户机只提出请求服务,服务器只接收请求和执行服务。

在利用 FTP 进行文件传输之前,用户必须先连入 Internet 中,在自己的计算机上启动 FTP 用户应用程序,并且利用 FTP 应用程序和远程服务器建立连接,激活远程服务器上的 FTP 服务器程序。准备就绪后,用户首先向 FTP 服务器提出文件传输申请,FTP 服务器找到用户所申请的文件后,利用 TCP/IP 将文件的副本传送到用户的计算机上,用户的 FTP 程序再将接收到的文件写入自己的硬盘。文件传输完后,用户计算机与服务器的连接自动断开。

与其他的 C/S 模式不同的是,FTP 协议的客户机与服务器之间需要建立双重连接:一个是控制连接,另一个是数据连接。这样,在建立连接时就需要占用两个通信信道。

10.1.3 FTP 传输模式

在 FTP 的数据传输中,传输模式决定文件数据会以什么方式被发送出去。一般情况下,网络传输模式有三种:将数据编码后传送、压缩后传送、不做任何处理进行传送。当然不论用什么模式进行传送,在数据的结尾处都是以 EOF 结束。在 FTP 中定义的传输模式有以下几种。

1. 二进制模式

二进制模式就是将发送数据的内容转换为二进制表示后再进行传送。这种传输模式下没有数据结构类型的限制。

在二进制结构中,发送方发送完数据后,会在关闭连接时标记 EOF。如果是文件结构,EOF 被表示为双字节。其中第一个字节为 0,而控制信息包含在后一个字节内。

2. 文件模式

文件模式就是以文件结构的形式进行数据传输。文件结构是指用一些特定标记来描述文件的属性以及内容。一般情况下,文件结构都有自己的信息头,其中包括计数信息和描述信息。信息头大多以结构体的形式出现。

- 计数信息:指明了文件结构中的字节总数。
- 描述信息:负责对文件结构中的一些数据进行描述。例如,其中的数据校验标记是为了在不同主机间交换特定的数据时,不论本地文件是否发生错误都发送。但在发送时发送方需要给出校验码,以确定数据发送到接收方时的完整性、准确性。

3. 压缩模式

在这种模式下,需要传送的信息包括普通数据、压缩数据和控制命令。

- 普通数据:以字节的形式进行传送。
- 压缩数据:包括数据副本和数据过滤器。
- 控制命令:用两个转义字符进行传送。

在 FTP 数据传输时,发送方必须把数据转换为文件结构指定的形式再传送出去,而接收方则相反。因为进行这样的转换很慢,所以一般在相同的系统中传送文本文件时采用二进制流表示比较合适。

10.1.4　FTP 连接模式

FTP 使用两个 TCP 端口,首先是建立一个命令端口(控制端口),然后产生一个数据端口。FTP 分为主动模式和被动模式两种,FTP 工作在主动模式使用 TCP 21 和 20 两个端口,而工作在被动模式会工作在大于 1024 端口的随机端口。目前主流的 FTP 服务器都同时支持 port 和 pasv 两种方式,但是为了方便管理防火墙和设置 ACL,了解 FTP 服务器的 port 和 pasv 模式是很有必要的。

1. FTP port 模式(主动模式)

主动方式的 FTP 是这样的:客户端从一个任意的非特权端口 $N(N>1024)$ 连接到 FTP 服务器的命令端口(即 TCP 21 端口)。紧接着客户端开始监听端口 $N+1$,并发送 FTP 命令"port $N+1$"到 FTP 服务器。最后服务器会从它自己的数据端口(20)连接到客户端指定的数据端口($N+1$),这样客户端就可以和 FTP 服务器建立数据传输通道了。

针对 FTP 服务器前面的防火墙来说,必须允许以下通信才能支持主动模式的 FTP。

(1) 客户端端口(>1024)到 FTP 服务器的 21 端口(入:客户端端口初始化的连接 C→S)。

(2) FTP 服务器的 21 端口到客户端端口(出:服务器响应客户端的控制端口 S→C)。

(3) FTP 服务器的 20 端口到客户端端口(出:服务器端初始化数据连接到客户端的数据端口 S→C)。

(4) 客户端端口到 FTP 服务器的 20 端口(入:客户端发送 ACK 响应到服务器的数据端口 C→S)。

2. FTP pasv 模式(被动模式)

在被动模式的 FTP 中,命令连接和数据连接都由客户端发起。当开启一个 FTP 连接时,客户端打开两个任意的非特权本地端口($N>1024$ 和 $N+1$)。第一个端口连接服务器的 21 端口,但与主动方式的 FTP 不同,客户端不会提交 port 命令并允许服务器来回连它的数据端口,而是提交 pasv 命令。这样做的结果是服务器会开启一个任意的非特权端口($P>1024$),并发送 port P 命令给客户端。然后客户端发起从本地端口 $N+1$ 到服务器的端口 P 的连接用来传送数据。

对于服务器端的防火墙来说,必须允许下面的通信才能支持被动模式的 FTP。

(1) 客户端端口(>1024)到服务器的 21 端口(入:客户端初始化的连接 C→S)。

(2) 服务器的 21 端口到客户端端口(出:服务器响应到客户端的控制端口的连接 S→C)。

(3) 客户端端口到服务器的大于 1024 的端口(入:客户端初始化数据连接到服务器指定的任意端口 C→S)。

(4) 服务器的大于 1024 端口到远程的大于 1024 的端口(出:服务器发送 ACK 响应和数据到客户端的数据端口 S→C)。

FTP 的 port 和 pasv 模式最主要的区别是数据端口连接方式不同,FTP port 模式只要开启服务器的 21 和 20 端口,而 FTP pasv 需要开启服务器大于 1024 端口的所有 TCP 端口和 21 端口。从网络安全的角度来看,似乎 FTP port 模式更安全,而 FTP pasv 不安全,那么为什么 RFC 要在 FTP port 基础上再制定一个 FTP pasv 模式呢? 其实 RFC 制定 FTP pasv 模式的主要目的是从数据传输安全角度出发的,因为 FTP port 使用固定 20 端口进行传输数据,那么作为黑客很容使用 sniffer 等工具盗取 FTP 数据,这样通过 FTP port 模式传输数据很容易被黑客获取,因此使用 pasv 模式来架设 FTP 服务器是较安全的方案。

10.2　配置 VSFTP 服务器

Linux 下的 FTP 服务器软件有很多,例如 Serv-U、WS-FTP、LFTP、TFTP 和 VSFTP 等。这里以 VSFTP 为例介绍 FTP 服务的安装、配置、管理。

10.2.1　使用 VSFTP 服务

1. 安装 VSFTP 服务

在进行 VSFTP 服务的操作之前,首先可使用下面的命令验证是否已安装了 VSFTP 组件。

```
#rpm -qa|grep vsftpd
vsftpd-3.0.3-28.el8.x86_64
```

命令执行结果表明系统已安装了 VSFTP 服务。如果未安装,可以用命令来安装或卸载 VSFTP 服务,具体步骤如下。

(1) 创建挂载目录

```
#mkdir /media/cdrom
```

(2) 把光盘挂载到/mediacdrom 目录

```
#mount /dev/cdrom /media/cdrom
```

(3) 进入 VSFTP 软件包所在的目录

🦔 注意:字母的大小写,否则会出错。

```
#cd /meida/cdrom/AppStream/Packages
```

(4) 安装 VSFTP 服务

```
#rpm -ivh vsftpd-3.0.3-28.el8.x86_64.rpm
```

如果出现如下提示,则证明 VSFTP 服务被正确安装。

```
Verifying...              ###################################[100%]
```

```
Preparing...                    ########################################[100%]
Updating / installing...
   1: vsftpd-3.0.3-28.el8       ########################################[100%]
```

（5）查询配置文件及存放位置

```
#rpm -qc vsftpd
```

2. 启动和停止 VSFTP 服务

VSFTP 服务使用 vsftpd 进程，其启动、停止或重启可以使用如下命令：

```
#systemctl start vsftpd          //启动 VSFTP 服务
#systemctl status vsftpd         //查看 VSFTP 服务运行状态
#systemctl restart vsftpd        //重启 VSFTP 服务
#systemctl stop vsftpd           //停止 VSFTP 服务
```

10.2.2　VSFTP 服务配置文件

1. VSFTP 服务相关的配置文件

VSFTP 服务相关的配置文件包括以下几个。

（1）/etc/vsftpd/vsftpd.conf：VSFTP 服务器的主配置文件。

（2）/etc/logrotate.d/vsftpd：VSFTP 服务器日志文件的配置文件。

（3）/etc/pam.d/vsftpd：主要用于加强 VSFTP 服务器的用户认证。

（4）/etc/vsftpd/ftpusers：在该文件中列出的用户清单将不能访问 FTP 服务器。

（5）/etc/vsftpd/user_list：当/etc/vsftpd/vsftpd.conf 文件中的 userlist_enable 和 userlist_deny 的值都为 YES 时，在该文件中列出的用户不能访问 FTP 服务器。当/etc/vsftpd/vsftpd.conf 文件中的 userlist_enable 的值为 YES 而 userlist_deny 的值为 NO 时，只有/etc/vsftpd/user_list 文件中列出的用户才能访问 FTP 服务器。

2. /etc/vsftpd/vsftpd.conf 文件的常用配置参数

为了让 FTP 服务器能够更好地按照需求提供服务，需要对/etc/vsftpd/vsftpd.conf 文件进行合理有效的配置。vsftpd 提供的配置参数较多，默认配置文件只列出了最基本的配置参数，很多配置参数在配置文件中并未列出。在该配置文件中，每个选项分行设置，指令行格式为：配置项＝参数值。每个配置项的“＝”两边不要留有空格。

下面将详细介绍配置文件中的常用配置项，其给出的选项值是默认值。

（1）布尔选项

① allow_anon_ssl＝NO：只有 ssl_enable 激活了才可以启用此项。如果设置为 YES，匿名用户将允许使用安全的 SSL 连接服务器。

② anon_mkdir_write_enable＝NO：如果设为 YES，匿名用户将允许在指定的环境下创建新目录。如果此项要生效，那么配置 write_enable 必须被激活，并且匿名 FTP 用户必须在其父目录有写权限。

211

③ anon_other_write_enable＝NO：如果设置为 YES,匿名用户将被授予较大的写权限,例如删除和改名。一般不建议这么做,除非想完全授权。也可以和 cmds_allowed 配合来实现控制,这样可以达到文件续传功能。

④ anon_upload_enable＝NO：如果设为 YES,匿名用户就允许在指定的环境下上传文件。如果此项要生效,那么配置 write_enable 必须激活,并且匿名 FTP 用户必须在相应目录有写权限。

⑤ anon_world_readable_only＝YES：启用的时候,匿名用户只允许下载完全可读的文件,这也就允许了 FTP 用户拥有对文件的所有权,尤其是在上传的情况下。

⑥ anonymous_enable＝NO：控制是否允许匿名用户登录。如果允许,那么 FTP 和 anonymous 都将被视为 anonymous 账号而允许登录。

⑦ ascii_download_enable＝NO：启用时,用户下载时将以 ASCII 模式传送文件。

⑧ ascii_upload_enable＝NO：启用时,用户上传时将以 ASCII 模式传送文件。

⑨ async_abor_enable＝NO：启用时,一个特殊的 FTP 命令 async ABOR 将允许被使用。只有不正常的 FTP 客户端要使用这一点。由于这个功能难于操作,默认它是被关闭的。但是,有些客户端在取消一个传送的时候会被挂死(客户端无响应),只有启用这个功能才能避免这种情况发生。

⑩ background＝YES：启用时,vsftpd 是 listen 模式启动的,vsftpd 将把监听进程置于后台。但访问 vsftpd 时,控制台将立即被返回到 Shell。

⑪ check_shell＝YES：这个选项只对非 PAM 结构的 vsftpd 才有效。如果关闭,vsftpd 将不检查/etc/shells 以判定本地登录的用户是否有一个可用的 Shell。

⑫ chmod_enable＝YES：该选项为 YES 时,允许本地用户使用 chmod 命令改变上传的文件的权限。

注意：这只能用于本地用户,匿名用户不能使用。

⑬ chown_uploads＝NO：如果启用,所有匿名用户上传的文件的所有者将变成在 chown_username 里指定的用户。这对管理 FTP 很有用,也对安全有益。

⑭ chroot_list_enable＝NO：如果激活,要提供一个用户列表,表内的用户将在登录后被放在其 home 目录,并锁定在虚根下(进入 FTP 后,用 pwd 命令,可以看到当前目录是"/",这就是虚根。这是 FTP 的根目录,并非 FTP 服务器系统的根目录)。如果 chroot_local_user 设为 YES 后,其含义会发生变化,即这个列表内的用户将不被锁定在虚根下。默认情况下,这个列表文件是/etc/vsftpd/chroot_list,但也可以通过修改 chroot_list_file 来改变默认值。

⑮ chroot_local_user＝NO：如果设为 YES,本地用户登录后将被(默认地)锁定在虚根下,并被放在他的计算机的 home 目录下。

⑯ connect_from_port_20＝NO：用来控制服务器是否使用 20 端口来做数据传输。安全起见,有些客户坚持启用。相反,关闭这一项可以让 vsftpd 更加大众化。

⑰ debug_ssl＝NO：该选项为 YES 时,将会把 OpenSSL 连接的诊断信息存储在日志文件中。

⑱ delete_failed_uploads＝NO：当设置为 YES 时,在上传文件失败时删除该文件。

⑲ deny_email_enable＝NO：如果激活,要提供一个关于匿名用户的密码 E-mail 表(匿名用户是用邮件地址作为密码的)以阻止以这些密码登录的匿名用户。默认情况下,这个列表文件是/etc/vsftpd/banned_emails,但也可以通过设置 banned_email_file 来改变默认值。

⑳ dirlist_enable＝YES：如果设置为 NO,所有的列表命令(如 ls)都将被返回 permission denied 提示。

㉑ dirmessage_enable＝NO：如果启用,FTP 服务器的用户在首次进入一个新目录的时候将显示一段信息。默认情况下,会在这个目录中查找.message 文件,但也可以通过更改 message_file 来改变默认值。

㉒ download_enable＝YES：如果设置为 NO,下载请求将返回 permission denied。

㉓ dual_log_enable＝NO：如果启用,两个 Log 文件会各自产生,默认是/var/log/xferlog 和/var/log/vsftpd.log。前一个是 wu-ftpd 格式的 Log,能被通用工具分析;后一个是 vsftpd 的专用 Log 格式。

㉔ force_dot_files＝NO：如果激活,即使客户端没有使用-a 选项,FTP 里以“.”开始的文件和目录都会显示在目录资源列表里。但是不会显示“.”和“..”(即 Linux 下的当前目录和上级目录不会以“.”或“..”方式显示)。

㉕ force_anon_data_ssl＝NO：仅在 ssl_enable 为 YES 时可用。当该选项为 YES 时,所有匿名用户登录时都要求使用 SSL 连接进行数据传输。

㉖ force_anon_logins_ssl＝NO：仅在 ssl_enable 为 YES 时可用。当为 YES 时,所有匿名用户登录时到要求使用 SSL 连接进行密码传输。

㉗ force_local_data_ssl＝YES：只有在 ssl_enable 激活后才能启用。如果启用,所有的非匿名用户将被强迫使用安全的 SSL 连接以在数据链路上收发数据。

㉘ force_local_logins_ssl＝YES：只有在 ssl_enable 激活后才能启用。如果启用,所有的非匿名用户将被强迫使用安全的 SSL 登录以发送密码。

㉙ guest_enable＝NO：如果启用,所有的非匿名用户登录时将被视为“游客”,其名字将被映射为 guest_username 里所指定的名字。

㉚ hide_ids＝NO：如果启用,目录资源列表里所有用户和组的信息将显示为 ftp。

㉛ implicit_ssl＝NO：当为 YES 时,在所有 FTP 连接的第一件事就是 SSL 握手。

㉜ listen＝NO：如果启用,vsftpd 将以独立模式运行,也就是说可以不依赖于 inetd 或者类似的进程启动。直接运行 vsftpd 可执行文件一次,然后 vsftpd 就自己去监听和处理连接请求了。

㉝ listen_ipv6＝NO：类似于 listen 参数的功能,但有一点不同,启用后 vdftpd 会去监听 IPv6 的套接字而不是 IPv4 的套按字。这个设置和 listen 的设置互相排斥。

㉞ local_enable＝NO：用来控制是否允许本地用户登录。如果启用,/etc/passwd 里面的正常用户的账号将被用来登录。

㉟ lock_upload_files＝YES：设置当用户上传文件时是否锁住上传的文件。这个可以被用来阻止文件的续传。

㊱ log_ftp_protocol＝NO：启用后,如果 xferlog_std_format 没有被激活,所有的

213

FTP 请求和反馈信息将被记录,这常用于调试。

㊲ ls_recurse_enable=NO:如果启用,ls -R 将被允许使用。这是为了避免一些安全风险,因为在一个大的站点内,在目录顶层使用这个命令将消耗大量资源。

㊳ mdtm_write=YES:允许使用 MDTM 设置修改时间。

㊴ no_anon_password=NO:如果启用,vsftpd 将不会向匿名用户询问密码。匿名用户将直接登录。

㊵ no_log_lock=NO:启用时,vsftpd 在写入 Log 文件时将不会把文件锁住。这一项一般不启用。它对一些工作区操作系统问题,如 Solaris/Veritas 文件系统共存时有用。因为在试图锁定 Log 文件时,有时候看上去像被挂死(无响应)了。

㊶ one_process_model=NO:如果 Linux 核心是 2.4 的,那么也许能使用一种不同的安全模式,即一个连接是否只用一个进程。该选项可用于提高 FTP 的性能。

㊷ passwd_chroot_enable=NO:如果启用,同 chroot_local_user 一起使用就会基于每个用户创建限制目录,每个用户限制的目录源于/etc/passwd 中的主目录。

㊸ pasv_addr_resolve=NO:若要使用主机名,则设置为 YES。

㊹ pasv_enable=YES:如果不想使用被动方式获得数据连接,则设置为 NO。

㊺ pasv_promiscuous=NO:如果想关闭被动模式安全检查(这个安全检查能确保数据连接源于同一个 IP 地址),则设置为 YES。

㊻ port_enable=YES:如果想关闭以端口方式获得数据连接,则关闭它。

㊼ port_promiscuous=NO:若设置为 YES 时,将禁用 port 安全检查,这个检查将确保数据传输到客户端。只有在自己清楚这是做什么的时候才启用。

㊽ require_cert=NO:若设置为 YES,则所有的 SSL 客户端连接都需要提供证书,有效的证书在 validate_cert 中指定。

㊾ require_ssl_reuse=YES:当设置为 YES 时,所有的 SSL 数据连接都需要检阅 SSL 会话安全,尽管该选项默认是安全的,但是它可能会破坏许多 FTP 客户端,所以用户可能会禁用它。

㊿ run_as_launching_user=NO:如果想让一个用户能启动 vsftpd,可以设置为 YES。当 root 用户不能去启动 vsftpd 的时候,该选项会很有用(不是 root 用户没有权限启动 vsftpd,而是因为别的原因,不能以 root 身份直接启动 vsftpd)。

51 secure_email_list_enable=NO:如果只接受以指定 E-mail 地址登录的匿名用户,则启用它。这一般用来在不必要用虚拟用户的情况下,以较低的安全限制去访问较低安全级别的资源。如果启用它,匿名用户除非用在 email_password_file 里指定的 E-mail 作为密码,否则不能登录。这个文件的格式是一行密码,而且没有额外的空格。默认的文件名是/etc/vsftpd/email_passwords。

52 session_support=NO:这将配置是否让 vsftpd 去尝试管理登录会话。如果 vsftpd 管理会话,它会尝试并更新 utmp 和 wtmp。如果使用 PAM 进行认证,它也会打开一个 pam 会话(pam_session),直到退出登录才会关闭它。如果不需要会话记录,或者要 vsftpd 运行更少的进程,或者让它更大众化,可以关闭它。utmp 和 wtmp 只在有 PAM 的环境下才支持。

㉝ setproctitle_enable＝NO：如果启用该选项，vsftpd 将在系统进程列表中显示会话状态信息。换句话说，进程名字将变成 vsftpd 会话当前正在执行的动作。为了安全，可以关闭这一项。

㉞ ssl_enable＝NO：如果启用该选项，vsftpd 将启用 OpenSSL，通过 SSL 支持安全连接。这个设置用来控制连接（包括登录）和数据线路。同时，客户端也要支持 SSL 才行。vsftpd 不保证 OpenSSL 库的安全性，因此启用此项前，必须确保安装的 OpenSSL 库是安全的。

㉟ ssl_request_cert＝YES：确定 SSL 连接时是否需要认证。

㊱ ssl_sslv2＝NO：要激活 ssl_enable 才能启用它。如果启用，将允许 SSL v2 协议的连接。TLS v1 连接将是首选。

㊲ ssl_sslv3＝NO：要激活 ssl_enable 才能启用它。如果启用，将允许 SSL v3 协议的连接。TLS v1 连接将是首选。

㊳ ssl_tlsv1＝YES：要激活 ssl_enable 才能启用它。如果启用，将允许 TLS v1 协议的连接。TLS v1 连接将是首选。

㊴ strict_ssl_read_eof＝NO：该选项为 YES 时，在上传数据时需要通过 SSL 连接的终端，而不是端口上的一个 EOF。

㊵ strict_ssl_write_shutdown＝NO：当设置为 YES 时，在下载数据时需要通过 SSL 连接的端口，而不是端口上的一个 EOF。

㊶ syslog_enable＝NO：如果启用，系统日志将取代 vsftpd 的日志输出到/var/log/vsftpd.log 中。vsftpd 的日志工具将不再工作。

㊷ tcp_wrappers＝NO：如果启用，vsftpd 将被 tcp_wrappers 支持，进入的连接将被 tcp_wrappers 访问控制所反馈。如果 tcp_wrappers 设置了 VSFTPD_LOAD_CONF 环境变量，那么 vsftpd 将尝试调用这个变量所指定的配置。

㊸ text_userdb_names＝NO：默认情况下，在文件列表中，数字 ID 将被显示在用户和组的区域。可以编辑这个参数以使数字 ID 变成文字。为了保证 FTP 性能，默认情况下，此选项被关闭。

㊹ tilde_user_enable＝NO：如果启用该选项，vsftpd 将试图解析类似于～chris/pics 的路径名（一个"～"后面跟着一个用户名）。

🔥 注意：vsftpd 有时会一直解析路径名"～"和"～/"（在这里，"～"被解析成内部登录目录）。"～用户路径"只有在当前虚根下找到/etc/passwd 文件时才被解析。

㊺ use_localtime＝NO：如果启用该选项，vsftpd 在显示目录资源列表的时候，会显示本地时间。默认显示 GMT（格林威治时间）。

㊻ use_sendfile＝YES：一个用于测试在平台上使用 sendfile()进行系统调用的内部设置。

㊼ userlist_deny＝YES：这个设置在 userlist_enable 被激活后才能被验证。如果设置为 NO，那么只有在 userlist_file 里明确列出的用户才能登录。如果是被拒绝登录，那么在被询问密码前，用户将被系统拒绝。

㊽ userlist_enable＝NO：如果启用该选项，vsftpd 将在 userlist_file 里读取用户列

表。如果用户试图以文件里的用户名登录,那么在被询问用户密码前,它们将被系统拒绝。这将防止明文密码被传送。

⑥ userlist_log＝NO：确定是否开启记录在 userlist_file 里面指定的用户登录失败的日志。

⑦ validate_cert＝NO：若设置为 YES,则所有的 SSL 客户端需要合法的认证证书。

⑦ virtual_use_local_privs＝NO：如果启用该选项,虚拟用户将拥有和本地用户一样的权限。默认情况下,虚拟用户拥有和匿名用户一样的权限,而后者往往有更多的限制(特别是写权限)。

⑦ write_enable＝NO：该选项决定是否允许一些 FTP 命令去更改文件系统。这些命令是 STOR、DELE、RNFR、RNTO、MKD、RMD、APPE 和 SITE 等。

⑦ xferlog_enable＝NO：如果启用该选项,一个日志文件将详细记录上传和下载的信息。默认情况下,这个文件是/var/log/vsftpd.log,但也可以通过更改 vsftpd_log_file 来指定其默认位置。

⑦ xferlog_std_format＝NO：如果启用该选项,日志文件将以标准的 xferlog 格式记录(wu-ftpd 使用的格式),以便用现有的统计分析工具进行分析。默认情况下,日志文件是/var/log/xferlog。可以通过修改 xferlog_file 来指定新路径。

⑦ isolate_network＝YES：如果启用该选项,可以使用 CLONE_NEWNET 隔离不受信任的进程,以便它们不能执行任意的 connect()操作,而必须请求特权进程提供套接字(必须禁用 port_promiscuous)。

⑦ isolate＝YES：如果启用该选项,使用 CLONE_NEWPID 和 CLONE_NEWIPC 将进程隔离到其 IPC 和 PID 名称空间,以便独立的进程不能相互影响。

（2）数字选项

① accept_timeout＝60：以秒为单位,设定远程用户以被动方式建立连接时最大尝试建立连接的时间。

② anon_max_rate＝0：对于匿名用户,设定允许的最大传送速率,单位为字节/秒。0 表示无限制。

③ anon_umask＝077：为匿名用户创建的文件设定权限。

🖑 注意：如果想输入八进制的值,那么其中的 0 不同于十进制的 0。

④ chown_upload_mode＝0600：该选项用于设置匿名用户上传文件时使用 chown 强制改变文件的权限值。

⑤ connect_timeout＝60：以秒为单位,设定远程用户必须回应 port 类型数据连接的最大时间。

⑥ data_connection_timeout＝300：以秒为单位,设定数据传输延迟的最大时间。时间一到,远程用户将被断开连接。

⑦ delay_failed_login＝1：设置登录失败时要延迟 1 秒才可以再次连接。

⑧ delay_successful_logon＝0：设置登录成功后的延迟时间,单位是秒。

⑨ file_open_mode＝0666：对于上传的文件设定权限。如果想被上传的文件可被执行,umask 要改成 0777。

⑩ ftp_data_port＝20：设定 port 模式下的连接端口（需要 connect_from_port_20 被激活）。

⑪ idle_session_timeout＝300：以秒为单位，设置远程客户端在两次输入 FTP 命令间的最大时间。时间一到，远程客户将被断开连接。

⑫ listen_port＝21：如果 vsftpd 处于独立运行模式，这个端口设置将监听的 FTP 连接请求。

⑬ local_max_rate＝0：为本地认证用户设定最大传输速度，单位为字节/秒。0 表示无限制。

⑭ local_umask＝077：设置本地用户创建的文件的权限。

⑮ max_clients＝0：如果 vsftpd 运行在独立运行模式，这里设置了允许并发连接的最大客户端数。用户端将显示一个错误信息。0 表示无限制。

⑯ max_login_fails＝3：设置在 3 次连接失败后终止会话。

⑰ max_per_ip＝0：如果 vsftpd 运行在独立运行模式，这里设置了每个 IP 地址的最大并发连接数目。如果超过了最大限制，用户端将显示一个错误信息。0 表示无限制。

⑱ pasv_max_port＝0：指定为被动模式数据连接分配的最大端口。可以用来指定一个较小的范围以配合防火墙。0 表示可使用任何端口。

⑲ pasv_min_port＝0：指定为被动模式数据连接分配的最小端口。可以用来指定一个较小的范围以配合防火墙。0 表示可使用任何端口。

⑳ trans_chunk_size＝0：一般不需要改这个设置。但也可以尝试改为如 8192 这样的数来减小带宽限制的影响。

（3）字符串选项

① anon_root＝：设置一个目录，在匿名用户登录后，vsftpd 会尝试进入这个目录下。如果失败则略过。

② banned_email_file＝/etc/vsftpd/banned_emails：deny_email_enable 启动后，匿名用户如果使用这个文件里指定的 E-mail 密码登录将被拒绝。

③ banner_file＝：设置一个文本，在用户登录后将显示文本内容。如果设置了 ftpd_banner，则 ftpd_banner 将无效。

④ ca_certs_file＝：设置加载认证证书的文件。

⑤ chown_username＝root：改变匿名用户上传的文件的所有者。需设定 chown_uploads。

⑥ chroot_list_file＝/etvsftpd.confc/vsftpd.chroot_list：该选项提供了一个本地用户列表，列表内的用户登录后将被放在虚根下，并锁定在 home 目录中。这需要 chroot_list_enable 选项被启用。如果 chroot_local_user 选项被启用，这个列表就变成一个不将列表里的用户锁定在虚根下的用户列表了。

⑦ cmds_allowed＝：以逗号分隔的方式指定可用的 FTP 命令（USER、PASS 和 QUIT 是始终可用的命令），其他命令将被屏蔽。这是一个强有力的锁定 FTP 服务器的方法。例如，cmds_allowed＝PASV，RETR，QUIT（只允许检索文件）。

⑧ cmds_denied＝：指定一系列由","隔开的不允许使用的 FTP 命令。

⑨ deny_file＝：该选项可以设置一个文件名或者目录名式样以阻止在任何情况下访问它们。并不是隐藏它们,而是拒绝任何试图对它们进行的操作(下载、改变目录等其他有影响的操作)。这个设置很简单,而且不会用于严格的访问控制——文件系统权限将优先生效。这个设置对确定的虚拟用户设置很有用。特别是如果一个文件能被多个用户名访问(可能是通过软连接或者硬连接),那就要拒绝所有的访问。建议使用文件系统权限设置一些重要的安全策略以获取更高的安全性,如 deny_file＝{ * .mp3, * .mov,.private}。

⑩ dsa_cert_file＝：指定加载 DSA 证书的文件名。

⑪ dsa_private_key_file＝：指定包含 DSA 私钥的文件。

⑫ email_password_file＝/etc/vsftpd/email_passwords：在设置了 secure_email_list_enable 后,这个设置可以用来提供一个备用文件。

⑬ ftp_username＝ftp：该选项是用来控制匿名 FTP 的用户名。这个用户的 home 目录是匿名 FTP 账号的根。

⑭ ftpd_banner＝：当一个连接首次接入时将显示一个欢迎界面。

⑮ guest_username＝ftp：设定了游客进入后,其将会被映射的名字。

⑯ hide_file＝：设置了一个文件名或者目录名列表,这个列表内的资源会被隐藏,不管是否有隐藏属性。但如果用户知道了它的存在,将能够对它进行完全的访问。hide_file 里的资源和符合 hide_file 指定的规则表达式的资源将被隐藏。vsftpd 的规则表达式很简单,例如 hide_file＝{ * .mp3,.hidden,hide * ,h?}。

⑰ listen_address＝：如果 vsftpd 运行在独立模式下,本地接口的默认监听地址将被这个设置代替。需要提供一个 IPv4 地址。

⑱ listen_address6＝：如果 vsftpd 运行在独立模式下,要为 IPv6 指定一个监听地址(如果 listen_ipv6 被启用)。需要提供一个 IPv6 格式的地址。

⑲ local_root＝：设置一个本地(非匿名)用户登录后,vsftpd 试图让它进入的一个目录。如果失败,则略过。

⑳ message_file＝.message：当进入一个新目录的时候,会查找这个文件并显示文件里的内容给远程用户。dirmessage_enable 需启用。

㉑ nopriv_user＝nobody：设定服务执行者为 nobody。nobody 是 vsftpd 使用的一个权限很低的用户,没有家目录,没有登录 Shell,系统更安全。这时 vsftpd 作为完全无特权的用户的名字。

㉒ pam_service_name＝ftp：设定 vsftpd 将要用到的 PAM 服务的名字。

㉓ pasv_address＝：当使用 pasv 命令时,vsftpd 会用这个地址进行反馈。需要提供一个数字化的 IP 地址。默认为连接的套接字。

㉔ rsa_cert_file＝/usr/share/ssl/certs/vsftpd.pem：此设置指定了 SSL 加密连接需要的 RSA 证书的位置。

㉕ rsa_private_key_file＝：指出 FTP 的 RSA 私钥文件所在的位置。

㉖ secure_chroot_dir＝/usr/share/empty：此设置指定了一个空目录,这个目录不允许 FTP 用户写入。在 vsftpd 不希望文件系统被访问时,目录为安全的虚根所使用。

㉗ ssl_ciphers＝DES-CBC3-SHA：此设置将选择 vsftpd 为加密的 SSL 连接所用的 SSL 密码。

㉘ user_config_dir＝：此设置允许覆盖一些默认指定的配置项（基于单个用户的）。如把 user_config_dir 赋值为/etc/vsuser.conf，那么以 chen 用户登录，vsftpd 将调用配置文件/etc/vsuser.conf/chen。

㉙ user_sub_token＝：此设置将依据一个模板为每个虚拟用户创建 home 目录。例如，如果真实用户的 home 目录通过 guest_username 为/home/virtual/＄USER 指定，并且 user_sub_token 设置为＄USER，那么虚拟用户 fred 登录后将锁定在/home/virtual/fred 下。

㉚ userlist_file＝/etc/vsftpd/user_list：当 userlist_enable 被激活，系统将去这里调用文件。

㉛ vsftpd_log_file＝/var/log/vsftpd.log：只有 xferlog_enable 被设置，而 xferlog_std_format 没有被设置时，此项才生效。这是被生成的 vsftpd 格式的日志文件的名字。dual_log_enable 和这个设置不能同时启用。如果启用了 syslog_enable，那么这个文件不会生成，而只会产生一个系统日志文件。

㉜ xferlog_file＝/var/log/xferlog：设定生成 wu-ftpd 格式的日志文件的名称。只有启用了 xferlog_enable 和 xferlog_std_format 后才能生效，不能和 dual_log_enable 同时启用。

10.3　管理 VSFTP 服务器

一般而言，用户必须经过身份验证才能登录 VSFTP 服务器，然后才能访问和传输 FTP 服务器上的文件，VSFTP 服务器分为匿名账号 FTP 服务器、本地账号 FTP 服务器和虚拟账号 FTP 服务器。

（1）匿名账号 FTP 服务器。使用匿名用户登录的服务器，这种服务器采用匿名或 FTP 账号，以用户的 E-mail 地址作为口令或使用空口令登录，默认情况下，匿名用户对应系统中的实际账号是 ftp，其主目录是/var/ftp，所以每个匿名用户登录上来后实际上都在/var/ftp 目录下。为了减轻 FTP 服务器的负载，一般情况下，应关闭匿名账号的上传功能。

（2）本地账号 FTP 服务器。使用本地用户登录的服务器，这种服务器采用系统中的合法账号登录，一般情况下，合法用户都有自己的主目录，每次登录时默认都登录到各自的主目录中。本地用户可以访问整个目录结构，从而对系统安全构成极大危害，所以除非特殊需要，应尽量避免用户使用真实账号访问 FTP 服务器。

（3）虚拟账号 FTP 服务器。使用 guest 用户登录的服务器，这种服务器的登录用户一般不是系统中的合法用户，与匿名用户相似之处是全部虚拟用户也仅对应着一个系统账号，即 guest。但与匿名用户不同之处是虚拟用户的登录名称可以任意，而且每个虚拟用户都可以有自己独立的配置文件。guest 用户登录 FTP 服务器后，不能访问除宿主目录以外的内容。

10.3.1　配置匿名账号 FTP 服务器

下面通过一个配置实例来体验匿名 FTP 服务器的配置及效果,要求如下。

在主机(IP 为 192.168.1.100)上配置只允许匿名用户登录的 FTP 服务器,使匿名用户具有如下权限。

(1) 允许上传、下载文件。

(2) 将上传文件的所有者改为 wu。

(3) 允许创建子目录,改变文件名称或删除文件。

(4) 匿名用户最大传输速率设置为 50kb/s。

(5) 同时连接 FTP 服务器的并发用户数为 100。

FTP 服务配置

(6) 每个用户同一时段并发下载文件的最大线程数为 2。

(7) 设置采用 ASCII 方式传送数据。

(8) 设置欢迎信息:"Welcome to FTP Service!"。

配置过程如下。

(1) 编辑 vsftpd 的主配置文件/etc/vsftpd/vsftpd.conf,对文件中相关的配置项进行修改、添加,其他配置用默认值即可。需要配置的内容如下:

```
anonymous_enable=YES            //允许匿名用户登录
#local_enable=YES               //不使用本地用户登录,所以把它注释掉
write_enable=YES                //允许本地用户的写权限,因为本地用户的登录已
                                  经被注释了,所以这时 YES 或 NO 都不会起作用
anon_upload_enable=YES          //允许匿名用户上传文件
anon_mkdir_write_enable=YES     //允许匿名用户创建目录
anon_other_write_enable=YES     //允许匿名用户改名、删除文件。需手动添加本行
anon_max_rate=50000             //设置匿名用户最大传输率为 50kb/s
max_clients=100                 //设置同时连接 FTP 服务器的并发用户数为 100
max_per_ip=2                    //设置每个 IP 同一时段并发下载线程数为 2 或同
                                  时只能下载两个文件
chown_uploads=YES               //允许匿名用户修改上传文件的所有权
chown_username=wu               //将匿名用户上传文件的所有者改为 wu
ascii_upload_enable=YES         //允许使用 ASCII 格式上传文件,默认值是 YES。
                                  但该指令是注释掉的,所以默认是没有启用的
ascii_download_enable=YES       //允许使用 ASCII 格式下载文件
ftpd_banner=Welcome to FTP Service! //设置欢迎信息
```

(2) 创建用户 wu。

```
#useradd wu
#passwd wu
```

(3) 临时关闭防火墙和 SELinux。

```
#systemctl stop firewalld
#setenforce 0
```

（4）重启 vsftpd 服务。

```
#systemctl restart vsftpd
```

（5）测试 vsftpd 服务。

无论是 Linux 环境还是 Windows 环境都有三种访问 FTP 服务器的方法：一是通过浏览器；二是通过专门的 FTP 客户端软件；三是通过命令行的方式。命令登录过程如下：

```
#ftp 192.168.1.100
Connected to 192.168.1.100 (192.168.1.100).
220 Welcome to FTP Service!
Name(192.168.1.100:root):ftp          //输入用户名
331 Please specify the password.
Password:                             //输入密码,可为空
Remote system type is UNIX.
Using binary mode to transfer files.
ftp>cd pub                            //切换到 pub 目录
250 Directory successfully changed.
ftp>ls                                //显示 pub 目录列表
ftp>get test1.txt                     //下载 test1.txt 文件
ftp>!dir                              //查看 test1.txt 文件是否下载到本地
ftp>!                                 //退出登录
```

10.3.2　配置本地账号 FTP 服务器

默认情况下，VSFTP 服务器允许本地用户登录，并直接进入该用户的主目录，但此时用户可以访问 FTP 服务器的整个目录结构，这对系统安全是一个很大的隐患；同时本地用户数量有时很大，其权限也不相同，所以为了安全，应进一步完善本地账号 FTP 服务器的功能。下面来介绍常用的两种访问控制。

1. 用户访问控制

VSFTP 具有灵活的用户访问控制功能。在具体实现中，VSFTP 的用户访问控制分为两类：第一类是传统用户列表文件，在 vsftpd 中其文件名是/etc/vsftpd/ftpusers，凡是列在此文件中的用户都没有登录此 FTP 服务器的权限；第二类是改进的用户列表文件/etc/vsftpd/user_list，该文件中的用户能否登录 FTP 服务器由/etc/vsftpd/vsftpd.conf 中的参数 userlist_deny 来决定，这样做更加灵活。

配置实例：现要求在主机（IP 为 192.168.1.100）上配置 FTP 服务器，实现如下功能。

（1）只允许本地用户 wu、jack 和 root 登录 VSFTP 服务器。

（2）更改登录端口号为 8021，把每个本地用户的最大传输速率设为 1Mb/s。

配置过程如下。

（1）编辑/etc/vsftpd/ftpusers 文件。

这个文件被称为 FTP 用户的黑名单文件，即在该文件中的本地用户都不能登录 FTP 服务器，所以应确认 wu、jack 和 root 这三个用户名不要出现在该文件中。

（2）编辑/etc/vsftpd/vsftpd.conf。

确认在该文件中存在以下几条指令,如果没有则需手动添加,其他默认设置不需要改动：

```
local_max_rate=1000000              //设置本地用户的最大传输速率为 1Mb/s
listen_port=8021                    //更改 FTP 登录端口号为 8021
userlist_enable=YES                 //启用用户列表文件
userlist_file=/etc/vsftpd/user_list //指定用户列表文件名称和路径
userlist_deny=NO    //当值为 NO 时,则只允许 user_list 文件中的用户登录 FTP 服务器;
                      值为 YES,则不允许 user_list 文件中的用户登录 FTP 服务器
```

（3）编辑/etc/vsftpd/user_list 文件。

由于在/etc/vsftpd/vsftpd.conf 中 userlist_deny＝NO,所以只允许在/etc/vsftpd/user_list 中的用户登录 FTP 服务器。在此文件中包含以下三行：

```
root
wu
jack
```

（4）添加 wu、jack 用户为本地用户。

（5）临时关闭防火墙和 SELinux。

（6）重启 VSFTP 服务。

（7）测试。可在文本模式中输入如下命令：

```
#ftp 192.168.1.100 8021
```

然后分别用 root、wu、jack 用户登录,逐一测试。

说明：如果在 ftpusers 和 user_list 文件中同时出现某个用户名,当 vsftpd.conf 文件中 userlist_deny＝NO 时,是不会允许这个用户登录的,即只要在 ftpusers 中出现就是被禁止的。当 userlist_deny＝YES 时,只要在 user_list 文件中的用户都是被拒绝的,而其他的用户如果不在该文件中,并且也不在 ftpusers 中,都是被允许的。

其实很简单,当禁止某些用户时,可以只启用 ftpusers 文件,即在此文件中的用户都是被拒绝的。当只允许某些用户时,首先保证这些用户在 ftpusers 中没有出现,然后设置 userlist_deny＝NO,并在 user_list 中添加允许的用户名即可(此时将体会到 userlist_deny＝YES 时,user_list 文件的作用和 ftpusers 文件的作用一样)。

2. 目录访问控制

以上的配置是针对用户访问进行了控制,但它仍然是不安全的,因为只对用户的访问进行了控制,而只要用户能登录上 FTP,这个用户便可以从自己的主目录切换到其他任何目录中,所以 FTP 服务器的配置虽然对用户的访问进行了控制,但在这点上也产生了一定的安全隐患。vsftpd 提供了 chroot 指令,可以将用户访问的范围限制在各自的主目录中。在具体实现时,针对本地用户进行目录访问控制可以分为两种情况：一种是针对所有的本地用户都进行目录访问控制;另一种是针对指定的用户列表进行目录访问控制。

需要注意的是,因为 chroot 指令比较危险,如果要使用,要确保用户的家目录没有写权限。

配置示例:要求除本地用户 wu 外,所有的本地用户在登录 VSFTP 服务器后都被限制在各自的主目录中,不能切换到其他目录。

(1) 编辑/etc/vsftpd/vsftpd.conf 文件,确保如下指令起作用(去掉注释符号♯)。

```
chroot_local_user=YES                //把所有的本地用户限制在各自的主目录中
chroot_list_enable=YES               //激活用户列表文件用于指定用户不受 chroot 限制
chroot_list_file=/etc/vsftpd/chroot_list        //指定用户列表文件名及路径
```

(2) 创建/etc/vsftpd/chroot_list 文件,在该文件中添加用户名 wu。

```
#vim /etc/vsftpd/chroot_list
wu
```

(3) 测试。

```
#useradd zhang                //添加用户用于与 wu 用户进行比较
#passwd zhang
#chmod u-w zhang              //去掉 zhang 用户对自己目录的写权限
#systemctl restart vsftpd     //重启服务
#ftp 192.168.1.100
```

由测试结果可以发现,除 wu 用户外,其他的所有用户登录 VSFTP 服务器后,执行 pwd 命令发现返回的目录是"/",很明显,chroot 功能起作用了。虽然用户仍然登录到自己的主目录,但此时的家目录都已经被临时改变为"/"目录,若再改变目录,命令执行失败,即无法访问主目录之外的地方,被限制在自己的家目录中,这时也就消除了上面所讲的安全隐患。

10.3.3　配置虚拟账号 FTP 服务器

在实际环境中,如果 FTP 服务器开启本地账号访问功能,因本地账号具有登录系统的权限,就会对 FTP 服务器带来潜在的安全隐患。为了 FTP 服务器的安全,VSFTP 服务提供了对虚拟用户的支持,它采用 PAM 认证机制实现了虚拟用户的功能。可以把虚拟账号 FTP 服务看作是一种特殊的匿名 FTP 服务,它拥有登录 FTP 服务的用户名和密码,但是它所使用的用户名不是本地用户(即它的用户名只能用来登录 FTP 服务,而不能用来登录系统),并且所有的虚拟用户名在登录 FTP 服务时,都是在映射为一个真实的账号之后才登录到 FTP 服务器上。这个真实账号可以登录系统,即它和本地用户在性质上是一样的。下面通过实例来介绍虚拟账号 FTP 服务的配置。

要求:创建 2 个虚拟用户用于登录 FTP 服务器,其用户名为 user1 和 user2。其登录密码分别为 123 和 321。

配置过程介绍如下。

（1）创建虚拟用户数据库文件。

① 创建用户文本文件。按照格式要求创建一个存放虚拟用户账号的文本文件,文本文件的文件名可自行确定,例如:

```
#vim /etc/vuser.txt
user1
123
user2
321              //奇数行是虚拟用户名,偶数行是相应的登录密码
```

② 生成数据库。由于文本文件无法被系统账号直接调用,需执行如下命令生成虚拟用户的数据库文件。

```
#db_load -T -t hash -f /etc/vuser.txt /etc/vsftpd/vsftpd.db
```

③ 修改数据库文件的权限。因数据库文件保存着账号信息,建议修改访问权限,以确保信息安全。

```
#chmod 600 /etc/vsftpd/vsftpd.db
```

（2）创建 PAM 认证文件。PAM 模块负责对虚拟用户身份认证,需要编辑 PAM 认证文件/etc/pam.d/vsftpd,在文件中添加如下内容(为了防止冲突,需将其他内容清空或注释掉):

```
#vim /etc/pam.d/vsftpd
auth required /lib64/security/pam_userdb.so db=/etc/vsftpd/vsftpd
account required /lib64/security/pam_userdb.so db=/etc/vsftpd/vsftpd
```

该 PAM 认证配置文件中共有两条规则:第一条的功能是设置利用 pam_userdb.so 模块进行身份认证,主要是接受用户名和口令,进而对该用户的口令进行认证,并负责设置用户的一些私密信息。第二条是检查账号是否被允许登录系统,账号是否过期,是否有时间段的限制等。这两条规则采用的都是数据库/etc/vsftpd/vsftpd.db(只是每一条规则最后的 vsftpd 省略了.db 后缀)。

（3）创建虚拟用户所对应的本地账号及其所登录的目录,并设置权限。

```
#useradd -d /var/virftp vftp          //这里的目录与账号的命名都是任意的
#chmod 544 /var/virftp
```

（4）编辑/etc/vsftpd/vsftpd.conf 文件,使其中包含以下内容:

```
#vim /etc/vsftpd/vsftpd.conf
pam_service_name=vsftpd               //设置 PAM 认证时所采用的文件。它的值来自
                                        于第 2 步创建的 PAM 认证文件名
guest_enable=YES                      //激活虚拟用户的登录功能
guest_username=vftp                   //指定虚拟用户对应的本地用户,本地用户名来
                                        自于第 3 步中添加的用户
user_config_dir=/etc/vsftpd/vconf     //指定虚拟用户配置文件存放的目录
```

（5）建立虚拟用户配置文件存放位置。

```
#mkdir /etc/vsftpd/vconf
```

（6）设置虚拟用户权限。虚拟用户配置文件名必须以用户名来命名，可根据要求，逐个创建虚拟用户配置文件对各个虚拟用户分别设置不同的权限。例如指定 user1 用户的权限如下：

```
#vim /etc/vsftpd/vconf/user1
local_root=/var/virftp                    //虚拟用户根目录
write_enable=YES
anon_world_readable_only=NO
anon_upload_enable=YES
```

（7）重启服务。

```
#systemctl restart vsftpd
```

（8）测试。

```
#ftp 192.168.1.100
Connected to 192.168.1.100(192.168.1.100).
220 (vsFTPd 3.0.3)
530 Please login with USER and PASS.
name(192.168.1.100:root): user1         //使用虚拟用户 user1 登录
331 Please specify the password.
Password:                                //输入用户 user1 的密码
230 Login successful.
Using binary mode to transfer files.
ftp>pwd
257"/" is the current directory.
```

由以上可以看到，虚拟用户 user1 登录成功。需要说明的是：

① VSFTP 指定虚拟用户登录后，本地用户就不能登录了。

② 虚拟用户在某种程度上更接近于匿名用户，包括上传、下载、修改文件名、删除文件等配置所使用的指令与匿名用户的指令是相同的。例如，如果要允许虚拟用户上传文件，则需要采用如下指令：

```
annon_upload_enable=YES
```

实　　　训

1. 实训目的

掌握 Linux 下 VSFTP 服务器的架设办法。

2. 实训内容

练习 VSFTP 服务器的安装和各种配置。

(1) 配置一个允许匿名用户上传的 FTP 服务器,在客户机上验证 FTP 服务。

① 设置匿名账号具有上传、创建目录权限。

② 设置将本地用户都锁定在/home 目录。

③ 锁定匿名用户登录后的目录为/var/ftp/share。

(2) 配置一个允许指定的本地用户(用户名为 user1)访问,而其他本地用户不可访问的 FTP 服务器,在客户机验证 FTP 服务。

(3) 配置服务器日志和欢迎信息为"Welcome!!!"。

(4) 设置匿名用户的最大传输速率为 2Mb/s。

3. 实训总结

通过本次实训,掌握在 Linux 上如何安装与配置 FTP 服务器。

习 题

一、选择题

1. 以下文件中,不属于 VSFTP 配置文件的是(   )。

    A. /etc/vsftpd/vsftp.conf   B. /etc/vsftpd/vsftpd.conf

    C. /etc/vsftpd/ftpusers   D. /etc/vsftpd/user_list

2. 安装 VSFTP 服务器后,若要启动该服务,则正确的命令是(   )。

    A. server vsftpd start   B. systemctl start vsftpd

    C. service vsftpd start   D. /etc/rc.d/init.d/vsftpd restart

3. 若使用 VSFTPD 的默认配置,使用匿名账号登录 FTP 服务器,所处的目录是(   )。

    A. /home/ftp   B. /var/ftp

    C. /home   D. /home/vsftpd

4. 在 vsftpd.conf 配置文件中,用于设置不允许匿名用户登录 FTP 服务器的配置命令是(   )。

    A. anonymou_enable=NO   B. no_anonymous_login=YES

    C. local_enable=NO   D. anonymous_enable=YES

5. 若要禁止所有 FTP 用户登录 FTP 服务器后切换到 FTP 站点根目录的上级目录,则相关的配置应是(   )。

    A. chroot_local_user=NO   B. chroot_local_user=YES

       chroot_list_enable=NO   chroot_list_enable=NO

    C. chroot_local_user=YES   D. chroot_local_user=NO

       chroot_list_enable=YES   chroot_list_enable=YES

6. FTP 服务使用的端口号是(　　)。

　A. 21　　　　　　B. 23　　　　　　C. 25　　　　　　D. 53

7. 修改文件 vsftpd.conf 中的(　　),可以实现 vsftpd 服务独立启动。

　A. listen＝YES　　　　　　　　B. listen＝NO

　C. boot＝standalone　　　　　　D. ♯listen＝YES

二、简答题

1. FTP 协议的工作模式有哪几种？它们有何区别？

2. 如何测试 FTP 服务？

第 11 章　DHCP 服务器配置与管理

TCP/IP 网络上的每台计算机都必须有唯一的 IP 地址,用于标识主机及其连接的子网。将计算机移动到不同的子网时,必须更改 IP 地址才能正确连网。DHCP 允许通过本地网络上的 DHCP 服务器中的 IP 地址数据库为客户端动态指派 IP 地址;对于基于 TCP/IP 的网络,DHCP 降低了重新配置计算机的难度,减少了管理工作量。

本章学习任务:

(1) 了解 DHCP 协议的基本概念;

(2) 熟悉 DHCP 的配置文件;

(3) 掌握 DHCP 服务器的配置过程。

11.1　DHCP 工作机制

DHCP(Dynamic Host Configuration Protocol,动态主机配置协议)是一种用于简化主机 IP 配置管理的标准。通过采用 DHCP 标准,可以使用 DHCP 服务器为网络上启用了 DHCP 的客户端分配动态 IP 地址和管理相关配置。

1. DHCP 服务简介

DHCP 前身是 BOOTP,属于 TCP/IP 的应用层协议。使用 DHCP 在管理网络配置方面很有作用,特别是当一个网络的规模较大时,使用 DHCP 可极大地减轻网络管理员的工作量。另外,对于移动 PC(如笔记本电脑和其他手持设备),由于使用的环境经常变动,IP 地址也就可能需要经常变动,若每次都手动修改移动 PC 的 IP 地址,使用起来会很麻烦。这时,若客户端设置使用 DHCP,则当移动 PC 接入不同环境的网络时,只要该网络有 DHCP 服务器,就可获取一个该网络的 IP 地址自动联入网络。

DHCP 分为两部分:一部分是服务器端,一部分是客户端。服务器端负责集中管理可动态分配的 IP 地址集,并负责处理客户端的 DHCP 请求,给客户端分配 IP 地址。而客户端负责向服务器端发出请求 IP 地址的数据包,并获取服务器分配的 IP 地址,为客户端设置分配的 IP 地址。因此,使用 DHCP 服务需要对服务器端和客户端分别进行简单设置。

2. DHCP 服务的工作过程

DHCP 客户端为了获取合法的动态 IP 地址,在不同工作阶段与服务器之间交互不同的信息。客户端是否是第一次登录网络,决定 DHCP 的工作过程会有所不同。

(1) 寻找服务器。当 DHCP 客户端第一次登录网络的时候,也就是客户端发现本机上没有 IP 设置,它会向网络发出一个 DHCPdiscover 封包。因为客户端还不知道自己属于哪一个网络,所以封包的源地址会为 0.0.0.0,而目的地址为 255.255.255.255。然后再附上 DHCPdiscover 的信息,向网络进行广播。网络上每一台安装了 TCP/IP 协议的主机都会接收到这种广播信息,但只有 DHCP 服务器才会做出响应。

DHCPdiscover 的等待时间预设为 1 秒,也就是当客户端将第一个 DHCPdiscover 封包送出去之后在 1 秒之内没有得到回应,就会进行第二次 DHCPdiscover 广播。在得不到回应的情况下客户端一共会有四次 DHCPdiscover 广播,除了第一次是等待 1 秒之外,其余三次的等待时间分别是 9 秒、13 秒、16 秒。如果都没有得到 DHCP 服务器的回应,客户端会显示错误信息,宣告 DHCPdiscover 失败。之后基于使用者的操作系统会继续在 5 分钟之后再重发一次 DHCPdiscover 的要求。

(2) 提供 IP 租用地址。当 DHCP 服务器监听到客户端发出的 DHCPdiscover 广播后,它会从那些还没有租出的地址范围内选择最前面的空置 IP,连同其他 TCP/IP 设定,回应给客户端一个 DHCPoffer 封包。由于客户端在开始的时候还没有 IP 地址,所以在其 DHCPdiscover 封包内会带有其 MAC 地址信息,并且有一个 XID 编号来辨别该封包,DHCP 服务器回应的 DHCPoffer 封包则会根据这些资料传递给有要求的客户。根据服务器端的设定,DHCPoffer 封包会包含一个租约期限的信息。

(3) 接受 IP 租约。如果客户端收到网络上多台 DHCP 服务器的回应,只会挑选其中一个 DHCPoffer(通常是最先到达的那个),并且会向网络发送一个 DHCPrequest 广播封包,告诉所有 DHCP 服务器它将指定接受哪一台服务器提供的 IP 地址。之所以要以广播方式回答,是为了通知所有的 DHCP 服务器,它将选择某台 DHCP 服务器所提供的 IP 地址,同时,客户端还会向网络发送一个 ARP 封包,查询网络上面有没有其他机器使用该 IP 地址,如果发现该 IP 已经被占用,客户端则会送出一个 DHCPdecline 封包给 DHCP 服务器,拒绝接受其 DHCPoffer,并重新发送 DHCPdiscover 信息。事实上,并不是所有 DHCP 客户端都会无条件接受 DHCP 服务器发来的包,尤其这些主机安装有其他 TCP/IP 相关的客户软件。客户端也可以用 DHCPrequest 向服务器提出 DHCP 选择,而这些选择会以不同的号码填写在 DHCPOptionField 里面。换而言之,在 DHCP 服务器上面的设定,未必是客户端全都接受,客户端可以保留自己的一些 TCP/IP 设定,而主动权永远在客户端这边。

(4) 确认阶段。即 DHCP 服务器确认所提供的 IP 地址的阶段。当 DHCP 服务器收到 DHCP 客户机回答的 DHCPrequest 信息之后,它便向 DHCP 客户机发送一个包含它所提供的 IP 地址和其他设置的 DHCPack 确认信息,告诉 DHCP 客户机可以使用它所提供的 IP 地址。然后 DHCP 客户机便将其 TCP/IP 协议与网卡绑定。另外,除 DHCP 客户机选中的服务器外,其他的 DHCP 服务器都将收回提供的 IP 地址。

(5) 重新登录。以后 DHCP 客户机每次重新登录网络时,就不需要再发送 DHCPdiscover 信息了,而是直接发送包含前一次所分配的 IP 地址的 DHCPrequest 信息。当 DHCP 服务器收到这一信息后,它会尝试让 DHCP 客户机继续使用原来的 IP 地址,并回答一个 DHCPack 信息。如果此 IP 地址已无法再分配给原来的 DHCP 客户机使用时(比如此 IP 地址已分配给其他 DHCP 客户机使用),则 DHCP 服务器给 DHCP 客户机回答一个 DHCPnack 否认信息。当原来的 DHCP 客户机收到此否认信息后,它就必须重新发送 DHCPdiscover 信息来请求新的 IP 地址。

(6) 更新租约。DHCP 服务器向 DHCP 客户机出租的 IP 地址一般都有一个租借期限,期满后 DHCP 服务器便会收回出租的 IP 地址。如果 DHCP 客户机要延长其 IP 租约,则必须更新其 IP 租约。当 DHCP 客户机启动时或 IP 租约期限过一半时,DHCP 客户机都会自动向 DHCP 服务器发送更新其 IP 租约的信息,如果此时得不到 DHCP 服务器的确认,客户机还可以继续使用该 IP;然后在剩余租约期限 75% 时还得不到确认,那么客户机就不能拥有这个 IP 地址了。

11.2　DHCP 服务的安装与配置

11.2.1　安装 DHCP 服务

在进行 DHCP 服务的配置之前,首先可使用下面的命令验证是否已安装了 DHCP 组件。

```
#rpm -qa|grep dhcp
dhcp-libs-4.3.6-30.el8.x86_64
dhcp-client-4.3.6-30.el8.x86_64            //DHCP 客户端软件
dhcp-server-4.3.6-30.el8.x86_64            //DHCP 服务器软件
```

命令执行结果表明系统已安装了 DHCP 服务器和客户机软件。如果未安装服务端,可以用命令来安装或卸载 DHCP 服务,具体步骤如下。

(1) 创建挂载目录

```
#mkdir /media/cdrom
```

(2) 把光盘挂载到/mediat/cdrom 目录

```
#mount /dev/cdrom /media/cdrom
```

(3) 进入 DHCP 软件包所在的目录

```
#cd /meida/cdrom/BaseOS/Packages
```

(4) 安装 DHCP 服务

```
#rpm -ivh dhcp-server-4.3.6-30.el8.x86_64.rpm
```

如果出现如下提示,则证明被正确安装。

```
Verifying...                ################################[100%]
Preparing...                ################################[100%]
Updating / installing...
```

```
1:dhcp-server-12:4.3.6-30.el8      ##############################[100%]
```

（5）查询配置文件及存放位置

```
#rpm -qc dhcp-server
```

11.2.2　启动、停止 DHCP 服务

DHCP 服务使用 dhcpd 进程，其启动、停止或重启可以使用如下命令。
（1）启动 DHCP 服务

```
#systemctl start dhcpd
```

（2）停止 DHCP 服务

```
#systemctl stop dhcpd
```

（3）重新启动 DHCP 服务

```
#systemctl restart dhcpd
```

（4）查看 DHCP 服务运行状态

```
#systemctl status dhcpd
```

11.2.3　DHCP 服务配置

在 CentOS 8 中，DHCP 服务的配置文件是/etc/dhcp/dhcpd.conf。
默认情况下此文件是一个空文件。不过在安装 DHCP 服务时都会安装
一个范本文件，该文件的路径是/usr/share/doc/dhcp-server/dhcpd.
conf.example。实际配置 DHCP 服务时，可将该文件复制到/etc/dhcp/
dhcpd.conf 中，然后根据需要进行编辑，这样设置比较方便。下面列出此文件内容及
说明。

DHCP 服务配置

```
#cat /usr/share/doc/dhcp-server/dhcpd.conf.example        //查看配置文件模板
option domain-name "example.org";        //为 DHCP 客户设置 DNS 域
option domain-name-servers ns1.example.org, ns2.example.org;
                                         //为 DHCP 客户设置 DNS 服务器地址

default-lease-time 600;                  //为 DHCP 客户设置默认地址租期,单位为秒
max-lease-time 7200;                     //为 DHCP 客户设置最长地址租期
ddns-update-style none;                  //定义所支持的 DNS 动态更新类型
authoritative;                           //设置为授权的服务器
log-facility local7;                     //DHCP 日志信息

subnet 10.152.187.0 netmask 255.255.255.0 {        //不提供服务的子网
}
subnet 10.254.239.0 netmask 255.255.255.224 {      //定义作用域网段
  range 10.254.239.10 10.254.239.20;               //设置 IP 地址段范围
```

231

```
    option routers rtr-239-0-1.example.org, rtr-239-0-2.example.org; //设置网关地址
  }

subnet 10.254.239.32 netmask 255.255.255.224 {   //定义自举客户,得到动态地址的子网
  rangedynamic-bootp 10.254.239.40 10.254.239.60;    //设置 IP 地址作用域
  option broadcast-address 10.254.239.31;          //指出本网段的广播地址
  option routers rtr-239-32-1.example.org;
  }

subnet 10.5.5.0 netmask 255.255.255.224 {                //以下选项只对本子网有效
  range 10.5.5.26 10.5.5.30;
  option domain-name-servers ns1.internal.example.org;   //定义 DNS 服务器地址
  option domain-name"internal.example.org";
  option broadcast-address 10.5.5.31;
  default-lease-time 600;
  max-lease-time 7200;
  }

host passacaglia {                    //定义主机 passacaglia 的保留地址
  hardware ethernet 0:0:c0:5d:bd:95; //绑定主机 MAC 地址
  filename"vmunix.passacaglia";
  server-name"toccata.example.com";
  }

host fantasia {                       //定义主机 fantasia 的固定 IP 地址
  hardware ethernet 08:00:07:26:c0:a5;
  fixed-address fantasia.example.com;
  }

class"foo" {                          //定义一个类,按设备标识下发 IP 地址
  match if substring (option vendor-class-identifiler, 0, 4) ="SUNW";
  }

shared-network 224-29 {               //定义超级作用域
  subnet 10.17.224.0 netmask 255.255.255.0 {
    option routers rtr-224.example.org;
  }
  subnet 10.0.0.29.0 netmask 255.255.255.0 {
    option routers rtr-29.example.org;
  }
  pool {        //定义可分配的 IP 地址,允许设备属于 foo 类的设备获取 10.17.24.10~
              10.17.224.250 中的地址
    allow members of"foo";
    range 10.17.224.10 10.17.224.250;
  }
  pool {        //禁止属于 foo 类的设备获取 10.0.29.10~10.0.29.230 中的地址
    deny members of"foo";
    range 10.0.29.10 10.0.29.230;
  }
}
```

通过上面的内容可以看出,DHCP 配置文件/etc/dhcp/dhcpd.conf 由声明、参数和选项三大类语句构成,格式如下:

```
选项/参数                //这些选项/参数全局有效
声明 {
    选项/参数            //这些选项/参数局部有效
}
```

(1) 声明:描述网络的布局与客户,提供客户端的地址,或者把一组参数应用到一组声明中。常见的声明语句及功能如表 11-1 所示。

表 11-1　dhcpd.conf 配置文件中的声明

声　　明	功　　能
shared-network 名称{…}	定义超级作用域
subnet 网络号 netmask 子网掩码 {…}	定义子网(定义作用域)
range 起始 IP 地址　终止 IP 地址	定义作用域(或子网)范围
host 主机名{…}	定义主机信息
group {…}	定义一组参数

注意:如果要给一个子网里的客户动态分配 IP 地址,那么在 subnet 声明里必须有一个 range 声明用于说明地址范围。如果有多个 range,必须保证在多个 range 所定义的 IP 范围不能重复。DHCP 服务器的 IP 地址必须与其中一个 range 声明在同一网段。

(2) 参数:表明是否要执行任务。如果要执行任务,需要确定把哪些网络配置选项发送给客户端。常见的参数语句及功能如表 11-2 所示。

表 11-2　dhcpd.conf 配置文件中的参数

参　　数	功　　能
ddns-update-style 类型	定义所支持的 DNS 动态更新类型
allow/ignore client-updates	允许/忽略客户端更新 DNS 记录
default-lease-time 数字	指定默认地址租期
max-lease-time 数字	指定最长地址租期
hardware 硬件类型 MAC 地址	指定硬件接口类型和硬件接口地址
fixed-address IP 地址	为 DHCP 客户指定一个固定 IP 地址
server-name 主机名	通知 DHCP 客户服务器的主机名

(3) 选项:配置 DHCP 的可选项,以 option 关键字开头;而参数配置是必选的或控制 DHCP 服务器行为的值。表 11-3 列出 DHCP 配置文件的参数语句及功能。

表 11-3　dhcpd.conf 配置文件中的选项

选　项	功　能
subnet-mask 子网掩码	为客户端指定子网掩码
domain-name 域名	为客户端指明 DNS 域名
domain-name-servers IP 地址	为客户端指明 DNS 服务器的地址
host-name 主机名	为客户端指明主机名字
routers IP 地址	为客户端设置默认网关
broadcast-address 广播地址	为客户端设置广播地址
netbios-name-servers IP 地址	为客户端设置 WINS 服务器的 IP 地址
netbios-node-type 节点类型	为客户端设置节点类型
ntp-servers IP 地址	为客户端设置网络时间服务器的 IP 地址
nis-servers IP 地址	为客户端设置 NIS 服务器的 IP 地址
nis-domain 名称	为客户端设置所属的 NIS 域的名称
time-offset 偏移差	为客户端设置与格林威治时间的偏移差

11.2.4　配置实例

下面列举一些具体的应用示例,通过配置/etc/dhcp/dhcpd.conf 文件以实现相应功能。

【例 1】　DHCP 服务器给子网 192.168.1.0 提供 192.168.1.10 到 192.168.1.50 的 IP 地址。

```
subnet 192.168.1.0 netmask 255.255.255.0 {
   range 192.168.1.10  192.168.1.50;            //IP 地址的范围
}
```

【例 2】　要求 DHCP 服务器给子网 192.168.1.0 提供多个地址范围。

```
subnet 192.168.1.0 netmask 255.255.255.0 {
   range 192.168.1.10  192.168.1.50;            //多个 IP 地址范围
   range 192.168.1.100  192.168.1.150;
}
```

【例 3】　要求 DHCP 服务器给子网 192.168.1.0 租用的时间作一个限制。

```
subnet 192.168.1.0 netmask 255.255.255.0 {
   default-lease-time 600;                      //设置默认租用时间为 10 分钟
   max-lease-time 3600;                         //设置最大租用时间为 1 小时
   range 192.168.1.10  192.168.1.50;            // IP 地址范围
}
```

【例 4】　要求 DHCP 服务器提供的 IP 地址范围是 192.168.1.100～192.168.1.150,子网掩码是 255.255.255.0,默认网关是 192.168.1.4,DNS 域名服务器的地址是 192.168.1.1。

```
subnet 192.168.1.0 netmask 255.255.255.0 {
    option routers 192.168.1.4;                 //指定网关
    option subnet-mask 255.255.255.0;           //指定子网信息
    option domain-name-servers 192.168.1.1;     //指定 DNS
    option domain-name"shixun.com";             //指定主机所在的域
    range 192.168.1.100 192.168.1.199;
    default-lease-time 600;
    max-lease-time 3600;
}
```

11.3　分配多网段的 IP 地址

同一个网段设置一个作用域就可以了,但是如果有多个作用域,且是跨网段的,要实现 DHCP 服务器的分配 IP 地址,需要使用中继代理。中继代理配合超级作用域实现 DHCP 服务器跨网段的 IP 地址的分配工作。

- 中继代理:设置一台 PC 使其成为中继代理服务器,转发不同网段的 DHCP 数据流量,有几个网段就增添几块网卡用来转发数据。
- 超级作用域:将多个作用域组成单个实体,实现统一管理和操作。只需一块网卡就可以实现(若是多作用域就需多块网卡)。

现在通过一个例子说明 DHCP 分配多网段的 IP 地址:在 DHCP 服务器上设置超级作用域,管理 192.168.1.0、192.168.2.0、192.168.3.0 三个网段,它们的默认网关分别是 192.168.1.4、192.168.2.4、192.168.3.4;在连接多个子网的主机上设置 DHCP 中继代理,DHCP 服务器放在 192.168.1.0 网段。操作方法如下。

1. 设置超级作用域

修改 DHCP 服务器上的 dhcpd.conf 配置文件,加入如下格式的配置,共享一个物理网络。

```
shared-network 名称 {
    subnet 子网 1 ID netmask 子网掩码 {
    ...
    }
    subnet 子网 2 ID netmask 子网掩码 {
    ...
    }
}
```

配置内容如下:

```
shared-network test {
```

```
subnet 192.168.1.0 netmask 255.255.255.0 {
  range 192.168.1.10 192.168.1.100;
  option routers 192.168.1.4;
  host pc1{
    hardware ethernet 00:11:51:A3:23:15;
    fixed-address 192.168.1.10;
  }
  host pc2{
    hardware ethernet 12:34:56:78:AB:CD;
    fixed-address 192.168.1.20;
  }
}

subnet 192.168.2.0 netmask 255.255.255.0 {
  range 192.168.2.10 192.168.2.100;
  option routers 192.168.2.4;
}

subnet 192.168.3.0 netmask 255.255.255.0 {
  range 192.168.3.10 192.168.3.100;
  option routers 192.168.3.4;
}
}
```

2. 设置 DHCP 中继代理

DHCP 的中继代理服务器由连接多个子网的计算机实现,因此承担 DHCP 中继代理的计算机要有多块网卡,每块网卡配置一个静态 IP 连接一个子网,在 DHCP 服务器的 dhcp.conf 配置文件中需要配置跟连接子网对应的 subnet 作用域。

例如本节的例中,DHCP 服务器位于网络接口 ens33 的子网 192.168.1.0 中,就需要用 DHCP 中继代理向 ens37 和 ens38 连接子网 192.168.2.0、192.168.3.0 提供代理服务,具体配置步骤如下。

(1) 安装 dhcp 中继代理服务 dhcrelay。

```
#rpm -ivh dhcp-relay-4.3.6-30.el8.x86_64.rpm
```

(2) 打开 DHCP 中继服务器路由转发功能。编辑/etc/sysctl.conf 文件,在文件中添加如下一行内容。

```
#vim /etc/sysctl.conf
net.ipv4.ip_forward=1
```

(3) 执行 sysctl 命令,使路由功能生效。

```
#sysctl -p            //-p选项是加载配置文件中的设置
net.ipv4.ip_forward=1
```

（4）配置中继服务 dhcrelay。在配置文件中添加 DHCP 服务器的 IP 地址 192.168.
1.100。

```
#cp /lib/systemd/system/dhcrelay.service /etc/systemd/system/
#vim /etc/systemd/system/dhcrelay.service
[Service]
ExecStart=/usr/sbin/dhcrelay -d --no-pid 192.168.1.100
```

（5）开启 DHCP 中继服务。因为对 daemon 进行了修改，必须先重新加载 systemd
程序的配置文件，再启动 dhcrelay 服务。

```
#systemctl daemon-reload
#systemctl start dhcrelay
```

（6）可向指定的子网提供中继代理服务。

```
#dhcrelay -i ens33 -i ens37 192.168.1.100
```

其中，-i 选项表示 DHCP 中继代理通过指定的网络接口向指定的子网提供 DHCP 服
务。如果没有参数 i，则表示向所有子网提供服务。

（7）通过客户端测试效果。

11.4　配置 DHCP 客户端

DHCP 客户端既可以是 Windows 系统也可以是 Linux 系统，在两种系统中都可以使
用图形界面配置，因较为简单，在此不再赘述。下面介绍 Linux 客户端的文本配置方法。

（1）在 CentOS 8 文本状态下，可以输入 nmtui 命令，选择 Edit a connection 进行配
置，也可以直接编辑网卡的配置文件/etc/sysconfig/network-scripts/ifcfg-ens33，如：

```
#vim /etc/sysconfig/network-scripts/ifcfg-ens33
DEVICE=ens33              //指定网卡的名称
BOOTPROTO=dhcp           //设置采用动态 IP 地址分配
ONBOOT=yes               //设置在开机引导时激活该设备
...
```

（2）修改保存网卡配置文件后，可以执行如下命令使配置生效：

```
#systemctl restart NetworkManager
```

（3）在使用过程中，可以执行如下命令刷新 IP 地址。

```
#dhclient
```

（4）测试 Linux 的 DHCP 客户端是否已经获取 IP 地址，可以使用 nmcli 或 ifconfig
命令进行查看。命令如下：

```
#ifconfig eth0
```

```
eth0 Link encap:Ethernet Hwaddr 00:0c:29:b4:72:B2
    inet addr:192.168.1.80 Bcast:192.168.1.255 Mask:255.255.255.0
...
```

结果显示在网卡的 inet addr 后。看到分配的 IP 地址,则表示 DHCP 客户端已经设置好了。

(5) 如果要释放获得的 IP 地址,可以执行如下命令:

```
#dhclient -r
```

实　　　训

1. 实训目的

掌握 Linux 下 DHCP 服务器及 DHCP 中继代理的安装和配置方法。

2. 实训内容

1) DHCP 服务器的配置

配置 DHCP 服务器,为子网 A 内的客户机提供 DHCP 服务。具体参数如下。

(1) IP 地址段:192.168.11.10～192.168.11.100。

(2) 子网掩码:255.255.255.0。

(3) 网关地址:192.168.10.4。

(4) 域名服务器:192.168.0.1。

(5) 子网所属域的名称:shixun.com。

(6) 默认租约有效期:1 天。

(7) 最大租约有效期:3 天。

2) DHCP 中继代理的配置

配置 DHCP 服务中继代理,使子网 A 内的 DHCP 服务器能够同时为子网 A 和 B 提供 DHCP 服务。子网 A 参数同上,子网 B 参数如下。

(1) IP 地址段:192.168.10.10～192.168.10.100。

(2) 子网掩码:255.255.255.0。

(3) 网关地址:192.168.10.4。

(4) 域名服务器:192.168.0.2。

(5) 子网所属域的名称:daili.com。

(6) 默认租约有效期:1 天。

(7) 最大租约有效期:3 天。

3. 实训总结

通过本次实训,掌握在 Linux 上如何安装与配置 DHCP 服务器及其客户端。

习　题

一、选择题

1. DHCP 是动态主机配置协议的简称,其作用是可以使网络管理员通过一台服务器来管理一个网络系统,自动为一个网络中的主机分配(　　)地址。

    A. 网络　　　　　　　B. MAC　　　　　　　C. TCP　　　　　　　D. IP

2. 若需要检查当前 Linux 系统是否已安装了 DHCP 服务器,以下命令正确的是(　　)。

    A. rpm -qa dhcp -server　　　　　　B. rpm -ql dhcp

    C. rpm -q dhcpd　　　　　　　　　　D. rpm -ql

3. DHCP 服务器的主配置文件是(　　)。

    A. /etc/dhcp.conf

    B. /etc/dhcp/dhcpd.conf

    C. /etc/dhcp

    D. /usr/share/doc/dhcp-4.1.1/dhcpd.conf.sample

4. 启动 DHCP 服务器的命令有(　　)。

    A. systemctl start dhcp　　　　　　B. systemctl status dhcp

    C. systemctl start dhcpd　　　　　　D. systemctl stop dhcpd

5. 以下对 DHCP 服务器的描述中,错误的是(　　)。

    A. 启动 DHCP 服务的命令是 systemctl start dhcpd

    B. 对 DHCP 服务器的配置,均可通过/etc/dhcp.conf

    C. 在定义作用域时,一个网段通常定义一个作用域,可通过 range 语句指定可分配的 IP 地址范围,使用 option routers 语句指定默认网关

    D. DHCP 服务器必须指定一个固定的 IP 地址

二、简答题

1. 说明 DHCP 服务的工作过程。

2. 如何在 DHCP 服务器中为某一计算机分配固定的 IP 地址?

3. 如何将 Windows 和 Linux 系统的计算机配置为 DHCP 客户端?

第 12 章　E-mail 服务器配置与管理

电子邮件是 Internet 中最基本、最普及的服务之一,在 Internet 上超过 30% 的业务量来自电子邮件,仅次于 WWW 服务。利用 E-mail 服务,用户可以方便地通过网络编写、收发各类信件,订阅电子杂志,参加学术讨论或查询信息。本章介绍电子邮件服务器的基本知识以及 Sendmail、Dovecot 等电子邮件系统的安装、配置、管理。

本章学习任务:

(1) 了解电子邮件系统的组成及协议;

(2) 掌握 SMTP 服务器的配置方法;

(3) 掌握 POP 服务器的配置方法。

12.1　电子邮件服务概述

电子邮件服务与传统的邮政信件服务类似,而电子邮件可以用来在 Internet 或 Intranet 上进行信息的传递和交流,具有方便、快速、经济的特点。发一封电子邮件给远方的用户,通常几分钟对方就能收到。如果选用传统邮件,发一封特快专递至少也需要一天的时间,而且电子邮件的费用低廉。与实时信息交流(如电话通话)相比,电子邮件采用存储转发的方式,因此发送邮件时并不需要收件人处于实时在线状态,收件人可以根据实际需要随时上网从邮件服务器上收取邮件,信息的交流十分方便。

1. 电子邮件系统的简介

与其他 Internet 服务相同,电子邮件服务是基于 C/S 模式的。对于一个完整的电子邮件系统而言,它主要由邮件用户代理(Mail User Agent,MUA)、邮件传送代理(Mail Transport Agent,MTA)、邮件分发代理(Mail Delivery Agent,MDA)三部分构件组成。

(1) 邮件用户代理

邮件用户代理(MUA)就是用户与电子邮件系统的接口,在大多数情况下它就是在邮件客户端上运行的程序,主要负责将邮件发送到邮件服务器和从邮件服务器上接收邮件。目前主流的用户代理程序有 Microsoft 公司的 Outlook 和国产的 Foxmail 等。

(2) 邮件服务器

邮件服务器是电子邮件系统的核心构件,它的主要功能是发送和接收邮件,同时向发件人报告邮件的传送情况,即包含了邮件传送代理(MTA)和邮件分发代理(MDA)的功能。根据用途的不同,可以将邮件服务器分为发送邮件服务器(SMTP 服务器)和接收邮件服务器(POP3 服务器或 IMAP4 服务器)。

（3）电子邮件协议

要实现电子邮件服务还必须借助专用的协议才行。目前,应用于电子邮件服务的协议主要有 SMTP、POP3 和 IMAP4 等协议。

① SMTP 协议。SMTP 即简单邮件传输协议,它是一组用于由源地址到目的地址传送邮件的规则,由它来控制信件的中转方式。SMTP 协议属于 TCP/IP 协议簇,它帮助每台计算机在发送或中转信件时找到下一个目的地。通过 SMTP 协议所指定的服务器,就可以把 E-mail 寄到收件人的服务器上。SMTP 服务器是遵循 SMTP 协议的发送邮件服务器,用来发送或中转发出的电子邮件。

② POP3 协议。POP3 即邮局协议的第 3 个版本,它规定怎样将个人计算机连接到 Internet 的邮件服务器和下载电子邮件的协议。它是 Internet 电子邮件的第一个离线协议标准,POP3 允许从服务器上把邮件存储到本地主机即自己的计算机上,同时删除保存在邮件服务器上的邮件。遵循 POP3 协议来接收电子邮件的服务器是 POP3 服务器。

③ IMAP4 协议。IMAP4 即 Internet 信息访问协议的第 4 个版本,是用于从本地服务器上访问电子邮件的协议,它是一个 C/S 模式协议,用户的电子邮件由服务器负责接收与保存,用户可以通过浏览信件头来决定是否要下载此信件。用户也可以在服务器上创建或更改文件夹或邮箱,删除信件或检索信件的特定部分。

注意:虽然 POP 和 IMAP 都是处理接收邮件的,但两者在机制上却有所不同。在用户访问电子邮件时,IMAP4 需要持续访问服务器,POP3 则是将信件保存在服务器上,当用户阅读信件时,所有内容都会被立即下载到用户的机器上。因此,可以把 IMAP4 看成是一个远程文件服务器,而把 POP3 看成是一个存储转发服务器。就目前情况看,POP3 的应用要远比 IMAP4 广泛得多。

2. 电子邮件服务的工作机制

用户使用 E-mail 服务之前需要在各自的 POP 服务器注册登记,由网络管理员设置为授权用户,由此取得一个 POP 信箱,并获得 POP 和 SMTP 服务器的地址信息。假设两个服务器的域名分别为 example.com 和 163.com,注册用户分别为 liu 和 chen,E-mail 地址分别为 liu@example.com 和 chen@163.com,如图 12-1 所示,其 E-mail 的传输过程如下。

（1）当 example.com 服务器上的用户 liu 向 chen@163.com 发送 E-mail 时,E-mail 首先从客户端被发送至 example.com 的 SMTP 服务器。

（2）example.com 的 SMTP 服务器根据目的 E-mail 地址查询 163.com 的 SMTP 服务器,并转发该 E-mail。

（3）163.com 的 SMTP 服务器收到转发的 E-mail 并保存。

（4）163.com 的 chen 用户利用客户端登录至 163.com 的 POP 服务器,从其信箱中下载并浏览 E-mail。

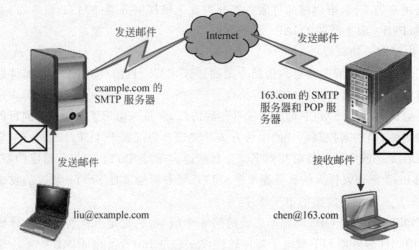

图 12-1   邮件传输过程

注意：服务器上有众多用户的电子信箱,即在计算机外部存储器(硬盘)上分配一块区域,相当于邮局,这块存储区又分成许多小区(文件夹),每个小区就是信箱。

3. 主流电子邮件服务器软件

在 Linux 平台中有许多邮件服务器可供选择,目前使用较多的是 Sendmail 服务器、Postfix 服务器和 Qmail 服务器等。

(1) Sendmail 服务器

从使用的广泛程度和代码的复杂程度来讲,Sendmail 是一个很优秀的邮件服务软件。几乎所有 Linux 的默认配置中都内置了这个软件。只需要进行简单配置,它就能立即运转起来。但它的安全性较差,Sendmail 在大多数系统中都是以 root 身份运行的,一旦邮件服务发生安全问题,就会对整个系统造成严重影响。同时在 Sendmail 开放之初,Internet 用户数量及邮件数量都较少,使 Sendmail 的系统结构并不适合较大的负载,对于高负载的邮件系统,需要对 Sendmail 进行复杂的调整。

(2) Postfix 服务器

Postfix 是一个由 IBM 资助、Wietse Venema 负责开发的自由软件工程产物,它的目的就是为用户提供除 Sendmail 之外的邮件服务器选择。Postfix 在快速、易于管理和提供尽可能的安全性方面都进行了较好的考虑。Postfix 是基于半驻留、互操作的进程的体系结构,每个进程完成特定的任务,没有任何特定的进程之间都不发生关系,使整个系统进程得到很好的保护。同时 Postfix 也可以和 Sendmail 邮件服务器保持兼容性,以满足用户的使用习惯。

(3) Qmail 服务器

Qmail 是由 Dan Bernstein 开发并可以自由下载的邮件服务器软件,其第一个 Beta 版本 0.70.7 发布于 1996 年 1 月 24 日,当前版本是 1.03。Qmail 是按照将系统划分为不同的模块的原则进行设计的,在系统中有负责接收外部邮件的模块,有管理缓冲目录中待发送的邮件队列的模块,也有将邮件发送到远程服务器或本地用户的模块。同时只有必要的程序才是 setuid 程序(即以 root 用户权限执行),这样就减少了安全隐患,并且由于这些程序都比较简单,因此就可以达到较高的安全性。

12.2　安装 Postfix 邮件服务

CentOS 支持 Sendmail 和 Postfix 两种 MTA 软件,用户可以自由选择安装。由于 Postfix 具有诸多的优势,以下将介绍 Postfix 服务器的安装配置。在进行 Postfix 邮件服务的操作之前,首先可使用下面的命令验证是否已安装了 Postfix 组件。

```
#rpm -qa|grep postfix
postfix-3.3.1-8.el8.x86_64
```

命令执行结果表明系统已安装了 64 位的 Postfix 服务器。如果未安装,在安装 Postfix 之前应该首先确认是否安装了 Sendmail 服务。如果安装了 Sendmail 服务,应首先将其卸载,再安装 Postfix 服务。然后可以用命令来安装或卸载 Postfix 邮件服务,具体步骤如下。

(1) 创建挂载目录

```
#mkdir /media/cdrom
```

(2) 把光盘挂载到/media/cdrom 目录

```
#mount /dev/cdrom /media/cdrom
```

(3) 进入 Postfix 软件包所在的目录

```
#cd /media/cdrom/BaseOS/Packages
```

注意:字母的大小写,否则会出错。

(4) 安装 Postfix 服务

```
#rpm -ivh postfix-3.3.1-8.el8.x86_64.rpm
```

如果出现如下提示,则证明被正确安装。

```
Verifying...                       ##################################[100%]
Preparing...                       ##################################[100%]
Updating / installing...
    1:postfix-2:3.3.1-8.el8         ##################################[100%]
```

安装了 Postfix 服务器软件之后,用户就可以登录到服务器上读信或写信,而且信件也保留在该服务器中。如果需要将电子邮件从服务器下载到本地计算机进行阅读或保存,还必须安装 POP 或 IMAP 服务器软件。

CentOS 8 系统提供了两种 IMAP 服务器软件包:一种是 Cyrus-imapd 软件包,另一种是 Dovecot 软件。这两种软件都可以提供 POP 服务,两者各有特点,用户可以任选一种进行安装和使用。可以使用下列命令查看系统安装上述软件包的情况:

```
#rpm -qa|grep dovecot
dovecot-2.2.36-5.el8.x86_64
#rpm -qa|grep cyrus-imapd
cyrus-imapd-3.0.7-15.el8.x86_64
cyrus-imapd-utils-3.0.7-15.el8.x86_64
```

如果系统还没有安装上述软件包,超级用户可以进入/media/cdrom/AppStream/ Packages 目录选择安装。

12.3　启动、停止 E-mail 服务器

1. 启动、停止 Postfix 服务器

Postfix 服务使用 postfix 进程,其启动、停止或重启可以使用如下命令。
(1) 启动 Postfix 服务

```
#systemctl start postfix
```

(2) 停止 Postfix 服务

```
#systemctl stop postfix
```

(3) 重新启动 Postfix 服务

```
#systemctl restart postfix
```

(4) 查看 Postfix 服务运行状态

```
#systemctl status postfix
```

2. 启动、停止 IMAP 和 POP 服务

与 Postfix 服务类似,启动、停止或重启 IMAP 和 POP 服务的命令如下。
(1) 启动 IMAP 和 POP 服务

```
#systemctl start dovecot
```

或

```
#systemctl start cyrus-imapd
```

(2) 停止 IMAP 和 POP 服务

```
#systemctl stop dovecot
```

或

```
#systemctl stop cyrus-imapd
```

(3) 重新启动 IMAP 和 POP 服务

```
#systemctl restart dovecot
```

或

```
#systemctl restart cyrus-imapd
```

（4）查看 IMAP 和 POP 服务运行状态

```
#systemctl status dovecot
```

或

```
#systemctl status cyrus-imapd
```

12.4　Postfix 服务器的配置文件

Postfix 服务器的配置文件位于/etc/postfix 目录下，重要的文件有 main.cf 和 master.cf 等。

12.4.1　main.cf 文件

Postfix 服务大约有 50 个配置参数，这些参数都可以在 main.cf 配置文件中指定。其中大部分内容都是注释（"♯"号开头的行），真正需要自行定义的参数并不多。如果不修改这些参数，按照默认值也可以运行，只不过它只监听 127.0.0.1 这个接口的邮件收发。要使它能够支持客户端完成最基本的邮件收发任务，通常需要进行必要的设置。

1. 配置语法

在 main.cf 文件中，参数都是以类似变量的设置方法来设置的，例如要设置 Postfix 主机名称，可使用下面的语句：

```
myhostname=mail.linux.net
```

等号左边是变量的名称，等号右边是变量的值。当然，也可以在变量的前面加上符号"＄"来引用该变量，如：

```
myorigin=$myhostname(相当于 myorigin=mail.linux.net)
```

需要注意的是，等号两边需要有空格字符。此外，如果变量有两个以上的设置值，就必须用逗号","或者空格将它们分开，如：

```
mydestination=$mydomain,$myhostname,localhost.$mydomain
```

2. Postfix 配置选项说明

（1）兼容性

compatibility_level＝2：此级别通常用于新的（而不是升级）安装。兼容性级别决定 Postfix 将对 main.cf 和 master.cf 设置使用哪些默认设置。这些默认值将随时间而改变。

(2) 软反弹

soft_bounce=no：软反弹参数为测试提供了有限的安全网。启用软反弹功能后，邮件将保持排队状态。此参数禁用本地生成的跳转，并防止 SMTP 服务器永久拒绝邮件。然而，软反弹并不能解决地址重写错误或邮件路由错误。

(3) 本地路径名信息

① queue_directory＝/var/spool/postfix：指定 Postfix 队列的位置，这也是运行 chrooted 的 postfix 守护进程的根目录。

② command_directory＝/usr/sbin：指定所有 post×××命令的位置。

③ daemon_directory＝/usr/libexec/postfix：指定所有 Postfix 后台程序(即 master.cf 文件中列出的程序)的位置。此目录必须由 root 拥有。

(4) 队列和进程所有权

① mail_owner＝postfix：指定 Postfix 队列和大多数 Postfix 后台进程的所有者。指定不与其他账号共享其用户或组 ID，且在系统上不拥有其他文件或进程的用户账号的名称。特别是不要指定 nobody 或 daemon。建议使用专用用户。

② default_privs＝nobody：指定本地传递代理用于传递到外部文件或命令的默认权限。这些权限在没有收件人用户上下文的情况下使用。不要指定特权用户或 Postfix 所有者。

(5) Internet 主机和域名

① myhostname＝host.domain.tld：指定此邮件系统的 Internet 主机名。默认设置是使用 gethostname()中的完全限定域名。$myhostname 用作许多其他配置参数的默认值。

② mydomain＝domain.tld：指定本地 Internet 域名。默认值是使用 $myhostname 减去第一个组件。$mydomain 用作许多其他配置参数的默认值。

(6) 发送邮件

myorigin＝$myhostname：指定本地投递邮件所属的域。默认值是追加 $myhostname，这对于小型站点来说很好。如果使用多台计算机运行域，则应将其更改为 $mydomain，并设置一个全域别名数据库，将每个用户的别名设置为 user@that.users.mailhost。为了发送者和接收者地址之间的一致性，myorigin 因此指定附加到没有 @domain 部分的接收者地址的默认域名。

(7) 接收邮件

① inet_interfaces＝all：指定此邮件系统接收邮件的网络接口地址。默认情况下，软件声明计算机上的所有活动接口。该参数还控制邮件传递到用户@[IP.address]。当此参数更改时，需要重启 Postfix 服务。也可以用如下形式：

```
inet_interfaces=$myhostname
inet_interfaces=$myhostname, localhost
inet_interfaces=localhost
```

② inet_protocols＝all：启用 IPv4 和 IPv6(如果支持)协议。

③ proxy_interfaces＝1.2.3.4：proxy_interfaces 参数指定此邮件系统通过代理或网

络地址转换单元接收邮件的网络接口地址。此设置扩展用 inet_interfaces 参数指定的地址列表。当系统是其他域的备份 MX 主机时，必须指定代理/NAT 地址，否则当主 MX 主机关闭时将发生邮件传递循环。

④ mydestination＝＄myhostname,localhost.＄mydomain,localhost：指定此计算机认为自己是最终目标的域列表。这些域将路由到使用本地传输参数设置指定的传递代理。默认情况下，这是与 UNIX 兼容的传递代理，它在/etc/passwd 和/etc/aliases 或其等效文件中查找所有收件人。只有当发来的邮件的收件人地址与该参数值相匹配时，Postfix 才会将该邮件接收下来。

（8）拒绝未知本地用户的邮件

① local_recipient_maps＝unix:passwd.byname ＄alias_maps：指定可选的查找表，其中包含与＄mydestination、＄inet_interfaces 或＄proxy_ interfaces 相关的本地用户的所有名称或地址。如果定义了此参数，则 SMTP 服务器将拒绝未知本地用户的邮件。默认情况下要定义此参数。

② unknown_local_recipient_reject_code＝550：指定当收件人与＄mydestination 或＄｛proxy,inet｝_interfaces 匹配，而＄local_recipient_maps 为非空且找不到收件人地址或地址本地部分时的 SMTP 服务器响应代码。

（9）信任和中继控制

① mynetworks_style＝：指定具有比陌生人更多权限的可信任的 SMTP 客户端的列表。允许可信任的 SMTP 客户端通过 Postfix 中继邮件。

默认情况下，mynetworks_style＝subnet。Postfix"信任"本地计算机所在 IP 子网中的 SMTP 客户端；指定 mynetworks_style＝class，Postfix"信任"的 SMTP 客户端与本地计算机位于同一 IP 类网络中；指定 mynetworks_style＝host，Postfix 只"信任"本地计算机。

② mynetworks＝192.168.16.0/24：设置转发哪些网络的邮件。可将该参数值设置为所信任的某台主机的 IP 地址，也可设置为所信任的某个 IP 子网或多个 IP 子网（用"，"或者空格分隔）。在这种情况下，Postfix 会忽略 mynetworks_style 的设置。

③ relay_domains＝＄mydestination：限制此系统将邮件中继到的目标。默认情况下，Postfix 将中继邮件从"受信任"客户端（IP 地址与＄mynetworks 匹配）到任何目标，或者从"不受信任"客户端到与＄relay_domains 或其子域匹配的目标，具有发件人指定路由的地址除外。

（10）Internet 或 Intranet

relayhost＝＄mydomain：指定在可选传输表中没有匹配条目时发送邮件的默认主机。当没有提供 relayhost 时，邮件将直接路由到目的地，并在 Intranet 上指定域名。如果内部 DNS 不使用 MX 记录，则指向 Intranet 网关。

（11）拒绝未知中继用户

relay_recipient_maps＝hash:/etc/postfix/relay_recipients：指定具有域中与＄relay_domains 匹配的所有地址的可选查找列表。如果定义了此参数，则 SMTP 服务器将拒绝未知中继用户的邮件。默认情况下，此功能处于禁用状态。

（12）输入速率控制

in_flow_delay＝1s：实现邮件输入流控制。当邮件到达率超过邮件传递率时，Postfix 服务进程将在接收新邮件之前暂停 $in_flow_delay 秒。若使用默认的 100 SMTP 服务进程限制，这会将邮件流入限制为每秒 100 封邮件，而不是每秒传递的邮件数。

（13）别名数据库

① alias_maps＝dbm：/etc/aliases：指定本地传递代理使用的别名数据库列表。默认列表依赖于系统。

② alias_database＝dbm：/etc/aliases：指定使用 newaliases 或 sendmail-bi 构建的别名数据库。这是一个单独的配置参数，因为 alias_maps 指定的表不一定都由 Postfix 控制。

（14）地址扩展名

recipient_delimiter＝＋：指定用户名和地址扩展名(user＋foo)之间的分隔符。基本上，在尝试 user 和.forward 之前，软件会尝试 user＋foo 和.forward＋foo。

（15）传递到邮箱

① home_mailbox＝Mailbox：指定邮箱文件相对于用户主目录的可选路径名。默认邮箱文件是/var/spool/mail/user 或/var/mail/user。

② mail_spool_directory＝/var/mail：指定保存 UNIX_style 邮箱的目录。默认设置取决于系统类型。

③ mailbox_command＝/some/where/procmail：指定要使用的可选外部命令，而不是邮箱传递。该命令作为具有正确的 home、Shell 和 logname 环境设置的收件人运行。

④ mailbox_transport＝lmtp：unix：/var/lib/imap/socket/lmtp：指定 master.cf 中在处理 aliases 和.forward 文件后使用的可选传输项。此参数的优先级高于 mailbox_command、fallback_transport 和 luser_relay 参数。

⑤ local_destination_recipient_limit＝300 或 local_destination_concurrency_limit＝5：通过这些设置可以提高 cyrus-imapd 的 LMTP 传递效率。

⑥ mailbox_transport＝cyrus：收件人限制设置，可用于利用 Cyrus 的单实例消息的存储并发限制。并发限制可用于控制允许同时有多少 LMTP 会话进入 Cyrus 消息存储区。

⑦ fallback_transport＝：指定 master.cf 中的可选传输，用于在 UNIX passwd 数据库中找不到的收件人。此参数优先于 luser relay 参数。

⑧ luser_relay＝$user@other.host：指定未知收件人的可选目标地址。默认情况下，地址为 Unknown@$MyDestination、Unknown@[$Inet_interfaces]或 Unknown@[$Proxy_interfaces]的邮件将作为无法送达返回的地址。仅适用于默认的 Postfix 本地传递代理。

（16）垃圾邮件控制

header_checks＝regexp：/etc/postfix/header_checks：指定限制接收邮件的信头的格式。如果符合指定的格式，则拒绝接收该邮件。

（17）快速 ETRN 服务

fast_flush_domains＝$relay_domains：Postfix 使用有关延迟邮件的信息维护每个目标日志文件，以便可以使用 SMTP 的 ETRN domain.tld 命令或通过执行 sendmail-qRdomain.tld 命令快速刷新邮件。此参数控制适合此服务的目的地。默认情况下，目的地都是此服务器愿意将邮件中继到的域。

（18）指定 SMTP 服务器中的文本

smtpd_banner＝$myhostname ESMTP $mail_name：指定 SMTP 服务器问候消息中 220 代码后面的文本。有些人喜欢设置为邮件版本。默认情况下，Postfix 不显示任何版本。

（19）平行投递到同一目的地

local_destination_concurrency_limit＝2 或 default_destination_concurrency_limit＝20：控制同一用户或域有多少个并行传递。使用本地传递时，对同一用户执行大规模并行传递是没有意义的，因为邮箱更新必须按顺序进行，.forward 文件中昂贵的管道在同时运行太多时，可能导致灾难。

（20）调试控制

① debug_peer_level＝2：指定当 SMTP 客户端或服务器主机名或地址与此参数中的模式匹配时，详细日志记录级别的增量。

② debug_peer_list＝some.domain：指定域或网络模式、/file/name 模式或"type：name"列表。当 SMTP 客户端或服务器主机名或地址与模式匹配时，将详细日志记录级别增加调试对等级别参数中指定的数量。

③ debugger_command＝：指定在使用-d 选项运行 Postfix 后台程序时执行的外部命令。

（21）安装时配置信息

① sendmail_path＝/usr/sbin/sendmail.postfix：指定 postfix sendmail 命令的完整路径名。这是与 Sendmail 兼容的邮件投递界面。

② newaliases_path＝/usr/bin/newaliases.postfix：指定 postfix newaliases 命令的完整路径名。这是用于生成别名数据库的 Sendmail 兼容命令。

③ mailq_path＝/usr/bin/mailq.postfix：指定 postfix mailq 命令的完整路径名。这是与 Sendmail 兼容的邮件队列列表命令。

④ setgid_group＝postdrop：指定用于邮件提交和队列管理命令的组。这必须是一个具有数字组 ID 的组名，不能与其他账号共享，甚至不能与 Postfix 账号共享。

⑤ html_directory＝no：指定 Postfix HTML 文档的位置。

⑥ manpage_directory＝/usr/share/man：指定 Postfix 联机手册页的位置。

⑦ readme_directory＝/usr/share/doc/postfix/README_FILES：指定 Postfix 自述文件的位置。

（22）TLS 配置

① smtpd_tls_cert_file＝/etc/pki/tls/certs/postfix.pem：指定具有 PEM 格式的 Postfix SMTP 服务器 RSA 证书的文件的完整路径名。一般应包括中间证书，先是服务

器证书,然后是颁发 CA(顺序为自底向上)。

② smtpd_tls_key_file=/etc/pki/tls/private/postfix.key:指定使用 PEM 格式的 Postfix SMTP 服务器 RSA 私钥的文件的完整路径名。私钥必须在没有密码短语的情况下可访问,即不得加密。

③ smtpd_tls_security_level=may:向远程 SMTP 客户端宣布 starttls 支持,但不要求客户端使用 tls 加密。

④ smtp_tls_CApath=/etc/pki/tls/certs:Postfix SMTP 客户端用于验证远程 SMTP 服务器证书的具有 PEM 格式证书颁发机构证书的目录。

⑤ smtp_tls_CAfile=/etc/pki/tls/certs/ca-bundle.crt:包含受信任的根 CA 的 CA 证书的文件的完整路径名,可以对远程 SMTP 服务器证书或中间 CA 证书进行签名。

12.4.2 master.cf 文件

/etc/postfix/master.cf 也是配置 Postfix 服务器的重要文件,用于配置 Postfix 的组件进程的运行方式。master.cf 格式与 Postfix 其他配置文件一样,♯代表注释,空白行与注释行没有作用,开头为空格的文字行被视为前一列的延续。下面是/etc/postfix/master.cf 文件的部分内容。

```
#==========================================================
#service  type  private  unpriv  chroot  wakeup  maxproc  command + args
#                (yes)    (yes)   (yes)   (never) (100)
#==========================================================
smtp      inet  n        -       n       -       -        smtpd
...
pickup    fifo  n        -       n       60      1        pickup
cleanup   unix  n        -       n       -       0        cleanup
...
```

在上述 master.cf 文件中,除了注释与空白之外的每一行,各描述一种服务的工作参数。参数行的每一栏,代表一个配置选项。"-"符号代表该栏为默认值。某些默认值是由 main.cf 配置文件里的参数决定的。以下按顺序分别说明各栏的意义以及它们的默认值。

1. 服务名称

服务器组件的名称。实际的命名规则,随该服务的传送类型而定。

2. 传送方式

传送服务所用的通信方法。有效的传送方式包括与 inet、unix 与 fifo。inet 方法表示服务可通过网络套接字来访问,这类服务的对象可以是同系统上的其他进程,或是网络上其他主机的客户端进程。网络套接字服务的名称是用服务方的 IP 地址(主机名称也可以)与通信端口(数值或/etc/service 定义的端口的符号名称)的组合来表示,例如,192.168.1.2:25、localhost:smtp。如果服务方正好位于本地主机上,则 IP 地址与冒号都可以省略。

unix 代表 UNIX 域套接字,而 fifo 代表命名管道,两者都是机器不同进程之间的通信机制,而且同样使用特殊文件为通信中介。unix 与 fifo 服务的名称与 UNIX 标准文件名的命名规则相同,但是不包含目录路径的部分。Postfix 使用服务名称来创建通信中介用的特殊文件。UNIX 域套接字与命名管道两者都是 UNIX 的标准进程间通信机制(通常简称为 IPC)。

各种服务名称范例如表 12-1 所示。

表 12-1　服务名称范例

服 务 名 称	传送方式	说　　　明
smtp	inet	smtpd daemon 的服务名称。此为/etc/service 定义的 SMTP 通信端口代表的名称
127.0.0.1:10025	inet	位于 loopback 接口的 10025 通信端口的服务器组件
465	inet	位于本地主机的 465 通信端口的服务器组件
maildrop	unix	一个必须通过 Postfix 的 pipe daemon 才能访问的服务器组件
pickup	fifo	一个必须通过 FIFO 机制才能访问的 Postfix 组件

3. 私有的

某些服务组件仅供 Postfix 系统自己使用,不开放给 Postfix 之外的其他软件使用。如果本栏标示为 y,表示私有访问(默认值);n 代表开放公共访问。inet 类型的组件必须标示为 n,否则外界就无法访问该服务,毕竟网络套接字本身的用意,就是要开放给其他进程访问。

4. 非特权的

是否使用非特权账号。默认值为 y,表示服务组件运行时,只需使用 mail_owner 参数指定的非特权账号(默认值为 Postfix),即以完成任务所需的最低限度权限来提供服务。大部分 Postfix 组件都可以使用非特权账号。对于需要 root 特权的服务组件,此栏必须设定为 n。

5. 改变根目录

是否要改变组件的工作根目录,借此提升额外的安全性。工作根目录的位置由 main.cf 的 queue_directory 参数决定。此栏的默认值为 y(表示要改变工作根目录),大部分的 Postfix 组件也都可以在 chroot 环境下运作。不过,标准的安装方式是让所有组件都在正常环境下运行。将服务组件放在 chroot 环境下,添加了许多额外的复杂事情,应该先通盘了解 chroot 所带来的保障,然后再决定这样的额外安全性是否值得多费一番设定与维护的工夫。

6. 唤醒间隔

某些组件必须每隔一段时间被唤醒一次,定期执行它们的任务。pickup daemon 就是这样的一个例子,其默认休眠间隔是 60 秒,master daemon 每隔一分钟就唤醒 pickup 一次,要求它检查 maildrop 队列是否收到新邮件。qmgr 和 flush daemon 也是需要被定期唤醒的服务组件。在时间值之后尾随一个问号(?),表示只有在需要该组件时才予以唤醒,0 表示不必唤醒。此栏的默认值为 0,因为目前只有三个组件需要被定期唤醒。Postfix 包预先为这三个组件设定的唤醒间隔时间应该足以应付大部分情况,其他服务组件都不需要 master 的定期唤醒。

7. 进程数上限

可以同时运行的进程个数的上限。如果没有指定,则以 main.cf 的 default_process_limit 参数为准(其默认值为 100)。如果设定为 0,表示没有任何限制。如果服务器系统的资源有限,或是想让系统在某方面的表现特别好,可以调整 maxproc 的值。

8. 命令

最后一栏是运行服务的实际命令。命令中的"程序文件名"部分不必包含路径信息,因为 master daemon 假设所有程序文件都放在 daemon_directory 参数所指定的目录下(默认目录为/usr/libexec/postfix/)。Postfix 的所有程序皆提供-V 选项,可用来提高日志信息的详细程度,当需要解决问题时,经常利用这种方法来获得更多、更有用的调试信息。此外,可以使用-D 选项让 Postfix 程序产生调试信息。

每一个 Postfix 守护进程都有自己的命令行选项。只有 Postfix 提供的服务器程序才可以放在命令栏,如果想要运行自己的命令,则使用 Postfix 提供的 pipe daemon。

9. 时间单位

Postfix 有一些与时间相关的参数,为了方便描述其值,Postfix 提供了一组简写代号来表示时间单位:s(秒)、m(分)、h(时)、d(天)、w(周)。如果没明确注明时间单位,各时间参数以自己的默认时间单位来解读用户给的值。

某些服务器组件会参考 main.cf 提供的参数值,但同时也提供了-o 选项,让用户可以在 master.cf 中强制设定参数值。比如,若要创建一个特殊的 SMTP 服务,可将下面的内容加入 master.cf 配置文件:

```
smtp-quick unix - - n - - smtp
  -o smtp_connect_timeout=5s
```

参数名称、等号与设定值可以紧接在一起,不必留空格。在加入本例这样的设定之后,系统就多了一个特殊的 smtp-quick 服务,当它进行通信时,如果对方服务器 5 秒内没有响应,就会自动断线。但是,遵照 main.cf 设定值的那个 SMTP 服务则使用不同的 smtp_connect_timeout 参数值。

12.5　配置 E-mail 服务器

下面结合一个具体的案例,介绍基本 Postfix 邮件服务的实现方法。在本案例中,需要搭建 DNS 服务做 MX 解析;使用 Postfix 实现 SMTP 功能;使用 cyrus-sasl 实现 SMTP 认证功能;使用 dovecot 或 cyrus-imapd 提供 POP3 与 IMAP 服务。

Postfix 服务

例如,某局域网内要求配置一台邮件服务器。该邮件服务器的 IP 地址为 192.168.1.100,负责投递的域为 wl.net。该局域网内部的 DNS 服务器的 IP 地址为 192.168.1.100,负责解析 wl.net 域的域名解析工作。要求通过配置该邮件服务器,可以实现用户 wu 利用邮件账号 wu@wl.net 给邮箱账号为 user@wl.net 的用户 user 发送邮件。

12.5.1　Postfix 服务器的基本配置

1. 安装并配置 DNS 服务器

在 IP 地址为 192.168.1.100 的机器上安装 DNS 服务后,利用 vi 编辑器编辑修改相关配置文件,使得能够正确解析相关的域。具体操作如下。

(1) 编辑 DNS 主配置文件

```
#vim /etc/named.conf
options {
  listen-on port  53 {any;};           //修改侦听地址
  allow-query        {any;};           //修改允许查询的机器列表
};
zone"wl.net." IN {                     //增加解析区域
    type master;
    file"wl.net.zone";
};
```

(2) 编辑区域配置文件

```
#vim /var/name/wl.net.zone
$TTL 3H
@   IN  SOA @  rname.invalid. (
                    0           ;serial
                    1D          ;refresh
                    1H          ;retry
                    1W          ;expire
                    3H)         ;minimum
    NS      @
    A       127.0.0.1
mail  A     192.168.1.100
    MX 10   mail.wl.net.
```

253

（3）启动 DNS 服务

```
#systemctl start named
```

（4）配置 DNS 客户端

将安装 Postfix 服务的机器的 DNS 指向 192.168.1.100 DNS 服务器。

```
#vim /etc/resolv.conf
nameserver 192.168.1.100
```

2. 安装并配置 Postfix 服务器

在 IP 地址为 192.168.1.100 的机器上安装 Postfix 服务器后,需要做好以下几项准备工作。

（1）备份 Postfix 的配置文件,防止操作失误。

```
#cp main.cf main.cf.bak
#cp master.cf master.cf.bak
```

（2）选择正确的 MTA。如果同时运行着其他邮件服务程序(如 sendmail),就需要确定并选择为 Postfix。可以使用 alternatives 命令查看并选择要运行的 MTA 程序。

```
#alternatives --config mta
there id 1 program that provides 'mta'.
  Selection   command
-------------------------------------------------------
 *+1        /usr/sbin/sendmail. postfix
Enter to keep the current selection[+], or type selection number:
```

（3）设置 Postfix 的监听。由于 Postfix 默认只监听本机端口,需要修改配置文件,使其监听所有端口。在修改配置文件时,可以使用 vi 编辑器编辑修改,也可以使用 Postfix 自带的 Postconf 工具直接修改。

```
#vim /etc/postfix/main.cf
inet_interfaces=all                 //将 localhost 改为 all 即可
```

（4）启动 Postfix 服务。

```
#systemctl start postfix
```

（5）添加邮件账号。在系统中利用 useradd 命令添加 wu 和 user 账号。具体操作如下:

```
#useradd wu
#passwd 123456
#useradd user
#passwd 123456
```

（6）测试。

① 使用 netstat 命令查看监听情况。

```
#netstat -antulp | grep 25
tcp 0 0 0.0.0.0:25 0.0.0.0: * LISTEN 1877/master          //已在侦听 25 端口
```

② 使用 postconf 命令查看当前用户设置。

```
#postconf -n
alias_database=hash:/etc/aliases
alias_maps=hash:/etc/aliases
command_directory=/usr/sbin
daemon_directory=/usr/libexec/postfix
data_directory=/var/lib/postfix
debug_peer_level=2
html_directory=no
inet_interfaces=all                    //已监听了所有端口
inet_protocols=all
mail_owner=postfix
mailq_path=/usr/bin/mailq.postfix
manpage_directory=/usr/share/man
mydestination=$myhostname, localhost.$mydomain, localhost
newaliases_path=/usr/bin/newaliases.postfix
queue_directory=/var/spool/postfix
readme_directory=/usr/share/doc/postfix-2.6.6/README_FILES
sample_directory=/usr/share/doc/postfix-2.6.6/samples
sendmail_path=/usr/sbin/sendmail.postfix
setgid_group=postdrop
unknown_local_recipient_reject_code=550
```

③ 使用 telnet 工具测试。

```
#telnet mail.wl.net 25
Trying 192.168.1.100...
Connected to mail.wl.net.
Escape character is '^]'.
220 mail.wl.net ESMTP Postfix
mail from:wu               //收件人地址为 wu@wl.net
250 2.1.0 ok
rcpt to:user               //发件人地址为 user@wl.net
250 2.1.5 ok
data                       //信件正文
354 End data with <CR><LF>.<CR><LF>
This is user from wu
bye!
.                          //邮件正文结束标识
250 2.0.0 ok: queued as E7BF6A09FD
quit
221 2.0.0 Bye
Connection closed by foreign host.
#su - user
$mail
Heirloom Mail version 12.5 7/5/10. Type ? for help.
```

```
"/var/spool/mail/user": 1 messages 1 new
>N 1 wu@mail.wl.net    Sun Jan 28 01:21 15/453
&1
Message 1:
From wu@mail.wl.net Sun Jan 27 01:21:33 2013
Return-Path:<wu@mail.wl.net>
X-Original-To:user
Delivered-To:user@mail.wl.net
Date:sun, 27 Jan 2020 01:20:05 -0800(PST)
From: wu@mail.wl.net
To: undisclosed-recipients:;
Status:R
This is user from wu
bye!
```

12.5.2　配置 SMTP 认证

如果任何人都可以通过同一台邮件服务器来转发邮件,很可能这台邮件服务器就成了各类广告与垃圾信件的集结地或中转站,网络带宽也会很快会被耗尽。为了避免这种情况的发生,Postfix 默认不会对外开放转发功能,而仅对本机开放转发功能。但是,在实际应用中,必须在 Postfix 主配置文件中通过设置 mynetworks、relay_domains 参数来开放一些所信任的网段或网域,否则该邮件服务器几乎没有什么用处。在开放了这些所信任的网段或网域后,还可以通过设置 SMTP 认证,对要求转发邮件的客户端进行用户身份(用户名与密码)验证。只有通过了验证,才能接收该用户发来的邮件并帮助转发。

默认情况下,Postfix 接收符合以下条件的邮件;目的地为$inet_interfaces 的邮件;目的地为$mydestination 的邮件;目的地为$virtual_alias_maps 的邮件。默认情况下,Postfix 转发符合以下条件的邮件:来自客户端 IP 地址符合$mynetworks 的邮件;来自客户端主机名称符合$relay_domains 及其子域的邮件;目的地为$relay_domains 及其子域的邮件。此外,还可以通过其他方式来实现更强大的控制,如 STMP 认证就是其中的一种方式。目前,比较常用的 SMTP 认证机制是通过 Cyrus SASL 包来实现的。

Cyrus SASL 是 Cyrus Simple Authentication and Security Layer 的简写,它最大的功能是为应用程序提供了认证函数库。应用程序可以通过函数库所提供的功能定义认证方式,并让 Cyrus SASL 通过与邮件服务器主机的沟通从而提供认证的功能。下面介绍使用 Cyrus SASL 包实现 SMTP 认证的具体方法。

1. 安装 Cyrus SASL 认证包

默认情况下,CentOS 已经预装了 Cyrus SASL 认证包。可使用下面的命令检查系统是否已经安装了 Cyrus SASL 认证包及其版本号。

```
#rpm -qa | grep cyrus-sasl
cyrus-sasl-2.1.27-0.3rc7.el8.x86_64
cyrus-sasl-lib-2.1.27-0.3rc7.el8.x86_64
```

```
cyrus-sasl-plain-2.1.27-0.3rc7.el8.x86_64
```

命令执行结果表示 Cyrus SASL 已安装,它的版本为 2.1.27-0(V2 版)。

如果系统还没有安装 Cyrus SASL 认证包,进入 CentOS 安装光盘的/AppStream/Packages 目录,执行如下命令安装。

```
#rpm -ivh cyrus-sasl-2.1.27-0.3rc7.el8.x86_64.rpm
```

2. 确定 Cyrus SASL V2 的密码验证机制

默认情况下,Cyrus SASL V2 版使用 saslauthd 守护进程进行密码认证,而密码认证的方法有许多种,使用下面的命令可查看当前系统中的 Cyrus SASL V2 所支持的密码验证机制。

```
#saslauthd -v
saslauthd 2.1.27
authentication mechanisms: getpwent kerberos5 pam rimap shadow ldap httpfrom
```

从命令的执行情况可以看到,当前可使用的密码验证方法有 getwent、kerberos5、pam、rimap、shadow、ldap 和 httpfrom。为了简单,这里准备采用 shadow 验证方法,也就是直接用/etc/shadow 文件中的用户账号及密码进行验证。因此,在配置文件/etc/sysconfig/saslauthd 中,应修改当前系统所采用的密码验证机制为 shadow,即

```
#vim /etc/sysconfig/saslauthd
MECH=shadow
```

3. 测试 Cyrus SASL V2 的认证功能

由于 Cyrus SASL V2 版默认使用 saslauthd 这个守护进程进行密码认证,因此需要使用下面的命令来查看 saslauthd 进程是否已经运行。

```
#ps aux | grep saslauthd
```

如果没有发现 saslauthd 进程,则可用下面的命令启动该进程。

```
#systemctl start saslauthd
```

然后,可用下面的命令测试 saslauthd 进程的认证功能。

```
#testsaslauthd -u wu -p 123456        //wu 为用户名,123456 为用户 wu 的密码
0: OK "Success."
```

该命令执行如果出现“0：OK "Success."”字样,则表示 saslauthd 进程的认证功能启动成功。

4. 设置 Postfix 启用 SMTP 认证

默认情况下,Postfix 并没有启用 SMTP 认证机制。要让 Postfix 启用 SMTP 认证,就必须对 Postfix 的主配置文件/etc/postfix/main.cf 进行修改,可在文件末尾添加如下

内容。

```
#vim /etc/postfix/main.cf
smtpd_sasl_auth_enable=yes                          //启用 SASL 作为 SMTP 认证
smtpd_sasl_security_options=noanonymous             //不允许匿名发信
smtpd_recipient_restrictions=permit_mynetworks,permit_sasl_authenticated,
   reject_unauth_destination       //允许本地域以及认证成功的发信,拒绝认证失败的发信
smtpd_client_restrictions=permit_sasl_authenticated
                          //禁止未经过认证的客户端向 Postfix 发起 SMTP 连接
broken_sasl_auth_clients=yes                         //兼容非标准的 SMTP 认证
```

5. 重新加载 Postfix 服务配置文件

```
#systemctl reload postfix
```

此外,当 Postfix 要使用 SMTP 认证时,会读取/etc/sasl2/smtpd.conf 文件中的内容,以确定所采用的认证方式,因此,如果要使用 saslauthd 这个守护进程来进行密码认证,就必须确保/etc/sasl2/smtpd.conf 文件中的内容有:

```
pwcheck_method: saslauthd
```

6. 测试 Postfix 是否启用了 SMTP 认证

经过上面的设置,Postfix 邮件服务器应该已具备了 SMTP 认证功能,可采用 telnet 命令连接到 Postfix 服务器端口 25 来进行测试。由于用户名、密码采用了 Base64 编码格式加密,需要先得到用户名、密码的加密字符串。测试过程如下。

```
#printf"zhang" | openssl base64       //得到 zhang 的加密字符串
emhhbmc=
#printf"123456" | openssl base64      //得到 123456 的加密字符串
MTIzNDU2
#telnet mail.wl.net 25
Trying 192.168.1.100...
Connected to mail.wl.net.
Escape character is '^]'.
220 mail.wl.net ESMTP Postfix
ehlo 126.com                          //使用 ehlo 命令向 126.com 域发出消息
250-mail.wl.net
250-PIPELINING
250-SIZE 10240000
250-VRFY
250-ETRN
250-AUTH PLAIN LOGIN                  //授权登录,证明启用了 SMTP 认证功能
250-AUTH=PLAIN LOGIN
250-ENHANCEDSTATUSCODES
250-8BITMIME
250 DSN
auth login                            //输入命令认证用户身份
334 VXNlcm5hbWU6Y2xpbnV4ZXI=
```

```
emhhbmc=                                //输入加密后的用户名
334 UGFzc3dvcmQ6MTIzNDU2
MTIzNDU2                                //输入加密后的密码
235 2.0.0 Authentication successful     //登录成功,身份认证配置是正确的
quit                                    //退出
221 2.0.0 Bye
```

12.5.3　配置虚拟别名域

使用虚拟别名域可以将发给虚拟域的邮件实际投递到真实域的用户邮箱中;可以实现群组邮递的功能,即指定一个虚拟邮件地址,任何人发给这个邮件地址的邮件都将由邮件服务器自动转发到真实域中的一组用户的邮箱中。

这里的虚拟域可以是实际并不存在的域,而真实域既可以是本地域(即 main.cf 文件中的 mydestination 参数值中列出的域),也可以是远程域或 Internet 中的域。虚拟域是真实域的一个别名。实际上,通过一个虚拟别名表,实现了虚拟域的邮件地址到真实域的邮件地址的重定向。虚拟别名文件 virtual 的格式类似于 aliases 文件,如下所示:

虚拟域地址　　真实域地址

虚拟域地址和真实域地址之间用 Tab 键或者空格键分隔。该文件中虚拟域地址和真实域地址可以写完整的邮件地址格式,也可以只有域名或者只有用户名。如果要实现邮件列表功能,则各个真实域地址之间用逗号分隔。如下所示的几种格式都是正确的。

```
@ml.com        @wl.net
user@ml.com  user
user@wl.net  user2,ml,wl
```

下面通过一些例子来说明虚拟别名域的设置方法。

【例 1】　如果要将发送给虚拟域@dzx.cn 的邮件实际投递到真实的本地域@wl.net,那么可在虚拟别名表中进行如下定义:

```
@dzx.cn  @wl.net
```

【例 2】　如果要将发送给虚拟域的某个虚拟用户(或组)的邮件实际投递到本地 Linux 系统中某个用户账号的邮箱中,那么可在虚拟别名表中进行如下定义:

```
admin@example.com wu
st@example.com st001,st002,st003
```

【例 3】　如果要将发送给虚拟域中的某个虚拟用户(或组)的邮件实际投递到本地 Linux 系统中和 Internet 中某个用户账号的邮箱中,那么可在虚拟别名表中进行如下定义:

```
daliu@example.com wu,liu8612@163.com
```

在实际应用中,要实现上述虚拟别名域,必须按以下步骤进行。

(1) 编辑 Postfix 主配置文件/etc/postfix/main.cf,进行如下定义：

```
virtual_alias_domains=dzx.cn,example.com
virtual_alias_maps=hash:/etc/postfix/virtual
```

这里,virtual_alias_domains 参数用来指定虚拟别名域的名称,virtual_alias_maps 参数用来指定含有虚拟别名域定义的文件路径。

(2) 编辑配置文件/etc/postfix/virtual,进行如下定义：

```
@dzx.cn   @wl.net
admin@example.com wu
st@example.com st001,st0002
daliu@example.com wu,liu8612@163.com
```

(3) 在修改配置文件 main.cf 和 virtual 后,要使更改立即生效,应分别执行/usr/sbin 目录下以下的两条命令。

```
#postmap /etc/postfix/virtual      //生成 Postfix 可以读取的数据库文件/etc/
                                    postfix/virtual.db
#postfix reload                    //新加载 Postfix 主配置文件 main.cf
```

12.5.4 配置用户别名

使用用户别名最重要的功能是实现群组邮递(也称邮件列表)的功能,通过它可以将发送给某个别名邮件地址的邮件转发到多个真实用户的邮箱中。与虚拟别名域不同的是,用户别名机制是通过别名表在系统范围内实现别名邮件地址到真实用户邮件地址的重定向的。下面通过一些例子来说明用户别名的设置方法。

【例 4】 假设一个班级中的每位同学都在本地 Linux 系统中拥有真实的电子邮件账号,现在要发信给班上的每一位同学,那么可以在别名表中进行如下定义：

```
st: st001,st002,st003,st004
```

这里的 st 是用户别名,它并不是一个 Linux 系统中的真正用户或组。当发信给 st@ wl.net 这个邮件地址时,这封邮件就会自动发送给 st001@wl.net、st002@wl.net、st003@ wl.net 和 st004@wl.net。

此外,当真正用户人数比较多时,还可以将这些用户定义到一个文件中,然后用 include 参数来引用该文件。例如,先用 vi 编辑器生成一个/etc/postfix/st 文件,其内容为：

```
st001,st002,st003,...,st050
```

再在别名表中进行如下定义：

```
st: :include: /etc/mail/st
```

如果 Linux 系统中的用户账号名太长或者不希望让外人知道它,那么可以为它设置一个或多个用户别名,平时发邮件时只需使用别名邮件地址,邮件服务器就会自动将邮件转发给真实用户,甚至还可以将邮件转发到该用户在 Internet 中其他服务器的邮件信箱中。

【例 5】　某用户在本地 Linux 系统中的用户账号名为 sjzliuming,并且他在 Internet 中拥有一个电子邮件地址为 liuming@163.com。如果为它设置多个用户别名(如 sjz01、lm01 等),那么在别名表中可进行如下定义。

```
sjz01:sjzliuming
lm01:sjzliuming,liuming@163.com
```

在实际应用中,要实现上述用户别名,还必须按以下步骤进行。

(1) 打开 Postfix 主配置文件/etc/postfix/main.cf,应确认文件中包含以下两条默认语句。

```
alias_maps=hash:/etc/aliases
alias_database=hash:/etc/aliases
```

这里,alias_maps 参数用来指定含有用户别名定义的文件路径,alias_database 参数用来指定别名表数据库文件路径。

(2) 编辑配置文件/etc/aliases,进行如下定义。

```
st:st001,st002,st003,st004
st::include:/etc/postfix/st
sjz01:sjzliuming
lm01:sjzliuming,liuming@163.com
```

(3) 在修改配置文件 main.cf 和 aliases 后,要使更改立即生效,应分别执行/usr/sbin 目录中的以下两条命令。

```
#postalias /etc/aliases          //生成 Postfix 可以读取的数据库文件/etc/
                                    aliases.db
#postfix reload
```

注意:用户别名可以实现邮件列表的功能,但是只有 root 用户才能修改 aliases 文件,普通用户要实现自己的邮件列表功能,就需要通过在该用户账号的主目录下建立 .forward 文件来实现。

12.5.5　Dovecot 服务的实现

Dovecot 配置

Dovecot 是一款能够为 Linux 系统提供 IMAP 和 POP3 电子邮件服务的开源软件程序,它拥有较高的安全性,配置简单,执行效率高,占用服务器硬件资源较少,是常用的收件电子邮件系统软件。

1. Dovecot 服务的安装

CentOS 8 系统默认没有安装 Dovecot 服务,可使用下面的命令检查系统是否已经安装。

```
#rpm -qa|grep dovecot
```

如果没有安装,可将 CentOS 8 的安装光盘放入光驱,配置好 YUM 源后,用如下命令进行安装。

```
#dnf -y install dovecot
```

2. 配置选项介绍

Dovecot 服务的配置文件是/etc/dovecot/dovecot.conf,其配置参数并不复杂,每个设置都显示默认值,一般不需要取消注释这些设置。在投递到 Dovecot 邮件列表时,使用 doveconf -n 命令可使更改设置后再输出。现介绍其主要选项的含义。

(1) protocols=imap pop3 lmtp:指定可提供服务的协议。

(2) listen=* , :::指定侦听连接的 IP 或主机列表(用逗号分隔)。"*"侦听所有 IPv4 端口,"::"侦听所有 IPv6 端口。如果要指定非默认端口或更复杂的端口,需要编辑/etc/dovecot/conf.d/master.conf 文件。

(3) base_dir=/var/run/dovecot/:指定存储运行时数据的基本目录。

(4) instance_name=dovecot:指定实例的名称。在多实例设置中,doveadm 和其他命令可以使用-I <instance_name>来选择要使用的实例。实例名也被添加到 ps 输出中的 Dovecot 进程中。

(5) login_greeting=dovecot ready:指定客户端的问候消息。

(6) login_trusted_networks=:指定受信任网络范围列表(用空格分隔)。允许来自这些 IP 的连接覆盖其 IP 地址和端口(用于日志记录和身份验证检查)。对于这些网络,禁用明文身份验证也将被忽略。通常在这里指定 IMAP 代理服务器。

(7) login_access_sockets=:指定登录访问检查套接字列表(用空格分隔)。

(8) auth_proxy_self=:指定 IP 列表。此参数与 proxy_may=yes 一起使用,如果代理目标与这些 IP 中的任何一个匹配,则不要执行代理。通常不需要此参数,但如果目标 IP 是负载平衡器的 IP,则可能有用。

(9) verbose_proctitle=no:确定是否显示更详细的进程标题。此参数有助于查看实际使用 IMAP 进程的用户(例如,共享邮箱或同一个 UID 用于多个账号)。

(10) shutdown_clients=yes:指定当 Dovecot 主进程关闭时,是否会终止所有进程。设置为 no 意味着可以在不强制现有客户端连接关闭的情况下升级 Dovecot。

(11) doveadm_worker_count=0:如果不是 0,则通过许多连接到 doveadm 服务器的邮件命令,直接在同一过程中运行。

(12) doveadm_socket_path=doveadm-server:指定 UNIX 套接字或主机,用于连接到 doveadm 服务器的端口。

(13) import_environment=TZ:指定环境变量列表(以空格分隔),这些变量在 Dovecot 启动时保留并传递给其所有子进程。

(14) dict {

quota=mysql:/etc/dovecot/dovecot-dict-sql.conf.ext

expire＝sqlite：/etc/dovecot/dovecot-dict-sql.conf.ext

　　}

字典服务器设置。字典可用于指定 key＝value 列表。使用时,被指定的 dict 块将字典名称映射到 URI。然后可以使用格式为"proxy：＜name＞"的 URI 引用它们。

(15)!include conf.d/＊.conf：指定大部分实际配置所在的位置。文件名首先按其ASCII 值排序,然后按该顺序进行解析。文件名中的数字前缀旨在排序。

(16)!include_try local.conf：如果找不到 dovecot.conf 配置文件,也可以尝试用该文件而不给出错误信息。

3. Dovecot 服务的基本配置

要启用最基本的 Dovecot 服务,只需要修改该配置文件中的以下内容。

```
#vim /etc/dovecot/dovecot.conf
protocols＝imap pop3 lmtp        //去掉注释符号#
listen＝＊,::                     //去掉注释符号#
```

4. 启动 Dovecot 服务

```
#systemctl start dovecot
```

5. 测试

```
#telnet mail.wl.net 110
Trying 192.168.1.100...
Connected to mail.wl.net.
Escape character is '^]'.
+OK Dovecot ready.
```

在完成了 Dovecot 服务和 Postfix 服务的安装配置后,电子邮件客户端软件就可以利用这台电子邮件服务器进行邮件的收发了。

12.5.6　Cyrus-imapd 服务的实现

Cyrus-imapd 是一个可以使用 SASL 进行认证的 IMAP、POP3 服务器软件。SASL是 Cyrus-imapd 对用户认证的一种方法,但并不是唯一的方法。

1. Cyrus-imapd 服务的安装

CentOS 8 系统默认没有安装 Cyrus-imapd 服务。可使用下面的命令检查系统是否已经安装了 Cyrus-imapd 服务。

```
#rpm -qa | grep cyrus-imapd
```

如果系统还没有安装 Cyrus-imapd 服务,可将 CentOS 8 的安装光盘放入光驱,配置好 YUM 源后用如下命令进行安装。

```
#dnf -y install cyrus-imapd
```

2. Cyrus-imapd 服务的基本配置

Cyrus-imapd 服务的配置文件主要有以下 3 个。

（1）/etc/cyrus.conf：这是 Cyrus-imapd 服务的主要配置文件，其中包含该服务中各个组件（IMAP、POP3、sieve 和 NNTP 等）的设置参数。

（2）/etc/imapd.conf：这是 Cyrus-imapd 服务中的 IMAP 服务的配置文件。

（3）/etc/sysconfig/cyrus-imapd：用于启动 Cyrus-imapd 服务的配置文件。

默认情况下，这些配置文件已经基本设置好，只要启动 Cyrus-imapd 服务，就可以同时提供 POP 和 IMAP 服务。但是，由于 Postfix 默认并不支持 Cyrus-IMAP 信箱，因此为了使 Postfix 与 Cyrus-imapd 整合在一起，必须在 Postfix 的主配置文件/etc/postfix/main.cf 中使如下内容。

```
mailbox_transport=lmtp:unix:/var/lib/imap/socket/lmtp
```

3. 启动 Cyrus-imapd 服务

```
#systemctl start cyrus-imapd
```

注意：如果已经安装了 Dovecot 服务，则应该先停止或卸载 Dovecot 服务。

4. 用户邮件信箱的管理

Cyrus-IMAP 的一个优点是它可以为每个用户创建一个邮件信箱，而且这种信箱可具有层次结构。默认情况下，Cyrus-IMAP 的邮件信箱位于/var/spool/imap 目录下。创建邮件信箱时，为每一个邮件信箱命名的格式为：

信箱类型.名称[.文件夹名称[.文件夹名称]]...

例如，用户 wu 的主要邮件信箱（即收件箱）的命名为 user.wu，其中关键字 user 表示信箱类型为用户信箱，wu 是 Linux 系统中的用户账号名。如果需要为用户 wu 创建发件箱、垃圾箱和草稿箱，则可以分别用名称 user.wu.Sent（发件箱）、user.wu.Trash（垃圾箱）和 user.wu.Drafts（草稿箱）。

注意：用户 wu 的收件箱为 user.wu，用户 wu 的其他所有文件夹都必须以 user.wu 为基础来创建。

下面介绍创建和管理用户邮件信箱的具体方法。

（1）为 Cyrus-IMAP 管理员账号 cyrus 设置密码

```
#passwd cyrus
```

Cyrus-IMAP 管理员账号 cyrus 是安装 Cyrus-imapd 服务时自动创建的。在第一次为用户创建邮件信箱前，可为该账号设置一个密码，供以后管理用户信箱时验证用户身份。

（2）使用 cyradm 命令连接到服务器为用户创建邮件信箱

```
#cyradm -u cyrus mail.wl.net
```

其中，-u 选项指定运行该管理工具的用户账号，通常为管理员账号 cyrus。命令执行时，会提示输入用户密码，确认无误后就可以进入管理命令行状态。

```
mail.wl.net>
```

然后使用 createmailbox 子命令可为用户 wu 创建一个邮件信箱。

```
mail.wl.net>createmailbox user.wu
```

为用户创建邮件信箱后，可以使用 listmailbox 命令列出 Cyrus-IMAP 系统中已有的用户邮件信箱。

（3）在用户邮件信箱下添加其他文件夹

在 cyradm 管理命令行状态下，可以使用下面的子命令为用户 wu 在其邮件信箱下创建发件箱、垃圾箱和草稿箱等其他文件夹。

```
createmailbox user.wu.Send
createmailbox user.wu.Trash
createmailbox user.wu.Drafts
```

（4）为用户邮件信箱设置配额

为用户信箱设置配额，可以限制用户信箱使用磁盘空间的容量。例如，在 cyradm 管理命令行状态下，如果要为用户 wu 的信箱 user.wu 设置 5MB 的配额，可使用下面的子命令。

```
setquota user.wu 5120
```

其中，5120 的单位为 KB，设置后可用 listquota 子命令查看该邮件信箱的使用情况。此外，在 Linux 系统提示符的状态下，还可以用下面的命令查看用户邮箱的使用情况。

```
#su -l cyrus -c /usr/lib/cyrus-imapd/quota
```

（5）为用户邮件信箱设置权限

默认情况下，当 Cyrus-IMAP 管理员为用户创建了一个邮件信箱时，只有该用户对该邮件信箱具有完全控制的权限。在 Cyrus-IMAP 中，要为用户信箱设置访问权限，通常可采用表 12-2 所示的六种缩写形式。

表 12-2　Cyrus-IMAP 中设置用户信箱权限的六种缩写形式

权　限	描　　述
none	无任何权限
read	允许读取信箱的内容
post	允许读取和向信箱中张贴信息（如发邮件）
append	允许读取和向信箱中张贴与插入信息
write	除具有 append 权限外，还具有在信箱中删除邮件的权限，但不具有变更信箱的权限
all	具有所有权限

例如,在创建了用户信箱 user.wu 后,想直接用 deletemailbox 命令来删除该邮箱,即使是管理员 cyrus 也无权删除。要想删除它,必须先用下面的子命令为管理员 cyrus 授予完全控制的权限。

```
setacl user.wu cyrus all
```

然后,可用 listacl 子命令查看用户对该信箱所拥有的访问权限。用户 wu 和管理员 cyrus 都具有所有权限,即 lrswipkxecda(实际上信箱的访问权限是由 l、r、s、w、i、p、k、x、e、c、d 和 a 共 12 种权限组合而成的)。

当管理员 cyrus 取得了对信箱 user.wu 的所有权限后,就可以用 deletemailbox 子命令来删除该邮箱了。

最后还需要说明的是,在 cyradm 管理命令行状态下,由于各条管理命令比较长,因此在实际使用时通常采用这些命令的缩写形式,如 listmailbox 可缩写为 lm。常用的 cyradm 管理命令及其缩写形式如表 12-3 所示。

表 12-3　常用的 cyradm 管理命令及其缩写形式

命　令	缩　写	描　述
listmailbox	lm	列出与给定字符串相匹配的所有邮件信箱的名称
createmailbox	cm	创建一个新的邮件信箱
deletemailbox	dm	删除一个邮件信箱及其下层的所有文件夹
renamemailbox	renm	为邮件信箱更名
setaclmailbox	sam	为邮件信箱设置用户的访问权限
deleteaclmailbox	dam	删除用户访问邮件信箱的部分或全部权限
listaclmailbox	lam	列出邮件信箱的访问权限列表
setquota	sq	为邮件信箱设置配额
listquota	lq	列出邮件信箱的配额

实　　训

1. 实训目的

练习电子邮件服务器的安装、配置与管理。

2. 实训内容

(1) 架设一台电子邮件服务器,并按照下面的要求进行配置。

① 只为子网 192.168.1.0/24 提供邮件转发功能。

② 允许用户使用多个电子邮件地址,例如用户 tom 的电子邮件地址可以有 tom@example.com 和 gdxs_tom@example.com。

③ 设置邮件群发功能。

④ 设置 SMTP 认证功能。

（2）用 Outlook Express、Evolution 等客户端软件收发电子邮件。

3. 实训总结

通过本次实训，掌握在 Linux 上如何安装与配置邮件服务器。

习　　题

一、选择题

1. Postfix 的主配置文件是（　　）。

    A. /etc/postfix/sendmail.mc　　　　　B. /etc/postfix/main.cf

    C. /etc/postfix/sendmail.conf　　　　　D. /etc/postfix/sendmail

2. 能实现邮件的接收和发送的协议是（　　）。

    A. POP3　　　　　B. MAT　　　　　C. SMTP　　　　　D. 无

3. 在 CentOS 8 中安装 Postfix 服务后，若要启动该服务，正确的命令是（　　）。

    A. server postfix start　　　　　　　B. service sendmaild start

    C. systemctl star postfixt　　　　　　D. /etc/rc.d/init.d/postfix start

4. Postfix 日志功能可以用来记录该服务的事件，其日志保存在（　　）目录下。

    A. /var/log/message　　　　　　　　B. /var/log/maillog

    C. /var/mail/maillog　　　　　　　　D. /var/mail/message

5. 为了转发邮件（　　）是必需的。

    A. POP　　　　　B. IMAP　　　　　C. BIND　　　　　D. Postfix

6. （　　）不是邮件系统的组成部分。

    A. 用户代理　　　B. 代理服务器　　　C. 传输代理　　　D. 投递代理

7. 默认的邮件别名数据库文件是（　　）。

    A. /etc/names　　　　　　　　　　　B. /etc/aliases

    C. /etc/mail/aliases　　　　　　　　D. /etc/hosts

二、简答题

1. 简述 MUA 和 MTA 的功能。

2. 简述邮件系统的配置过程。

第 13 章 Linux 防火墙配置与管理

随着 Internet 规模的扩大,安全问题也越来越重要,而构建防火墙是保护系统免受危害的最基本手段之一。虽然防火墙并不能保证系统绝对的安全,但由于它简单易行、工作可靠、适应性强,得到了广泛的应用。本章介绍 Linux 系统自带 Firewalld 防火墙的工作机制、命令格式以及应用实例等。

本章学习任务:

(1) 了解 Linux 防火墙的基本概念和功能;

(2) 掌握 Firewalld 防火墙配置方法。

13.1　防火墙简介

防火墙是现代计算机通信中的一种安全技术,具备一些有效的隔离功能,能够对经过此设施的网络包按照一定的规则进行检查,从而控制网络包的进入与进出,以达到限制网络访问的目的,如图 13-1 所示。防火墙内通信规则可以基于流量的源地址、端口号、协议、应用等信息来定制,然后防火墙使用预先定制的

图 13-1　防火墙功能

策略规则监控出入的流量,若流量与某一条策略规则相匹配,则执行相应的处理,反之则丢失。

在 CentOS 8 系统中,Firewalld 防火墙取代了 iptables 防火墙。iptables 与 Firewalld 都不是真正的防火墙,它们都只是用来定义防火墙策略的防火墙管理工具,或者说,它们只是一种服务。iptables 服务会把配置好的防火墙策略交由内核层面的 netfilter 网络过滤器来处理,而 Firewalld 服务则是把配置好的防火墙策略交由内核层面的 nftables 包过滤框架来处理。在 CentOS 8 系统中同时存在 Firewalld 和 iptables 两个防火墙管理工具,旨在方便运维人员管理 Linux 系统中的防火墙策略。

Firewalld 提供动态管理的防火墙,支持定义网络连接或接口的信任级别的网络/防火墙区域。它支持 IPv4、IPv6 防火墙设置、以太网网桥和 IP 集。运行时配置选项和永久配置选项是分离的,它还为服务或应用程序提供了直接添加防火墙规则的接口。

使用 Firewalld 可以在运行时的环境中立即进行更改,不需要重新启动服务或守护进程。使用 Firewalld D-BUS 接口,服务、应用程序和用户可以很容易地调整防火墙设置。

Firewalld 接口完整,可用于防火墙配置工具 firewall cmd、firewall config 和 firewall applet。

运行时配置和永久配置的分离,使得在运行时进行评估和测试成为可能。运行时配置仅在下次重新加载和重新启动服务或重新启动系统之前有效。然后将再次加载永久配置在运行时的环境中,可以将运行时用于只应在有限时间内处于活动状态的设置。如果运行时配置已用于计算,并且它已完成且工作正常,则可以将此配置长久保存。

Firewalld 与 iptables 相比至少有以下两大优势。

(1) Firewalld 可以动态修改单条规则,而不需要像 iptables 在修改了规则后必须得全部刷新才可以生效。

(2) Firewalld 在使用上要比 iptables 更人性化,即使不明白"四表五链"和 TCP/IP 协议,也可以实现大部分功能。

相较于 iptables 防火墙,Firewalld 支持动态更新技术并加入了区域(zone)的概念。简单来说,区域就是 Firewalld 预先准备了几套防火墙策略集合(策略模板),用户可以根据生产场景的不同而选择合适的策略集合,从而实现防火墙策略之间的快速切换。具体可参看 https://firewalld.org。

13.2　区　域　管　理

Linux 通过将网络划分成不同的区域,制定出不同区域之间的访问控制策略来控制不同程序区域间传送的数据流。Firewalld 把网卡对应到 10 个不同的区域,如表 13-1 所示,不同的区域对待数据包的默认行为不同,根据区域名字可以很直观地知道该区域的特征。在 CentOS 8 系统中,默认区域被设置为 public,包含所有接口(网卡)。

表 13-1　区域策略表

区　域	默认策略规则
drop	任何接收的网络数据包都被丢掉,没有任何回复。仅能有发送出去的网络连接
block	任何接收的网络连接都被 IPv4 的 icmp-host-prohibited 信息和 icmp6-adm-prohibited 信息拒绝
public	在公共区域内使用,不相信网络内的其他计算机不会对本计算机造成危害,只能接收经过选取的连接
external	特别是为路由器启用了伪装功能的外部网。不信任来自网络的其他计算机,不相信它们不会对本计算机造成危害,只能接收经过选择的连接
dmz	用于非军事区内的计算机,此区域内可公开访问,可以有限地进入内部网络,仅仅接收经过选择的连接
work	用于工作区。可以基本相信网络内的其他计算机不会危害本计算机。仅仅接收经过选择的连接用于家用网络
home	可以基本信任网络内的其他计算机不会危害本计算机。仅仅接收经过选择的连接

续表

区 域	默认策略规则
internal	用于内部网络。可以基本上信任网络内的其他计算机不会危害本计算机。仅仅接受经过选择的连接
trusted	可接受所有的网络连接
libvirt	用于 libvirt 虚拟网络。允许转发区域中所有到接口/从接口发送的数据包,而拒绝规则阻止任何发往主机的通信量

例如,互联网是不可信任的区域,而内部网络是高度信任的区域。网络安全模型可以在安装、初次启动和首次建立网络连接时选择初始化。Firewalld 通过检查数据的源地址来对数据进行过滤。

(1) 若源地址关联到特定的区域,则执行该区域所指定的规则。

(2) 若源地址未关联到特定的区域,则使用传入网络接口的区域并执行该区域所指定的规则。

(3) 若网络接口未关联到特定的区域,则使用默认区域并执行该区域所指定的规则。

Firewalld 默认提供了 10 个区域配置文件:block.xml、dmz.xml、drop.xml、external.xml、home.xml、internal.xml、public.xml、trusted.xml、work.xml 和 libvirt.xml,它们都保存在/usr/lib/firewalld/zones/目录下。默认情况下,在/etc/firewalld/zones 下面只有一个 public.xml。如果给另外一个区域做一些改动,并永久保存,那么会自动生成对应的配置文件。比如给工作区域增加一个端口:

```
#firewall-cmd --permanent --zone=work --add-port=1000/tcp
```

重新加载防火墙后,就会生成一个 work.xml 的配置文件,并将相应配置保存在其中。

13.3 Firewalld 防火墙配置

Firewalld 的配置方法主要有三种:firewall-config、firewall-cmd 和直接编辑 xml 文件,其中 firewall-config 是图形化工具,firewall-cmd 是命令行工具。在进行配置时,可在运行时配置,也可做永久配置。运行时配置实时生效,并持续至 Firewalld 重新启动或重新加载配置,并不中断现有连接,但不能修改服务配置;永久配置不立即生效,需 Firewalld 重新启动或重新加载配置,并中断现有连接,但可以修改服务配置。

Firewalld 默认配置文件有两类:一类在/usr/lib/firewalld/目录中,由系统默认配置,用户尽量不要修改;另一类在/etc/firewalld/目录中,由用户自定义配置文件,需要时可从/usr/bin/firewalld/中复制。Firewalld 会优先使用/etc/firewalld/中的配置,如果不存在配置文件,则使用/usr/bin/firewalld/中的配置。

　　为了方便管理,在/usr/lib/firewalld/services/目录中还保存了一组配置文件,每个文件对应一项具体的网络服务,如 SSH 服务等。与之对应的配置文件 ssh.xml 中记录了各项服务所使用的 tcp/udp 端口,在最新版本的 Firewalld 中默认已经定义了 70 多种服务供用户使用。当默认提供的服务不够用或者需要自定义某项服务的端口时,需要将 Service 配置文件放置在/etc/firewalld/services/目录中。Service 这种配置方式不仅可以更加人性化地通过服务名字来管理规则,而且通过服务来组织端口分组的模式更加高效。如果一个服务使用了若干个网络端口,则服务的配置文件就相当于提供了到这些端口的规则管理的批量操作快捷方式。

　　【例1】　假如 FTP 服务器不再使用默认端口,默认 FTP 的端口 21 改为 1121,通过服务的方式操作防火墙。

　　配置步骤如下:

```
#cp /usr/lib/firewalld/services/ftp.xml /etc/firewalld/services/
                                      //复制模板,以便修改和调用
#vim /etc/firewalld/services/ftp.xml        //编辑配置文件
<port protocol="tcp" port="1121"/>          //把端口 21 改为 1121
#vim /etc/firewalld/zones/public.xml        //编辑默认区域的配置文件
<service name="ftp"/>                        //增加此行
#firewall-cmd --reload                      //重新加载防火墙配置
```

　　【例2】　开放 80 端口供外网访问 HTTP 服务。

　　操作步骤如下:

```
#cp /usr/lib/firewalld/services/http.xml /etc/firewalld/services/
#vim /etc/firewalld/zones/public.xml        //编辑/public.xml 文件
    <service name="http"/>                   //加入 HTTP 服务
#firewall-cmd -reload
```

　　🔥注意:重新加载防火墙,并不中断用户连接,即不丢失状态信息。或者重新加载防火墙并中断用户连接,即丢失状态信息。通常在防火墙出现严重问题时,这个命令才会被使用。比如,防火墙规则是正确的,但出现状态信息问题和无法建立连接问题。

```
#firewall-cmd --complete-reload
```

　　【例3】　只允许特定主机 192.168.2.1 连接 SSH。

　　操作步骤如下:

```
#cp /usr/lib/firewalld/services/ssh.xml /etc/firewalld/services/
#vim /etc/firewalld/zones/public.xml
  <rule family="ipv4">                       //在区域段中添加 rule 段
    <source address="192.168.2.1"/>
    <service name="ssh"/>
    <accept/>
  </rule>
#firewall-cmd --reload                       //重启防火墙后生效
```

13.4 Firewalld 操作命令

1. 启用、关闭、查看 Firewalld 服务

```
#systemctl start firewalld          //启动 Firewalld
#systemctl enable firewalld         //设置 Firewalld 为开机自启动
#systemctl status firewalld         //查看运行状态
#firewall-cmd--state                //查看运行状态
#systemctl stop firewalld           //关闭服务
```

2. 获取预定义信息

firewall-cmd 预定义信息主要包括三种：可用的区域、可用的服务以及可用的 ICMP 阻塞类型。

```
#firewall-cmd --get-zones           //显示预定义的区域
#firewall-cmd --get-services        //显示预定义的服务
#firewall-cmd --get-icmptypes       //显示预定义的 ICMP 类型，执行结果见表 13-2
```

表 13-2 部分 ICMP 类型及含义

阻 塞 类 型	含 义	阻 塞 类 型	含 义
destination-unreachable	目的地址不可达	router-solicitation	路由器征寻
echo-reply	应答回应	source-quench	源端抑制
parameter-problem	参数问题	time-exceeded	超时
redirect	重新定向	timestamp-reply	时间戳应答回应
router-advertisement	路由器通告	timestamp-request	时间戳请求

3. 区域管理

使用 firewall-cmd 命令可以实现获取和管理区域，为指定区域绑定网络接口等功能，常用选项如下。

- --get-default-zone：显示网络连接或接口的默认区域。
- --set-default-zone=＜zone＞：设置网络连接或接口的默认区域。
- --get-active-zones：显示已激活的所有区域。
- --get-zone-of-interface=＜interface＞：显示指定接口绑定的区域。
- --zone=＜zone＞ --add-interface=＜interface＞：为指定接口绑定区域。
- --zone=＜zone＞ --change-interface=＜interface＞：为指定的区域更改绑定的网络接口。
- --zone=＜zone＞ --remove-interface=＜interface＞：为指定的区域删除绑定的网络接口。

- --list-all-zones：显示所有区域及其规则。
- [--zone＝＜zone＞] --list-all：显示所有指定区域的所有规则,省略--zone＝
  ＜zone＞时表示仅对默认区域操作。

例如：

```
#firewall-cmd --get-default-zone                //显示当前系统中的默认区域
#firewall-cmd --list-all                        //显示默认区域的所有规则
#firewall-cmd --get-zone-of-interface=ens33    //显示网络接口 ens33 对应区域
#firewall-cmd --zone=internal --change-interface=ens33
                                //将网络接口 ens33 对应区域更改为 internal 区域
#firewall-cmd --get-active-zones                //显示所有激活区域
```

4. 服务管理

使用 firewall-cmd 命令可以对服务进行管理,其常用选项如下。

- [--zone＝＜zone＞] --list-services：显示指定区域内允许访问的所有服务。
- [--zone＝＜zone＞] --add-service＝＜service＞：为指定区域设置允许访问的某
  项服务。
- [--zone＝＜zone＞] --remove-service＝＜service＞：删除指定区域已设置的允许
  访问的某项服务。
- [--zone＝＜zone＞] --list-ports：显示指定区域内允许访问的所有端口号。
- [--zone＝＜zone＞] --add-port＝＜portid＞[-＜portid＞]/＜protocol＞：为指定
  区域设置允许访问的某个/段端口号(包括协议名)。
- [--zone＝＜zone＞] --remove-port＝＜portid＞[-＜portid＞]/＜protocol＞：删
  除指定区域已设置的允许访问的端口号(包括协议名)。
- [--zone＝＜zone＞] --list-icmp-blocks：显示指定区域内拒绝访问的所有 ICMP
  类型。
- [--zone＝＜zone＞] --add-icmp-block＝＜icmptype＞：为指定区域设置拒绝访问
  的某项 ICMP 类型。
- [--zone＝＜zone＞] --remove-icmp-block＝＜icmptype＞：删除指定区域已设置
  的拒绝访问的某项 ICMP 类型,省略--zone＝＜zone＞时表示对默认区域操作。

例如：

```
#firewall-cmd --list-services          //显示默认区域内允许访问的所有服务
#firewall-cmd --add-service=http       //设置默认区域允许访问 HTTP 服务
#firewall-cmd --zone=internal --add-service=mysql
                                    //设置 internal 区域允许访问 mysql 服务
#firewall-cmd --zone=internal --remove-service=samba-client
                                //设置 internal 区域不允许访问 samba-client 服务
#firewall-cmd --zone=internal --list-services
                                //显示 internal 区域内允许访问的所有服务
#firewall-cmd --permanent --zone=internal --add-service=http
                                //永久添加 HTTP 服务到内部区域
```

273

5. 端口管理

在进行服务配置时,预定义的网络服务可以使用服务名配置,服务所涉及的端口就会自动打开。但是,对于非预定义的服务只能手动为指定的区域添加端口,指定端口号时须指明使用的协议(TCP 或 UDP)。若通过端口号打开服务,则关闭时也需用端口号关闭。例如:

```
#firewall-cmd --zone=public --list-ports          //查看 public 区域开放的端口
#firewall-cmd --zone=internal --add-port=443/tcp
                                    //在 internal 区域打开 443/TCP 端口
#firewall-cmd --zone=internal --remove-port=443/tcp
                                    //在 internal 区域禁止 443/TCP 端口访问
```

6. 端口转发

端口转发可以将指定地址访问指定的端口时,将流量转发至指定地址的指定端口。转发的目的如果不指定 IP,将默认为本机;如果指定了 IP 却没指定端口,则默认使用来源端口。端口可以映射到另一台主机的同一端口,也可以是同一主机或另一主机的不同端口;端口号可以是一个单独的端口或者是端口范围。协议为 TCP 或 UDP。受内核限制,端口转发功能仅可用于 IPv4。

典型的做法:

- NAT 内网端口映射;
- SSH 隧道转发数据。

如果配置好端口转发之后不能用,可以检查下面两个问题:

- 检查本地端口和目标端口是否开放监听;
- 检查是否允许伪装 IP。

例如:

```
#firewall-cmd --add-forward-port=port=80:proto=tcp:toport=8080
                              //将 80 端口的流量转发至 8080
#firewall-cmd --add-forward-port=proto=80:proto=tcp:toaddr=192.168.1.0.1
                              //将 80 端口的流量转发至 192.168.0.1
#firewall-cmd --add-forward-port=proto=80:proto=tcp:toaddr=192.168.0.1:
    toport=8080               //将 80 端口的流量转发至 192.168.0.1 的 8080 端口
#firewall-cmd --query-forward-port=port=80:proto=tcp:toport=8080
                              //查询区域的端口转发
```

7. IP 伪装

IP 伪装是一种特殊的 SNAT(源地址转换),一般是指私有网络地址可以被映射到公开的 IP 地址。当内网的计算机访问外网的计算机时,经过 Linux 路由器,Linux 路由器将该 IP 数据包的源地址替换为预先设定的地址(通常是外网网卡的地址)。这样,外网计算机就认为该数据包是 Linux 路由器发出的,回应数据包可以正确返回到 Linux 路由器。

```
#firewall-cmd --query-masquerade              //检查是否允许 IP 伪装
#firewall-cmd --add-masquerade                //允许防火墙 IP 伪装
#firewall-cmd --remove-masquerade             //禁止防火墙 IP 伪装
#firewall-cmd --permanent --zone=home --add-masquerade
                                              //永久启用 home 区域中的 IP 伪装
```

8. ICMP 控制

ICMP(Internet Control Message Protocol,Internet 控制报文协议)是 TCP/IP 协议族的一个子协议,用于在 IP 主机、路由器之间传递控制消息。控制消息是指网络通不通、主机是否可达、路由是否可用等网络本身的消息。这些控制消息虽然并不传输用户数据,但是对于用户数据的传递起着重要的作用。对于 Ping of Death 攻击,可以采取两种方法进行防范:第一种方法是在路由器上对 ICMP 数据包进行带宽限制,将 ICMP 占用的带宽控制在一定的范围内,这样即使有 ICMP 攻击,它所占用的带宽也是非常有限的,对整个网络的影响非常少;第二种方法就是在主机上设置 ICMP 数据包的处理规则,最好是设定拒绝所有的 ICMP 数据包。设置 ICMP 数据包处理规则的方法也有两种,一种是在操作系统上设置包过滤,另一种是在主机上安装防火墙。Firewalld 中有专门针对 ICMP 报文的配置方法,使用时只需将 Firewalld 所支持的 ICMP 类型配置到所使用的区域中即可。

例如:

```
#firewall-cmd --permanent --get-icmptypes      //查询永久支持的 ICMP 类型列表
#firewall-cmd --permanent --zone=public --add-icmp-block=timestamp-
   request                 //永久启用 public 区域中的阻止 ICMP 时间戳功能
#firewall-cmd --zone=public --add-icmp-block=echo-reply
                          //阻塞 public 区域的响应应答报文
```

9. 两种配置模式

前面提到 firewall-cmd 命令工具有两种配置模式:运行时模式表示当前内存中运行的防火墙配置,在系统或 Firewalld 服务重启、停止时配置将失效;永久模式表示重启防火墙或重新加载防火墙时的规则配置,是永久存储在配置文件中的。firewall-cmd 命令工具与配置模式相关的选项有以下三个。

- --reload:重新加载防火墙规则并保持状态信息,即将永久配置应用为运行时配置。
- --permanent:带有此选项的命令用于设置永久性规则,这些规则只有在重新启动 Firewalld 或重新加载防火墙规则时才会生效,同时将自动生成相应配置并写入配置文件进行保存;若不带有此选项,表示用于设置运行时规则。
- --runtime-to-permanent:将当前的运行时配置写入规则配置文件中,使之永久有效。

例如:

```
#firewall-cmd --reload          //重新加载防火墙,并不中断用户连接
```

10. Firewalld 直接模式

对于最高级的使用或 iptables 专家,Firewalld 提供了一个直接接口,允许用户给它传递原始 iptables 命令。直接接口规则不是持久的,除非使用--permanent 选项。--direct 选项主要用于使服务和应用程序能够增加规则,规则不会被保存,在重新加载或者重启之后必须再次提交。--direct 选项须是直接选项的第一个参数,其他参数可以是 iptables、ip6tables 以及 ebtables 命令行参数。

例如:

```
#firewall-cmd --direct --add-chain {ipv4|ipv6|eb}        //为表增加一个新链
#firewall-cmd --direct --remove-chain {ipv4|ipv6|eb}     //从表中删除链
#firewall-cmd --direct --query-chain {ipv4|ipv6|eb}   //查询链是否存在,返回 0 或 1
#firewall-cmd --direct --get-chains {ipv4|ipv6|eb}    //获取表中链的列表
#firewall-cmd --direct --add-rule {ipv4|ipv6|eb}     //为表中增加一条带参数的链
#firewall-cmd --direct --remove-rule {ipv4|ipv6|eb}   //从表中删除带参数的链
#firewall-cmd --direct --query-rule {ipv4|ipv6|eb}   //查询带参数的链是否存在
#firewall-cmd --direct -add-rule ipv4 filter INPUT 0 -p tcp --dport 9000 -j
    ACCEPT                                          //放开 9000 端口
```

11. 富规则管理

Firewalld 中的富规则表示更细致、更详细的防火墙策略配置,它可以针对系统服务、端口号、源地址和目标地址等,当使用 source 和 destination 指定地址时,必须有 family 参数指定 IPv4 或 IPv6。富规则的优先级在所有的防火墙策略中也是最高的。

例如:

```
#firewall-cmd --list-rich-rule          //查看富规则
#firewall-cmd --add-rich-rule='rule family="ipv4" source address=
    "192.168.122.0" accept'             //允许 192.168.122.0/24 主机所有连接
#firewall-cmd --add-rich-rule='rule service name=ftp limit value=2/m
    accept'                             //每分钟允许 2 个新连接访问 FTP 服务
#firewall-cmd --add-rich-rule='rule service name=ftp log limit value="1/m"
    audit accept'         //同意新的 IPv4 和 IPv6 连接 FTP,并且每分钟登录一次
#firewall-cmd --add-rich-rule='rule family="ipv4" source address="192.168.
    122.0/24" service name=ssh log prefix="ssh" level="notice" limit value=
    "3/m" accept'  //允许来自 192.168.122.0/24 地址的新 IPv4 连接 TFTP 服务,并且每分钟记
                                        录一次
#firewall-cmd --permanent --add-rich-rule='rule protocol value=icmp drop'
                                                    //丢失所有 ICMP 包
#firewall-cmd --add-rich-rule='rule family=ipv4 source address=192.168.122.
    0/24 reject' --timeout=10
//如果指定超时,富规则将在指定的秒数内被激活,并在之后被自动移除
#firewall-cmd --add-rich-rule='rule family=ipv6 source address="2001:db8::/
    64" service name="dns" audit limit value="1/h" reject' --timeout=300
//拒绝所有来自 2001:db8::/64 子网的主机访问 DNS 服务,并且每小时只审核记录一次日志
#firewall-cmd --permanent --add-rich-rule='rule family=ipv4 source address=
```

```
        192.168.122.0/24 service name=ftp accept'
                        //允许 192.168.122.0/24 网段中的主机访问 FTP 服务
#firewall-cmd --add-rich-rule='rule family="ipv6" source address="1:2:3:4:
        6::" forward-port to-addr="1::2:3:4:7" to-port="4012" protocol="tcp"
        port="4011"'           //转发来自 IPv6 地址 1:2:3:4:6::TCP 端口 4011,到 1:2:3:4:7
                        的 TCP 端口 4012
#firewall-cmd --zone=public --add-rich-rule 'rule family="ipv4" source
        address=192.168.0.14 accept'       //允许来自主机 192.168.0.14 的所有 IPv4 流量
#firewall-cmd --zone=public --add-rich-rule 'rule family="ipv4" source
        address="192.168.1.10" port port=22 protocol=tcp reject'
                        //拒绝来自主机 192.168.1.10 到 192.168.1.22 端口的 IPv4 的
                        TCP 流量
```

实　　训

1. 实训目的

(1) 掌握 Firewalld 防火墙的配置。
(2) 掌握 NAT 的实现方法。

2. 实训内容

内部网络中有两个子网 A 和 B。子网 A 的网络地址为 192.168.1.0/24,网关为 hostA。hostA 有两块网卡：ens33 和 ens37。ens33 连接子网 A,IP 地址为 192.168.1.1; ens37 连接外部网络,IP 地址为 100.0.0.11。子网 B 的网络地址为 192.168.10.0/24,网关 为 hostB。hostB 有两块网卡：ens33 和 ens37。ens33 连接子网 B,IP 地址为 192.168.10. 1;ens37 连接外部网络,IP 地址为 100.0.0.101。hostA 和 hostB 通过交换机连接到主机 hostC,然后通过 hostC 连接 Internet。hostC 的内部网络接口为 ens33,IP 地址为 100.0. 0.1。

1) 配置路由
在 hostA、hostB 和 hostC 上配置路由,使子网 A 和子网 B 之间能够互相通信,同时 子网 A 和子网 B 的主机也能够和 hostC 相互通信。

2) 配置防火墙
在 hostA 上用 Firewalld 配置防火墙,实现如下规则。
(1) 允许转发数据包,保证 hostA 的路由功能。
(2) 允许所有来自子网 A 内的数据包通过。
(3) 允许子网 A 内的主机对外发出请求后返回的 TCP 数据包进入子网 A。
(4) 只允许子网 A 外的客户机连接子网 A 内的客户机的 22 号 TCP 端口,也就是只 允许子网 A 外的主机对子网 A 内的主机进行 SSH 连接。
(5) 禁止子网 A 外的主机 ping 子网 A 内的主机,也就是禁止子网 A 外的 ICMP 包 进入子网 A。

3) 配置 NAT

重新配置 hostA 和 hostB 上的路由规则和防火墙规则,启用 IP 伪装功能。在 hostA 上对子网 A 内的 IP 地址进行伪装,实现 NAT,使子网 A 内的主机能够访问外部的网络。

3. 实训总结

通过本次实训,掌握在 Linux 下配置防火墙以实现系统加固的方法。

习 题

一、选择题

1. 下列服务禁用之后可以提高系统安全的是(　　)。
   A. iptables   B. firewalld   C. xinetd   D. seLinux
2. 以下不属于 Firewalld 默认区域的是(　　)。
   A. block   B. home   C. access   D. drop
3. 以下可启动 Firewalld 防火墙的命令有(　　)。
   A. sysytemctl status iptables   B. /etc/rc.d/init.d/firewalld start
   C. systemctl start firewalld   D. service firewalld start
4. 使用 firewall-cmd 命令使配置永久有效的选项是(　　)。
   A. masquerade   B. direct   C. permanent   D. prerouting
5. NAT 的类型不包括(　　)。
   A. 静态 NAT   B. 网络地址端口转换 DNAT
   C. 动态地址 NAT   D. 代理服务器 NAT
6. 在 CentOS 8 中,不能对 Firewalld 进行配置的命令有(　　)。
   A. firewall-config   B. firewall-cmd
   C. vim public.xml   D. setenforce

二、简答题

1. 什么是防火墙? 防火墙主要有哪些类型?
2. 如何开启 IP 的包转发功能?
3. 如何开启和关闭 Firewalld 服务?
4. 什么是 NAT? 试简述其工作原理。

参 考 文 献

[1] 顾喜梅,顾宝根. Linux 虚拟文件系统实现机制研究[J]. 微机发展,2012,12(1):60-63.

[2] 王金今. CentOS 安全管理系统的设计与实现[D]. 南京:南京大学,2016.

[3] 李善平,陈文智. 边学边干 Linux 内核指导[M]. 杭州:浙江大学出版社,2002.

[4] 钟小平. CentOS Linux 系统管理与运维[M]. 北京:人民邮电出版社,2019.